保护·发展

2024全国城乡规划专业七校联合毕业设计作品集

福建理工大学
北京建筑大学
苏州科技大学
山东建筑大学
安徽建筑大学
浙江工业大学
福建农林大学
编

2024

华中科技大学出版社
http://press.hust.edu.cn
中国·武汉

内容提要

2024 年的全国城乡规划专业七校联合毕业设计由福建理工大学承办，参加的高校包括北京建筑大学、苏州科技大学、山东建筑大学、安徽建筑大学、浙江工业大学、福建理工大学和福建农林大学。选取基地为昙石山文化公园及其周边片区，围绕“打造国家考古遗址公园”的远景目标，协调片区“保护与发展”的关系。该选题对于本科毕业生来说，综合性强、难度较大，具有一定挑战性。本书包括选题与任务书、解题、教师感言、学生感言四部分内容，从课题背景介绍、学生毕业设计作品展示、联合毕业设计全过程记录，到师生在联合毕业设计中的心得体会，全面记录了 2024 年度全国城乡规划专业七校联合毕业设计教学活动情况，是高校课程设计难得的教学参考资料。

图书在版编目（CIP）数据

保护·发展：2024全国城乡规划专业七校联合毕业设计作品集 / 福建理工大学等编. -- 武汉：华中科技大学出版社，2025. 3. -- ISBN 978-7-5772-1582-2

Ⅰ. TU984.2

中国国家版本馆 CIP 数据核字第 2025JP8142 号

保护 · 发展：2024 全国城乡规划专业七校联合毕业设计作品集　　福建理工大学等　编

Baohu · Fazhan：2024 Quanguo Chengxiang Guihua Zhuanye Qixiao Lianhe Biye Sheji Zuopinji

策划编辑：简晓思

责任编辑：简晓思

装帧设计：金　金

责任监印：朱　玢

出版发行：华中科技大学出版社（中国 · 武汉）　　电　话：（027）81321913

武汉市东湖新技术开发区华工科技园　　邮　编：430223

印　刷：湖北金港彩印有限公司

开　本：889mm × 1194mm　1/16

印　张：10.5

字　数：350 千字

版　次：2025 年 3 月第 1 版第 1 次印刷

定　价：98.00 元

编委会

北京建筑大学

苏州科技大学

山东建筑大学

安徽建筑大学

浙江工业大学

福建理工大学

福建农林大学

福州市规划设计研究院集团有限公司
Fuzhou Planning & Design Research Institute Group Co.,Ltd.

PREFACE 序言 / 1

2024 年度全国城乡规划专业“7+1”联合毕业设计由福建理工大学承办，设计主题为“保护 · 发展——昙石山文化公园及其周边片区城市更新设计”。自 2009 年起，联合毕业设计活动每年选定不同城市，已逐步成为城乡规划专业领域具有影响力的品牌和教育创新典范，见证了全国高校在城乡规划教育领域的不断探索与协作。

面对新时代的多重挑战，如历史文化保护、城市更新和生态治理，全国城乡规划专业正处于转型关键期。2024 年联合毕业设计选址福州昙石山遗址，这片区域不仅承载着闽台海洋文化的起源及多元中华文化的交融，也具备巨大的城市更新潜力。本次设计的主题——“保护 · 发展”，旨在引导学生在保护历史文化的同时，探索现代城市发展的需求与文化复兴之间的平衡。

福州，作为一座拥有千年历史的古城，地处东南沿海，是“一带一路”战略中的重要节点，不仅历史文化底蕴深厚，且充满活力。本次设计的核心议题围绕如何通过城市更新焕发文化生机，并助力福州向国际化都市转型。学生在项目实践中，面对如何在快速发展的时代背景下保护昙石山文化特色的挑战，同时需激发区域经济与社会活力，塑造福州具有鲜明历史文化特色的地标。

联合毕业设计始终强调理论与实践相结合。每年，联合毕业设计活动选取全国不同城市的实际项目作为依托，帮助学生在真实环境中应用知识，提升专业技能。2024 年联合毕业设计选址的昙石山遗址片区，地处福州主城区与闽侯县交界处，既享有现代城区发展的便利，也面临着历史保护与现代需求的深刻冲突。此次设计重点在于如何在城市更新中有效保护文化遗产，从而赋予片区既具历史厚重感又充满现代活力的空间品质。联合毕业设计活动的多视角、多学科互动为学生提供了丰富的学习平台，跨校合作则进一步促进了团队协作，帮助学生共同解决复杂的规划问题。

此次活动得到了北京建筑大学、山东建筑大学、苏州科技大学、安徽建筑大学、浙江工业大学、福建理工大学和福建农林大学的大力支持。活动流程包括开题报告、基地调研、方案编制、初稿汇报、中期评审及终期答辩，环环相扣，挑战性十足。各校学生通过多样化的调研手法与规划技术，从不同角度挖掘昙石山遗址片区的历史价值，提出具有创意的城市更新策略。福州作为东南沿海的文化中心，虽拥有丰富的历史建筑、遗址和生态资源，但在发展过程中也面临着文化保护与城市开发的双重压力。调研时，师生们发现昙石山遗址片区的建筑风貌较为混杂，部分老旧居住区尚未得到有效更新，亟待整体梳理与提升。因此，学生们在设计中不仅要考虑如何保护区域的历史和生态资源，还需兼顾现代城市的功能需求，力图实现片区环境的全面提升。这不仅是对学生学术能力的考验，也是一次结合地域特色、探索保护与发展的创新实践。

在本书出版之际，我们由衷感谢所有参与本次活动的高校师生及合作单位，尤其感谢福州市规划设计研究院集团有限公司为活动提供的多方支持，以及各地城乡规划专家的专业指导。这些支持为学生提供了将课堂知识应用于现实场景的机会，激发了他们的专业热情与创造力。我们希望，活动的经验与成果能为未来的城乡规划教育提供有益参考，并为更多未来的规划师带来启发。

全国城乡规划专业“7+1”联合毕业设计活动至今已走过十四个年头，伴随着无数优秀的毕业设计与规划作品的诞生，它正逐步成长为中国城乡规划教育的特色平台，激励着一代代年轻人去思考、设计与实践。我们期待 2024 年福州的联合毕业设计活动为未来的城乡规划教育与实践树立新的标杆，并希望这一优良传统不断发展，成为推动城乡规划教育迈向新高峰的重要力量！

序言 / 2 PREFACE

2024 年第十四届全国城乡规划专业“7+1”联合毕业设计以“保护 · 发展”为设计主题，具体题目为“昙石山文化公园及其周边片区城市更新设计”。本届联合毕业设计采用校企联合的方式，特别荣幸能够作为本次活动的支持单位，为广大师生搭建展示设计才华的平台。本届联合毕业设计是高校、企业及地方政府共同探索福州昙石山遗址片区更新设计的一次重要尝试，对历史文化保护重点片区城市更新设计的课题教学及联合毕业设计的教学交流意义重大。

昙石山文化作为先秦时期闽台两岸海洋文化的源头，是我国东南沿海地区最早被认定和福建省第一个被确立的考古学文化，昙石山遗址也是福建古文化的摇篮和先秦闽族的发源地，对东南沿海地区乃至中华古代历史文明的研究都具有重要的意义。本次联合毕业设计选址昙石山文化公园及其周边片区，该区域属于福州市中心城区与闽侯县主城区的过渡区，不仅承担着保护与展示昙石山文化的职责，也是闽侯县城市发展的重要功能板块。然而，片区虽坐拥全国重点文物保护单位，且山水资源丰富，但无法发挥正向带动效应，整个片区仍属于城市风貌欠佳、活力不足、城市更新发展路径模糊等问题并存的一般县城片区。因此，如何发挥昙石山文化的正向效应，展现山水资源优势，成为推动片区发展的关键所在。

在协调昙石山文化公园及其周边片区“保护与发展”关系的目标要求下，如何发挥昙石山文化的影响力，加快提升片区活力，探索契合片区特色、可实施的城市更新模式，是本次联合毕业设计探索的重要议题。通过深入挖掘昙石山文化资源和片区现状特征，结合目标定位、文化保护与利用策略、业态提升、空间布局、交通梳理、建筑风貌整治等方面的综合分析，多视角探寻片区保护更新的可能性，最终形成的设计成果凝聚了昙石山文化公园及其周边片区城市更新设计的多样化思路，实现融合、传承和创新。本次联合毕业设计充分展现出高校、企业和地方政府全体规划人的集体智慧，为城市更新实际工作奠定了坚实基础，极大地提高了昙石山文化的研究阐释和展示传播水平，让遗址“活”起来，让文化会“说话”，努力使福建昙石山遗址成为传承和弘扬中华优秀传统文化的重要窗口、讲述中华文明故事的中坚力量及中华五千年文明史的重要实证。

祝全国城乡规划专业“7+1”联合毕业设计活动越办越好！

福州市规划设计研究院集团有限公司

2024 年 7 月

CONTENTS 目录

选题与任务书

Mission Statement

一、选题背景

1. 时代背景

2021 年 10 月，在中国现代考古学诞生 100 周年之际，福建闽侯昙石山遗址入选中国“百年百大考古发现”，是福建省唯一入选的项目。 昙石山作为东南沿海海洋文明的摇篮，其主要遗址被学界认为是南岛语族在大陆的最后栖息地，成为海峡文化同源的关键证明，在支撑福建海峡两岸融合发展示范区建设、促进两岸文化领域融合等方面将发挥更大作用。

昙石山文化是中国东南滨海地区新石器时代的代表文化，昙石山遗址是我国目前保存最完整、实物最多的史前古人类文化遗址之一。作为先古闽族的发源地，昙石山遗址是古中国文化圈南端文明的源头，是中华文明溯源工程的重要组成，也是“多元一体”中华文明的重要诠释。

2. 福州市概况

1）城市概况

福州简称“榕”，是福建省省会。福州建城已有 2200 多年历史，是国家历史文化名城，拥有昙石山、船政、三坊七巷、寿山石 4 大文化名片。习近平总书记曾深情地说：“福州是有福之州，福州人是有福之人。”

福州地处中国东南沿海，邻近港澳，与东南亚联系紧密。福州还是祖国大陆距离台湾最近的省会城市，黄岐半岛距马祖岛不到 8 千米。福州位于福建省东部、闽江下游，现辖 6 区 1 市 6 县，总面积约 1.2 万平方千米。截至 2023 年，福州市常住人口 846.9 万人，地区生产总值达 12928.47 亿元。

2）福州市空间总体格局

基于现状资源优势，福州以争创国家中心城市、打造福州都市圈为目标，全面推进东南沿海生态文明高地、海丝国际门户和创新开放新高地建设，构建“东进南下、沿江向海、山海协同”的全域空间新格局。在《福州市国土空间总体规划（2021—2035 年）》中，规划着重推动人与自然和谐共生，落实生态文明先行示范区要求，构建“双城双轴、两翼一区”的开放式、网络化、集约型、生态化国土空间总体格局（图 1-1）。同时，规划延续“东进南下、沿江向海”战略，引导城市发展从“单中心”向“多中心、组团式、网络化”转变，构建“一环两带、两核两心七组团”的中心城区空间结构（图 1-2）。

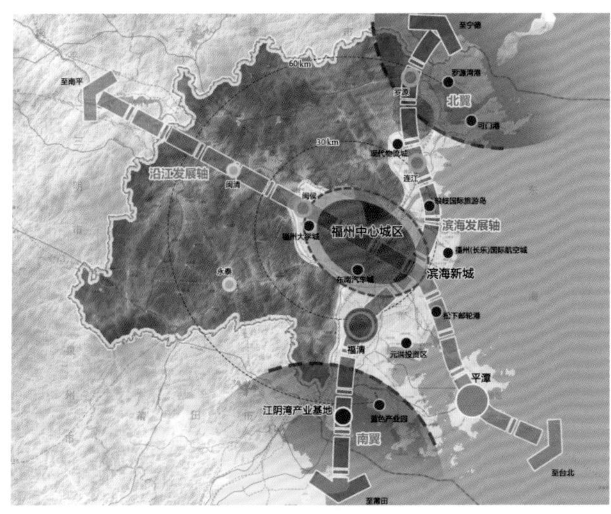

图 1-1 福州市域国土空间总体格局规划图
（图片来源：《福州市国土空间总体规划（2021—2035 年）》）

图 1-2 福州市中心城区空间结构规划图
（图片来源：《福州市国土空间总体规划（2021—2035 年）》）

3）福州市城市更新历程

福州结合当地历史文化名城和山水宜居城市的特征，先后历经二十余年的城市更新探索，城市品质得到全面提升。2022 年 7 月，《福州市城市更新专项规划（2021—2025 年）》正式印发。该专项规划对进一步推动福州老城改造更新，提升城市空间品质，加快建设新时代有福之州、幸福之城以及有福州特色的现代化国际城市具有重要促进作用。福州的城市更新大体分为以下四个阶段。

第一阶段（2000—2008 年）：“东扩南进”扩城运动

第一阶段是“东扩南进”扩城运动带动的城市更新，更新工作聚焦改善居住环境，以拆除重建为主要特征。

第二阶段（2009—2015 年）：名城保护

第二阶段是以名城保护为核心的城市更新，更新工作围绕盘整土地潜力、提升城市形象展开，以“三旧”改造和历史街区保护修复为主。

第三阶段（2016—2020 年）：多元化

第三阶段是多元化的城市更新，这一阶段福州以老旧小区整治、历史风貌区建设、水系治理、公园建设等城市品质提升行动为重点，初步形成系统、连片、整体的城市更新路径。

第四阶段（2021 年至今）：城市更新专项规划

第四阶段是系统、有机的城市更新，关注城市精细化治理，通过出台城市更新专项规划，完善规划支撑体系，推动城市小规模、渐进式、可持续地有机更新。

3. 闽侯县概况

闽侯素称“八闽首邑”，地处福建省福州市西南侧，呈月牙形拱卫福州市区（图 1-3）。截至 2023 年，闽侯县土地面积为 2136 平方千米，常住人口 102.7 万人（含高校师生），辖 1 个街道 8 个镇 6 个乡共 343 个行政村（社区），是著名的“中国根艺之乡”“中国橄榄之乡”“中国金鱼之乡”“中国喜娘文化之乡”。

2000 多年来，闽侯历为省、郡、路、州、府驻地。近现代以来，闽侯走出了民族英雄林则徐、近代中国启蒙思想家严复、国民政府主席林森、民主革命者林觉民、工人运动先驱林祥谦等一大批历史文化名人，闽侯籍两院院士达 16 名。目前位于闽侯县的福州大学城入驻了 13 所院校，拥有高校师生 23 万人，为这里的发展注入了不竭的创新创业动力。

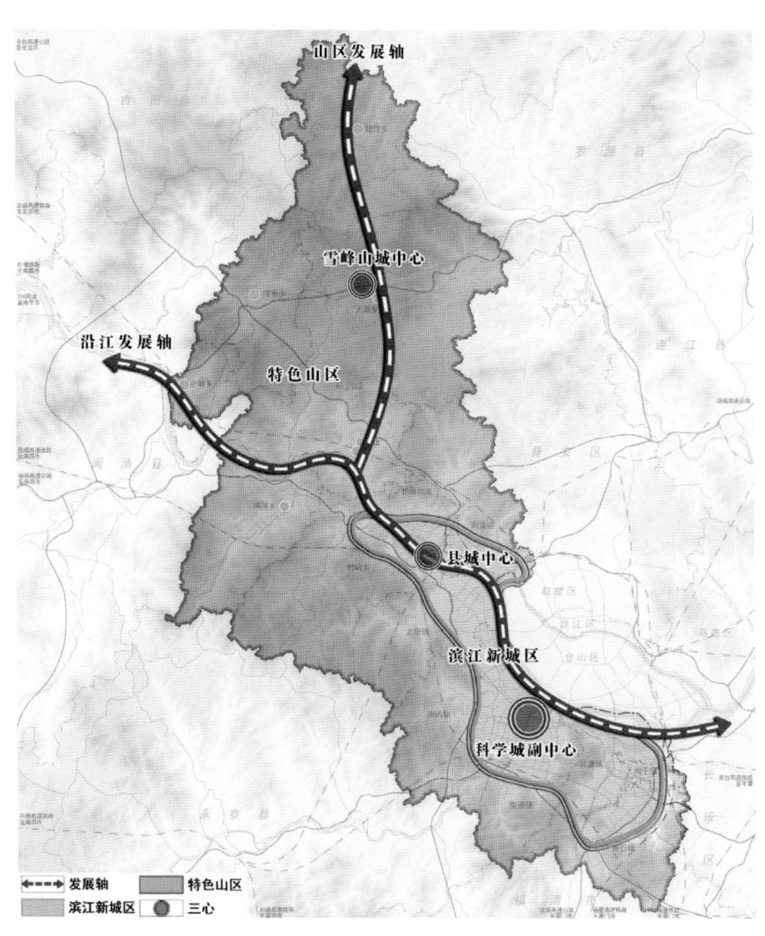

图 1-3 闽侯县域国土空间总体格局规划图

（图片来源：《闽侯县国土空间总体规划（2021—2035 年）》）

闽侯县融“山河湖泉林”于一体，境内 44 座海拔千米以上的山峰延绵起伏、气势磅礴，闽江、乌龙江、大樟溪三大水系穿境而过，森林覆盖率达 60.52%，更有“福建文明从这里开始”的昙石山遗址、国家级风景名胜区十八重溪和五虎山国家森林公园、“南方丛林第一”雪峰崇圣禅寺、与鼓山齐名的旗山，以及闽都民俗园、江滨湿地公园、千家山公园等众多名山、名寺、名园。

近年来，闽侯县主动融入福州都市圈建设，进一步发挥“东南汽车城、福州大学城、区位近主城”三大优势，加快建设“科教名城、产业强城、宜居新城”，全力打造新时代现代化滨江新城。同时，闽侯客运中心、闽侯八中、洪塘大桥等一批公共服务和基础设施项目建成投用，社会公共服务供给日益均衡优质。

闽侯县境内高铁、国道、省道纵横交错，9 座跨江大桥（不含跨江高铁高速桥）将闽侯县与福州主城连为一体，城乡路网四通八达，现有高速公路出入口 14 个，数量居全省所有县城第一。途径闽侯县的福州地铁 5 号线已开通运营，滨海快线也快开通运营。经过多年发展，闽侯县已经构建了适度超前、互联互通的综合交通网络。

4. 昙石山片区概况

1）昙石山遗址概况

昙石山遗址位于福建省闽侯县甘蔗街道昙石村，以昙石山遗址命名的昙石山文化，分布于闽江下游，直达沿海地区，具有鲜明的海洋文化特色，是先秦时期闽台两岸海洋文化的源头，距今 4000 ~ 5500 年，是我国东南沿海地区最早被认定和福建省第一个被确立的考古学文化。昙石山遗址是福建古文化的摇篮和先秦闽族的发源地，对东南沿海地区乃至中华古代历史文明的研究都具有重要的意义。

昙石山遗址内文化的演变历程大体可分为以下四个时期。

（1）公元前约 4500 年—公元前约 3000 年——壳丘头文化和昙石山下层文化

该时期出现海生贝类、鱼类骨骼、骨匕等反映采集渔猎生活的遗存，但该时期遗址普遍较小，且壳丘头遗址的文化层堆积较薄弱，仅为 5 ~ 50 厘米，说明具有较强的迁徙性。

（2）公元前约 3000 年—公元前约 2300 年——昙石山文化

该时期出现贝器、陶釜等反映福建海洋文化的器物，几何印纹硬陶等反映中华古代文明的陶器，有段石锛等反映闽台两岸文化交流的石制生产工具。

（3）公元前约 2300 年—公元前约 1500 年——黄瓜山文化

该时期出现彩陶等反映闽台两岸文化交流的器物，灶坑、柱洞、排水沟、灶坑等重要的古建筑遗迹，碳化大麦、小麦、谷粒等农业遗存，反映当时已进入农耕、渔猎和采集的阶段。

（4）公元前约 1500 年—公元前约 700 年——黄土仑文化

该时期先秦闽族文化基本孕育成形，出现殉人、罐豆杯等原始青瓷器和印纹硬陶等特色地域瓷器，并出现土鼓等反映闽越与中原往来的遗存，聚落沿闽江四散开来。

昙石山遗址是一个重叠了多个文化断层的片区，其连续、完整的发展脉络，是开启向海航程的必要条件。昙石山遗址揭示了昙石山人的社会意识，昙石山文化的源流及其与海峡对岸新石器时代文化的紧密联系，反映了昙石山文化在中国新石器时代文化中的地位。昙石山文化在福建闽越文化中留下了不可磨灭的烙印，对史前海峡两岸文化交流、闽台古文化渊源及南岛语族起源等课题研究具有重要意义。

2）昙石山遗址现状问题

昙石山遗址及其周边片区位于福州市中心城区与闽侯县城过渡区，是闽侯县城市发展的重要功能板块。目前，全国重点文物保护单位对周边片区的发展正效应偏弱，遗址周边片区处于坐拥全国重点文物保护单位、山水丰富却无法充分发挥正效应的一般县城片区，发展存在城市风貌欠佳、活力不足、城市更新发展路径模糊等问题。

（1）全国重点文物保护单位严格的管控要求

根据《中华人民共和国文物保护法》第二十九条，在文物保护单位的建设控制地带内进行建设工程，不得破坏文物保护单位的历史风貌；工程设计方案应当根据文物保护单位的级别和建设工程对文物保护单位历史风貌的影响程度，经国家规定的文物行政部门同意后，依法取得建设工程规划许可。昙石山遗址周边地区存在建设难的问题（图1-4）。

（2）现实突出的改造难度

昙石山遗址周边（图1-5）的昙石村、洽浦村等村落存在大量的历史风貌建筑，但分布过于分散，并且城镇化发展节奏与规划无法有序地衔接，使得周围高楼林立，从而导致片区历史风貌被削弱，形成了与历史风貌不匹配的局面。而南山村、三福社区等居住区为20世纪80—90年代建设的大规模民宅，空间混杂且建设量大，更新成本高。

（3）割裂的“城-水-山”空间

洽浦河沿线硬质的空间与城市空间形成生硬的隔离，并严重割裂了城市空间（图1-6）；西山脚下建筑分布凌乱，整体建筑风貌不协调。

图1-4 昙石山遗址控制地带周边建设情况

图1-5 昙石山遗址周边建筑风貌

图 1-6 昙石山遗址周边“城 - 水 - 山”空间格局

二、毕业设计选题

1. 选题意义

本次设计旨在协调片区“保护与发展”的关系：提升昙石山文化影响力，将以昙石山文化为代表的闽都文化推向世界；提升片区活力，支撑福州市现代化国际城市和国际消费中心城市培育创建工作；支撑城市发展，探索契合片区特色、可实施的城市更新模式。

昙石山文化有两大特色，一是对中华文明多元起源学说的强有力证明。新石器时期在人类发展史上是一个具有关键意义的时期，人类发明创造了一批能促进自身生存发展的生产工具、生活用具，人类文明的曙光开始出现。二是独具福建特色的海洋文化。新石器时期，人和自然的关系发生了重大转变，人类从单纯的自然寄生者逐渐转变成自然改造者，开始减少对自然的依赖。昙石山的先民们也在这个时期进行了极具海洋文化特色的创造。

之于福建，昙石山文化是我国东南沿海最早被命名、福建省第一个被确认的考古学文化，具有鲜明的海洋文化特色，是先秦时期闽台两岸海洋文化的源头，开启了新中国福建考古的第一篇章。昙石山遗址是福建史前遗址中发掘面积最大、成果最丰硕的遗址，是福建考古界具有纪念意义的地方，几代福建考古人在此锻炼和成长，为福建史前文化树立了标尺。

之于中国，在新石器时代的中国大地上，同时存在着发展水平相近的众多考古学文化类型，如长江流域的屈家岭文化、黄河流域的马家窑文化、海岱地区的龙山文化、江浙地区的良渚文化等，它们犹如天上群星一般散布在中国的四面八方，昙石山文化正如中国东南地区的一颗明珠，闪烁其中。昙石山文化印证了考古学泰斗苏秉琦先生概括的“满天星斗”模式，是华夏文明从“满天星斗”到多元的生动诠释。

之于世界，昙石山遗址是南岛语族的重要起源之一，是中国与南太平洋地区命运共同体的重要纽带。南岛语族总人口约 2.7 亿人，分布于西起马达加斯加、东到复活节岛、北起台湾岛和夏威夷群岛、南抵新西兰的广阔海域内的岛屿上。我国海南的黎族、台湾的高山族，均属于南岛语族。闽侯的昙石山遗址、平潭的壳丘头遗址、台北的大坌坑遗址、高雄的凤鼻头遗址具有高度关联，可大致勾勒出南岛语族早期发源、迁徙路径。

2. 区位概况

基地地处闽侯县城、福州主城交界处，处于福州市区 1 小时交通圈范围内，距离福州南站 30 千米，距离福州长乐国际机场 55 千米。闽侯县城从拥闽江发展到跨闽江发展，基地则成为两个发展主向的“背面”，在逐步拓展过程中沉淀形成空间混杂、通道分隔的现状特征。

从板块分工看，闽侯县与福州市中心城区结合部包含 3 个建设板块，其中福州大学城、东南汽车城已经纳入福州中心城区，闽侯县城与主城交界，功能综合。

3. 规划用地范围

本次联合毕业设计分为两个层面，分别为研究范围和重点片区范围（图 1-7）。

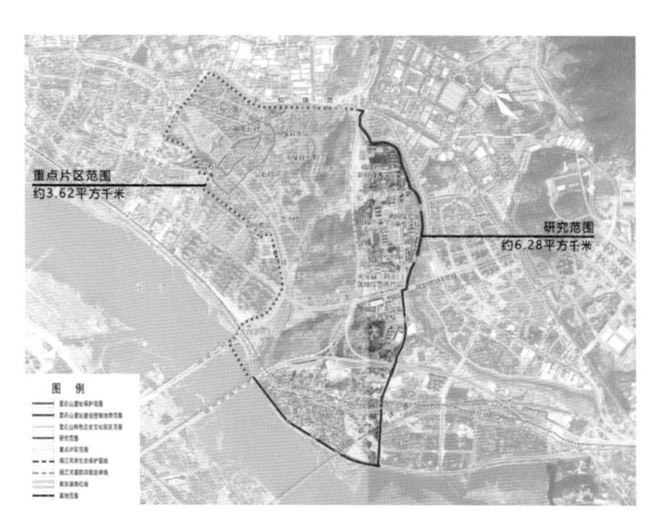

图 1-7 规划范围示意图

1）研究范围

研究范围南至闽江，北至外福铁路，东至荆溪河及荆港路，西至榕洲路及洽浦河沿线，总面积约 6.28 平方千米。

2）重点片区范围

本次规划选取重要门户节点、滨水空间、历史风貌地段和生活区等重要元素，划定重点片区范围，并划分 4 个基地开展重点片区精细化城市设计及实施方案编制，指导近期实施。重点片区范围主要包含昙石山遗址、白头山遗址、洽浦河滨水空间、昙石山特色历史文化街区、三福小区—南山村—横屿邮电新村居住板块、昙石村—洽浦村居住板块、白龙洲大桥与滨江路门户节点区，以及洽浦山—蝙蝠山—白头山山地景观板块，总面积约 3.62 平方千米。

（1）基地一

基地一北至外福铁路、南至昙石山西大道、西至喜街、东至闽侯县一中，主要包含昙石山遗址、昙石山特色历史文化街区及三福小区—南山村—横屿邮电新村居住板块，地块总面积约为 75.25 公顷（图 1-8）。

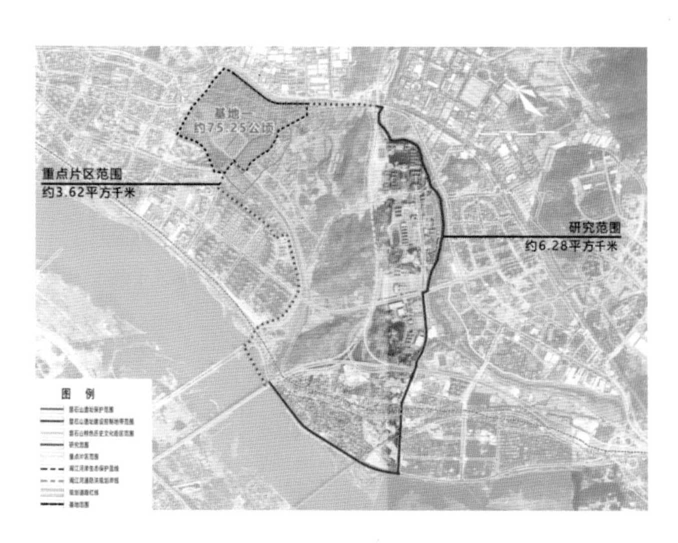

图 1-8 基地一范围示意图

基地一所在地区，有县城建设初期的三福小区，有商业氛围较浓厚的入城路沿线商业街、喜街，是闽侯县城曾经的活力中心之一。城乡混合、市井生活气息浓厚是基地一的人文特色，也是闽侯人曾经的文化记忆。随着县城的拥闽江、跨闽江发展，县城的活力中心逐步向闽江沿线集聚，曾经的县城活力中心人气、风貌品质下降，面临更新。

（2）基地二

基地二北至南山村、南至荆溪大道、西至樟山公园、东至昙石村，主要包含昙石山遗址、昙石村—洽浦村居住板块、闽都民俗园及闽侯县博物馆，地块总面积约为 84.41 公顷（图 1-9）。

基地二内的昙石村、洽浦村等地汇聚了多处传统民居、街道，承载着闽侯人的生活智慧、风俗民俗，是传承本土文化、延续本地烟火的重要片区，对闽都文化探源有重要的历史文化价值。

（3）基地三

基地三北至喜街及横屿邮电新村、南至闽江、西至榕洲路、东至蝙蝠山及洽浦山遗址，主要包含昙石山遗址、白头山遗址、洽浦河沿线、闽都民俗园及闽侯县博物馆，地块总面积约为 99.26 公顷（图 1-10）。

基地三除昙石山遗址外，还包含白头山遗址，且东面紧邻洽浦山遗址，承载着南岛语族、闽海之源、古闽族背后的上古传奇故事。彰显基地内文化资源的魅力，同时结合滨水岸线设计将文化资源活化利用，最终促进文化繁荣，是本次城市设计的重要议题。

（4）基地四

基地四北至昙石山东大道、南至福州绕城高速、西至滨河路及洽浦村、东至京台高速，主要包含洽浦山、洽浦山遗址、蝙蝠山、白头山、闽侯县一中及闽侯县医院，地块总面积约为 181.19 公顷（图 1-11）。

基地四主要为现状山体形成的山脉，存续了昙石山片区诸多内涵丰富的物质文化与精神遗产，是重要的自然生态本底，是独特的文化景观，是联系片区各功能板块的生态桥梁。

4. 规划基地概况

1）蓝绿空间

基地西北侧为猫鼻山余脉，自北向南由溪南山、洽浦山、西山、白头山至闽江，水系包括“一江（闽江）两河（洽浦河、荆溪河）”，山水本底条件优良，但山水廊道叠加交通走廊阻隔，空间割裂（图 1-12）。 城市在开发建设过程中不断地占据山间谷地，建设空间不但切割了山脊系统，破坏了山体的生态连续性，而且随着开发活动不断侵占山体绿地，影响了山体的生态功能。大量原有的塘、湖等水面转变为建设用地，水系的整体连通性不断降低，生态功能减弱，尤其是在水系交汇处，生态湿地功能发生了退化。此外，沿洽浦河、南山溪驳岸均进行了全面的硬化，自然驳岸不断萎缩，河道内建设水闸、水体分层，也降低了生态功能。

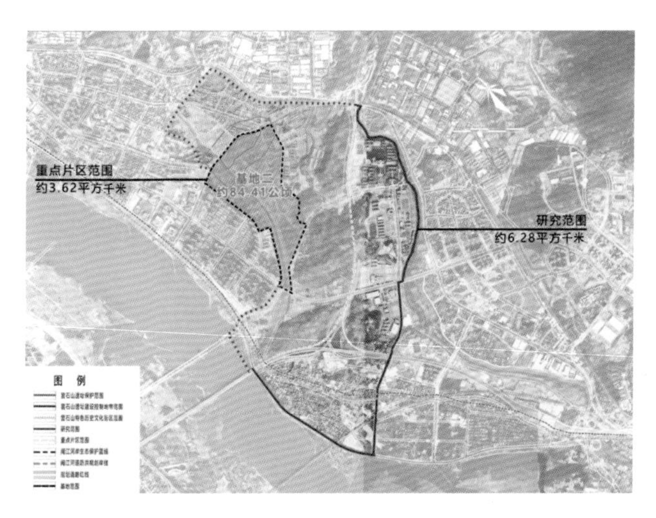

图 1-9 基地二范围示意图

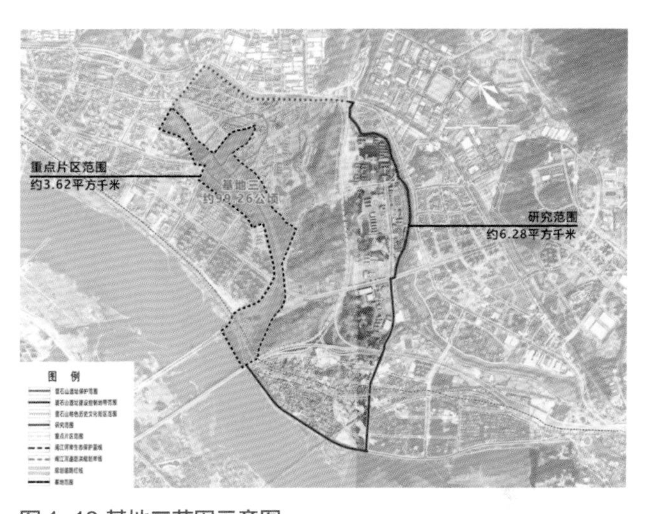

图 1-10 基地三范围示意图

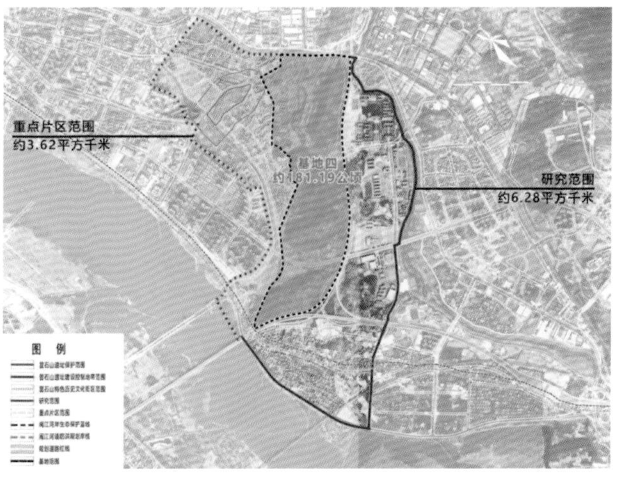

图 1-11 基地四范围示意图

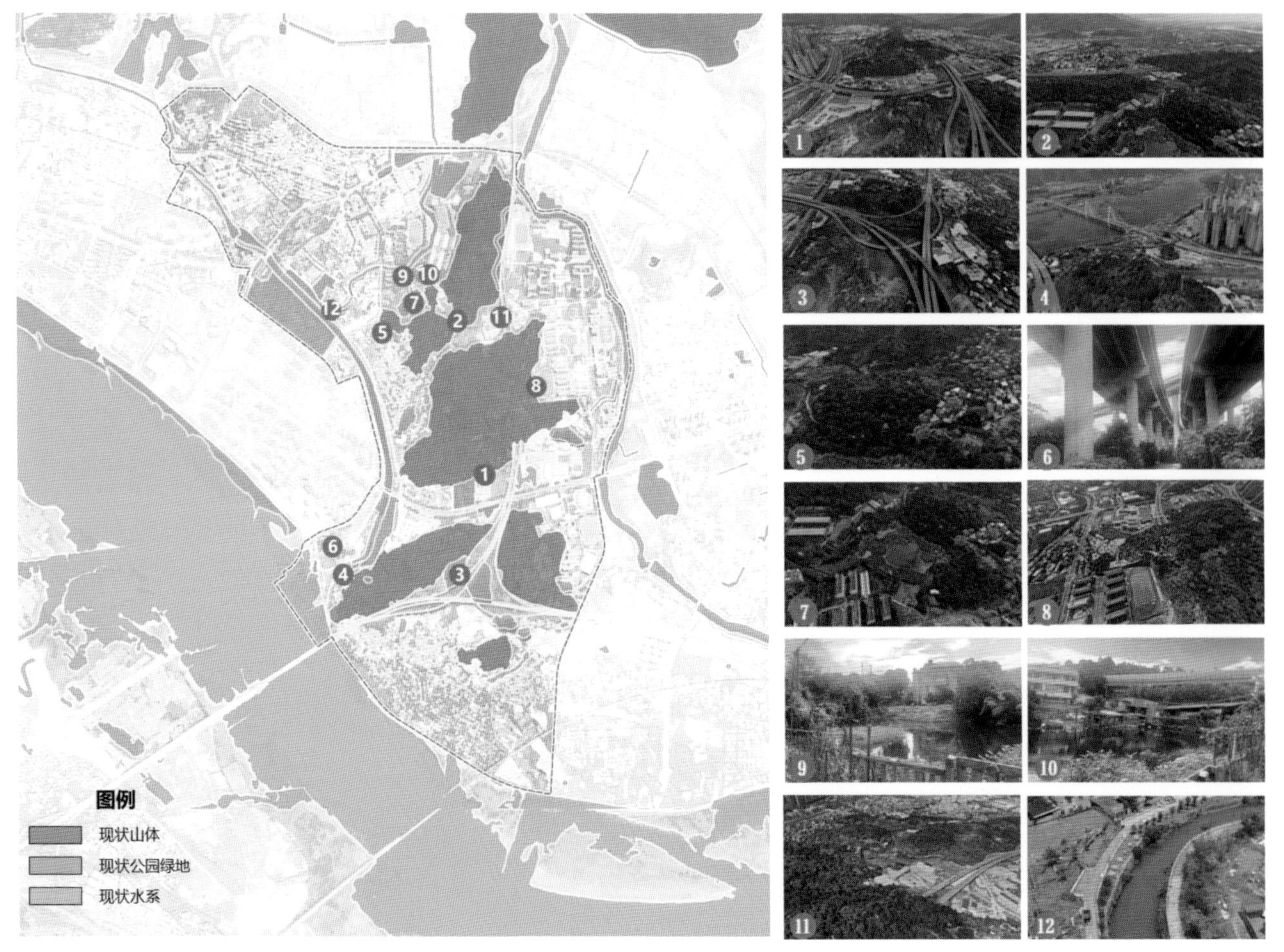

图 1–12 现状蓝绿空间

2）公共服务设施

如图 1–13 所示，规划范围西部是闽侯县行政和商业的中心，周边教育资源丰富，聚集了 7 所中高等教育院校、6 所小学、3 所初中、1 所民办九年一贯制学校、1 所高中，周边部分乡村学校设施有待提升。基地内及周边有昙石山遗址博物馆、闽侯县博物馆、荆溪文化科技中心、闽侯县青少年宫等文化设施。规划范围内有养老院 1 所，规模及品质有待提升。

3）周边现状建设情况

北部以工业为主，为闽侯经济开发区和铁岭工业区；西部是县城行政中心，集聚大量行政商务办公用地；南部沿江岸线为大量地产开发的居住社区；东部以现状村庄为主（图 1–14）。

4）业态基础

闽侯县主要商业项目分布于闽江两岸，未形成集聚效应；基地处于发展组团之间的活力低洼区域，周边现有商业项目较为传统老旧，仅有一个超 10 万平方米的传统购物中心——闽侯万家广场，其于 2018 年间入市，现已进入老化阶段，城市功能缺失，配套不完善，无法满足周边年轻人群的消费需求，且缺乏优质运营商，无法充分利用在地资源（图 1–15）。文旅产业基础建设体系尚未形成，消费空间和需求仍具有较大挖掘和提升空间，需要更好地满足群众特色化、多层次的旅游消费需求。

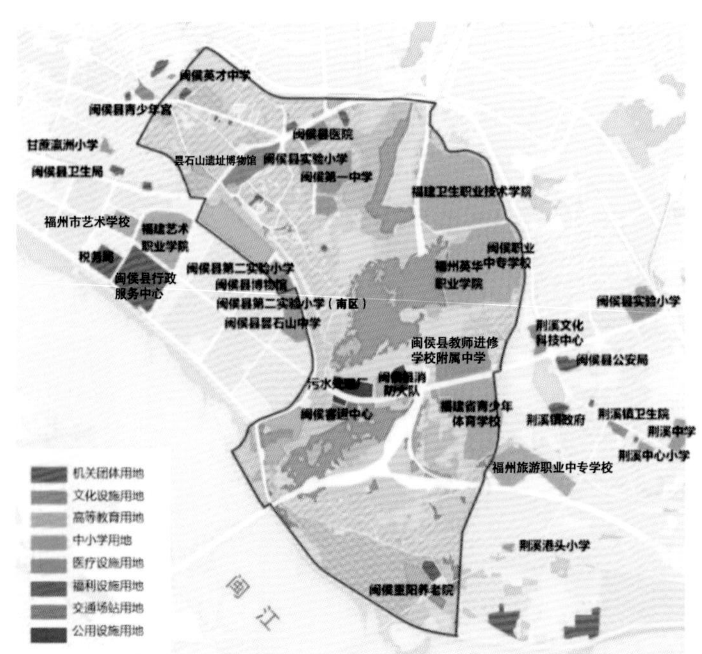

图 1–13 公共服务设施分布图

图 1–14 周边建设情况示意图

图 1–15 区域 POI（居住、商业、生活服务）核密度图

5）现状用地

基地内以山体和建设空间为主，增量建设空间较少。溪南山区域内城镇和农村居住用地、工业厂房、学校等功能混杂，组织失序。现状被山 – 江廊道、交通走廊分隔，大致分为三片，城、村、校、居、产混杂（图 1–16）。

6）现状交通

（1）区域交通

本次规划片区位于福州市西北部、闽侯主城区东部入城交通节点位置，片区内及周边有京台高速、福州绕城高速、福银高速等高速主要干线公路和交通枢纽。基地 30 分钟可达福州站，60 分钟可达福州南站，75 分钟可达福州长乐国际机场，对外交通完善、便利（图 1–17）。

（2）内部交通

基地内部交通体系建设尚不成熟，板块间路网不成体系；东西联系不紧密，个别多岔路口待优化（图 1–18）。

西侧县城片区与东侧文教片区，通过昙石山大道、荆溪大道两条外围道路连接，两条道路南北间距 2 千米，联系不紧密。

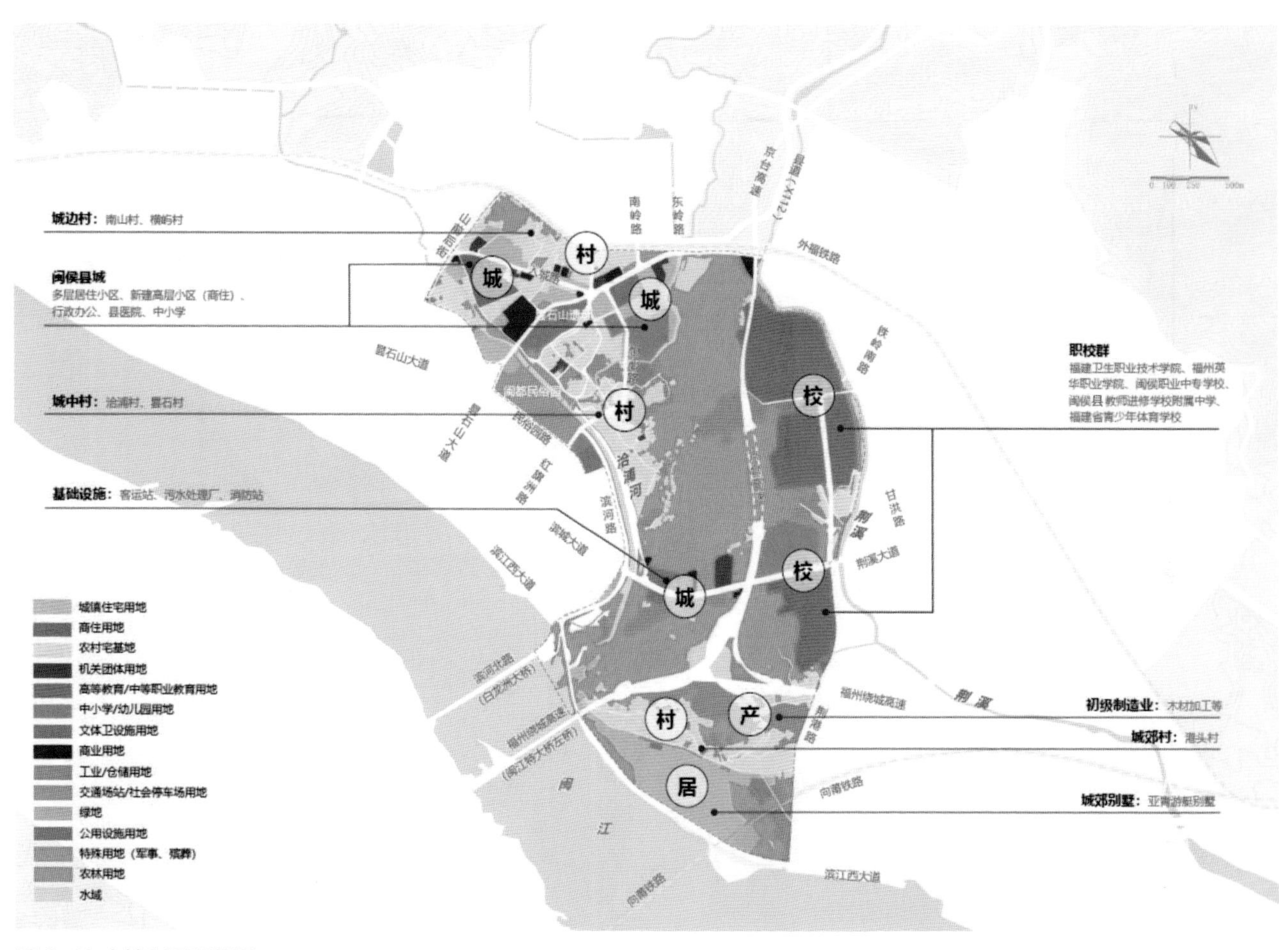

图 1-16 土地利用现状图

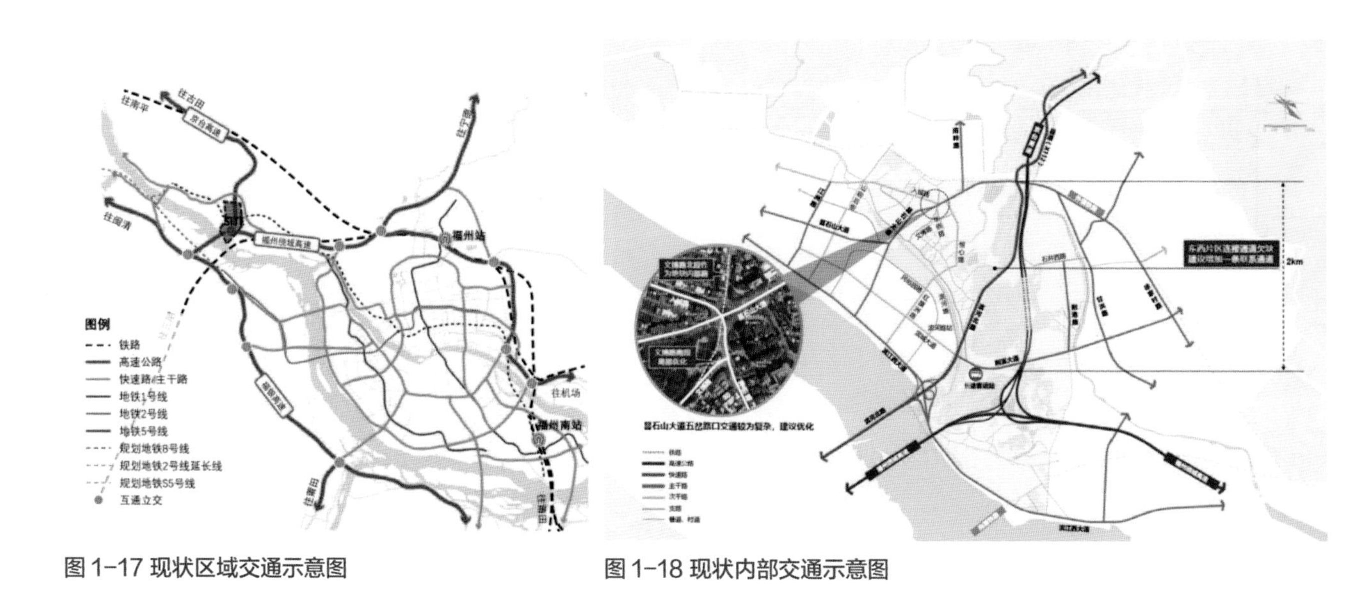

图 1-17 现状区域交通示意图

图 1-18 现状内部交通示意图

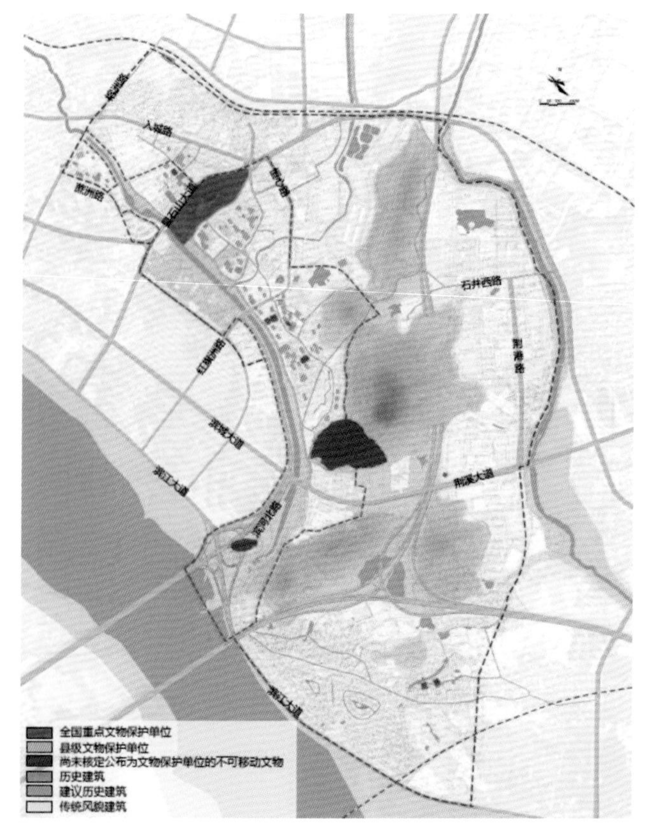

图 1-19 文化遗产分布图

7）历史文化要素

闽侯历史悠久，自公元前 222 年秦设闽中郡，郡治东冶始，闽侯地区基本处于区域行政中心范围内，因此众多文化遗产得以保留。研究范围内共有全国重点文物保护单位 1 处（昙石山遗址）、县级文物保护单位 1 处（张淦故居）、尚未核定公布为文物保护单位的不可移动文物 14 处、历史建筑 17 处及建议历史建筑 67 处（图 1-19）。

8）现状建筑情况

基地内城镇和农村居住用地、工业厂房、学校等功能混杂，组织失序，历史建筑、老旧房屋、新建房屋混杂，风貌不统一（图 1-20）。

公产建筑：公产集中于北部昙石村、南山村和横屿村，主要是博物馆、医院、学校等公共服务设施。

文物保护单位：昙石山遗址博物馆是范围内最重要的国家级文物保护单位，昙石、洽浦两村内存有一定量的历史建筑。

建筑使用性质：区域内建筑主要是农村住房及科教建筑，商业建筑较少，较为缺乏商业性配套建筑。

建筑高度：区域内存在大量的低层建筑，主要包括自建房和别墅，还存在一定数量影响风貌的高层建筑。

建筑年代：历史建筑集中在昙石、洽浦、港头三个村内，主要的保护建筑集中在昙石、洽浦两村。

建筑结构：以砖混建筑为主，历史建筑多为木结构，存在少量砖石结构，新建住宅小区为混凝土结构。

5. 上位及相关规划要求

1）《福州市国民经济和社会发展第十四个五年规划和二〇三五年远景目标纲要》

《福州市国民经济和社会发展第十四个五年规划和二〇三五年远景目标纲要》提出，推动闽都文化繁荣兴盛，全面建设文化强市，打造闽都文化品牌，挖掘和发展寿山石文化、鼓岭文化、昙石山文化、船政文化、庄寨文化等，用好郑和下西洋驻泊基地等特色资源，推进榕籍院士馆等载体建设，讲好福州故事。

2）《福州市国土空间总体规划（2021—2035 年）》

福州城市发展方向为“东进南下、沿江向海”：东向滨海新区，以增量为主，是产业经济重心；沿闽江向上培育休闲旅游、健康养生、现代农业等绿色产业。

《福州市国土空间总体规划 2021—2035 年》中对闽侯县定位为“建设福州都市圈科技创新与高新产业发展示范区，滨江国际化现代新城，重要生态保育区和都市休闲胜地”。

闽侯县南部以大学城、高新区为核心引擎，以乌龙江生态风景带和旗山风景区为依托，建设科研、创新、智造融合一体的东南科学城，依托青口投资区打造集汽车制造、销售、服务于一体的东南汽车城，形成具有滨江风貌特色的福州现代化滨江新城；北部山区着力建设生态屏障，以生态山水、禅宗文化、温泉资源为依托，发展旅游、康养、度假产业，打造福州休闲后花园。

《福州市国土空间总体规划（2021—2035 年）》提出，突出闽都文化、船政文化、温泉文化等多元文化特色，推动昙石山建设国家考古遗址公园，深度挖掘闽都历史文化遗产和山水、温泉资源禀赋，推进城市周边休闲、养生、度假产业发展，建设闽都文化魅力景观核。

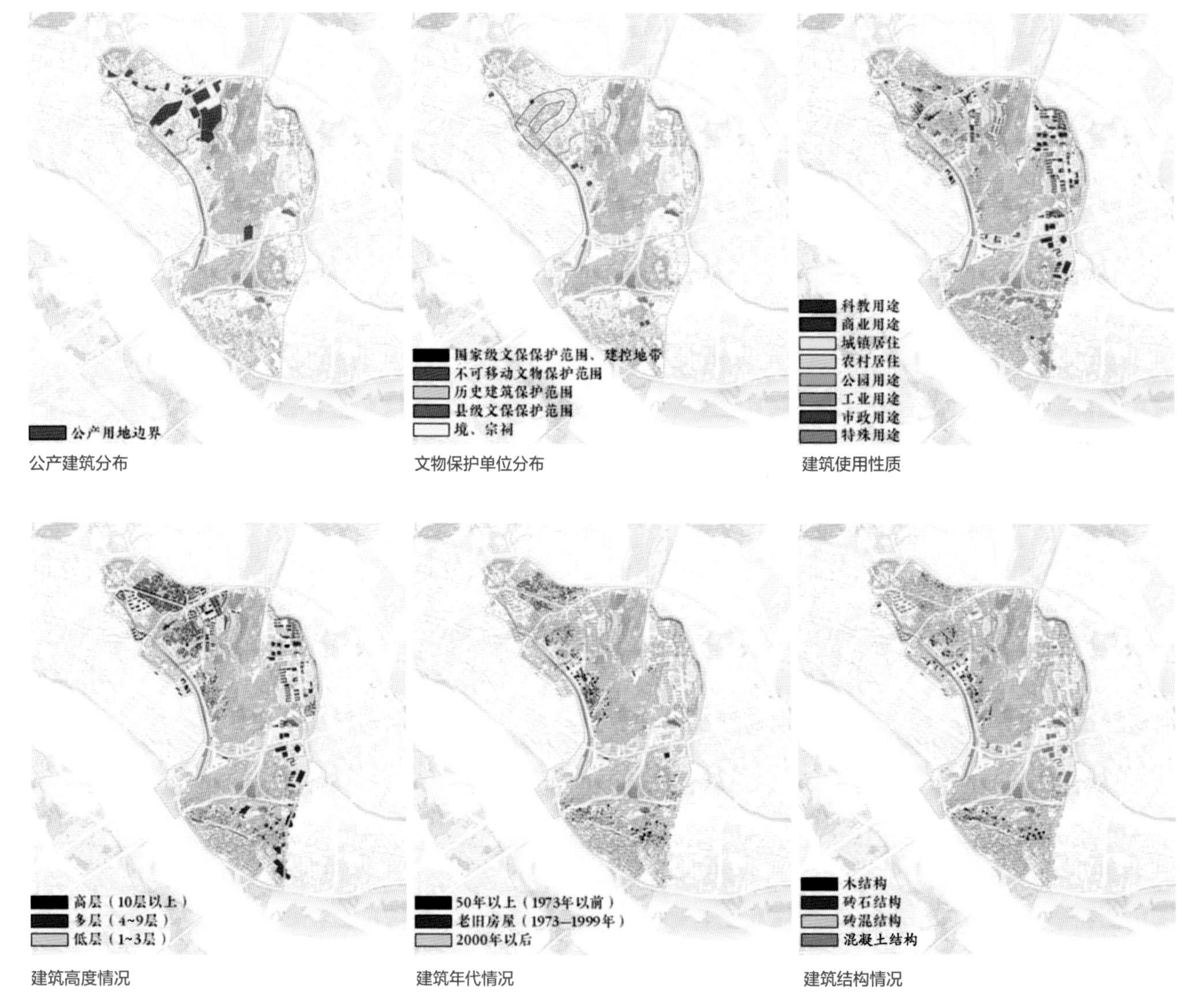

公产建筑分布　文物保护单位分布　建筑使用性质

建筑高度情况　建筑年代情况　建筑结构情况

图 1-20 现状建筑情况图

3）《闽侯县国民经济和社会发展第十四个五年规划和二〇三五年远景目标纲要》

《闽侯县国民经济和社会发展第十四个五年规划和二〇三五年远景目标纲要》提出，立基于“八闽首邑”，润泽于闽越文化、昙石山文化、禅宗文化、滨江临海山城葱荣的生态文化，助推闽侯文化底蕴的深度挖掘与文化民生深度融合，以全域文旅融合发展活化与创新闽侯的文化基因，促进闽侯文化高质量发展与文化繁荣，打造福州历史文化名城发祥地。

4）《闽侯县国土空间总体规划（2021—2035 年）》

《闽侯县国土空间总体规划（2021—2035 年）》提出，重点保护昙石山特色历史文化街区，依托悠久闽越文化、全景绿色空间、质朴生态原乡、闲适生活氛围将闽侯县打造成为闽越风情生态文化旅游目的地，山江协作，塑造全域旅游品牌。以闽江为轴线，串联金水湖、闽越水镇、昙石山等旅游节点，构建滨江都市旅游风情带。

5）《闽侯县甘蔗片区控制性详细规划》及《闽侯县荆溪镇徐家村和溪下片区控制性详细规划》

闽侯县甘蔗街道、经济开发区、荆溪镇徐家村和溪下片区的控制性详细规划将该片区功能定位为以综合服务、休闲旅游、文化创意为主导功能，以生活居住为支撑功能的综合性生态新城。

6）《闽侯县景观风貌专项规划》

基地在《闽侯县景观风貌专项规划》中属于五区中的昙石古邑片区，位于景观风貌分区中的昙石古邑风貌区。城市总体高度控制在 100 米以下，高层聚集鼓励区范围内，允许有 1 座或者 2 座单体建筑作为地标建筑，地标建筑高度可突破总体高度限制，以不超过总体高度限高的 1/3 为宜，应在设计时做好天际线与视线分析。

7）《福建省昙石山遗址保护规划》

保护范围：不得建设任何与文物保护无关的其他工程项目。

建设控制地带：遗址西侧、南侧、东侧，建筑屋脊高度不得超过 8 米，样式应采用传统民居形式，颜色以灰、白二色为主；遗址北侧，建筑屋脊高度不得超过 12 米，对于北侧严重影响景观的现有高层建筑，应有计划逐步拆除或改造。

三、教学组织安排

1. 教学组织方式

本次联合毕业设计根据各校实际情况，以灵活组队方式允许每组 2 人或者 2 人以上参与（组队人数按照人均设计范围不小于 25 公顷来选择重点片区）。

各组从基地一、二、三、四中自行选择重点片区设计范围，经过对选题理解和深入研究后，也可自行划定具体设计地块范围，但需要符合如下要求：

①城市设计范围不小于 50 公顷（不含水域面积）；

②城市设计范围边界形态简单、规整且连续；

③城市设计范围划定需要充分论证并说明与“保护 · 发展”选题的内在关联性。

2. 教学环节

整个联合毕业设计教学过程包括开题及现状调研、中期成果交流、毕业设计成果展评及联合答辩等教学环节。

1）开题及现状调研

由协办单位福州市规划设计研究院介绍选题背景、《福州市国土空间总体规划（2021—2035 年）》《闽侯县国土空间总体规划（2021—2035 年）》等相关规划及基地概况。由承办单位福建理工大学组织七校师生以混编方式进行现状踏勘调研，将七校师生混编成三大组（各大组视情况再分小组），承办单位师生提前拟定调研提纲，各大组独立完成调研提纲拟定的内容，制作调研成果，并进行汇报交流。

2）中期成果交流

各校毕业设计小组在各自学校的指导教师指导下按进度完成所选基地的研究，并提供中期 PPT 成果，由承办单位福建理工大学组织中期成果交流。

3）毕业设计成果展评及联合答辩

各毕业设计小组根据中期成果交流时各校教师的意见和建议深化完善中期成果，并按任务书要求完成重点片区城市设计，与中期成果一起组成完整的毕业设计小组成果，由下届承办单位北京建筑大学组织成果展评及联合答辩。

四、毕业设计成果内容及要求

以下成果为基本要求，具体以各学校毕业设计成果要求为准，成果内容和表达可增加。

1. 研究范围城市设计要求

在研究范围内进行总体概念性城市设计，具体包括以下几方面内容：

①确定片区发展区域的区位、交通、环境等条件；

②确定片区发展愿景、功能定位和城市设计目标；

③确定功能布局、道路交通框架及总体城市设计空间结构；

④确定以保护与发展为核心的城市更新规划设计策略；

⑤选择并确定重点片区城市设计地块范围，并说明与本次联合毕业设计选题的关系。

2. 重点片区城市设计要求

针对重点片区开展精细化城市设计研究，主要分为小组共同完成部分和个人独立完成部分。

1）小组共同完成部分

（1）目标定位

以昙石山遗址周边片区为设计范围，围绕“打造国家考古文化遗址公园”远景目标，塑造文化品牌，丰富文旅业态，推进有机更新，强化“城市经营”，编制发展策划。

协调片区“保护与发展”的关系。提升昙石山文化影响力，将以昙石山文化为代表的闽都文化推向世界；提升片区活力，支撑福州市现代化国际城市和国际消费中心城市培育创建工作；支撑城市发展，探索契合片区特色、可实施的城市更新模式。基于现状，合理展望，结合案例分析，从文化、业态（产业）及空间等方面提出适合片区的发展目标与发展定位，指导片区发展。

（2）文化保护与利用策略

确定文化发展定位，构建文化体系，提出昙石山文化保护与利用策略。同时与片区未来申报和打造“国家考古文化遗址公园”的愿景相协调。遴选具有鲜明特色的历史文化元素，提炼文化题材，培育片区特色文化品牌；谋划文化品牌宣传场景；制订文化品牌推广计划；策划重大文化主题活动。

（3）业态提升

明确片区业态提升发展目标与定位；谋划片区消费空间布局，构建业态空间体系；提出业态类型与产品体系；聚焦核心产品，培育特色消费品牌，打造消费场景；开展业态升级必要的人流动线、交通组织、服务配套等方面的研究。

（4）空间布局

结合目标与发展策略，编制片区空间规划设计方案，包括但不限于：空间结构、用地布局、城市设计总平面图、整体鸟瞰图、重要节点效果图及重要支撑系统规划等。

（5）交通组织

梳理规划区对内、对外两个层面的交通组织方式，区分人行与车行交通，合理布局交通设施，兼顾消防需求。

（6）建筑风貌整治

对现状建筑合理分类，保护有价值的历史建筑，改善与整体风貌不协调的建（构）筑物，体现历史文化底蕴与风貌。

2）个人独立完成部分

个人独立完成部分包括但不限于：地块功能布局、公共空间、景观风貌、环境设施、地下空间利用等；提出开发容量、建设高度、功能配比、建筑风貌、景观环境等管控及引导；针对重要节点的建筑立面、店牌店招、滨水空间等，提出整治措施并进行设计引导。

3. 图文表达要求

人均不少于 3 张 A1 标准图纸（图纸内容要图文并茂，文字大小要满足出版的需求）。规划内容包括但不限于：区位上位规划分析图、基地现状分析图、设计构思分析图、规划结构分析图、城市设计总平面图、道路交通系统分析图、绿化景观分析图、其他各项综合分析图、节点意象设计图、城市天际线、总体鸟瞰图及局部透视效果图、城市设计导则等。

文本内容包括文字说明（前期研究、功能定位、设计构思、功能分区、空间组织、总体布局、交通组织、环境设计、建筑意象、经济技术指标控制等内容）、图纸（至少满足图纸表达要求的内容）。

4.PPT 汇报文件制作要求

中期规划成果和终期成果的 PPT 汇报时间，2 人 / 组，每组不超过 15 分钟；多于 2 人 / 组，每组不超过 30 分钟。具体时间按分组、分类确定。汇报应内容完整，逻辑清晰，图文并茂，重点突出。

五、时间安排及其他事宜

表 1-1 毕业设计时间安排表

阶段	时间	地点	内容要求	形式
第一阶段：开题阶段	第 1 周	福建理工大学（旗山校区北区）	联合毕业设计任务书解读、专题讲座、教学研讨、基地综合调研及汇报	线上交流
第二阶段：城市设计方案阶段	第 2 周到第 7 周	各自学校	包括背景研究、区位研究、现状研究、案例研究、定位研究、方案设计等内容	各校自定
中期检查	第 8 周	福建理工大学（旗山校区北区）	包括综合研究、功能定位、初步方案等内容	大组 20 分钟 PPT 汇报 小组 15 分钟 PPT 汇报
第三阶段	第 9 周到第 15 周	各自学校	根据中期意见，对方案进行深化、完善、绘图等	各校自定
成果汇报	第 15 周周末	下届东道主学校	汇报 PPT，每人不少于 3 张 A1 标准图纸（如 2 人组图纸总数不少于 6 张，4 人组图纸总数不少于 12 张）和 1 套规划文本	大组 30 分钟 PPT 汇报、小组 15 分钟 PPT 汇报，评选出优秀作业，同时提交展板和出书文件，进行展览

解题

Vision & Solution

北京建筑大学

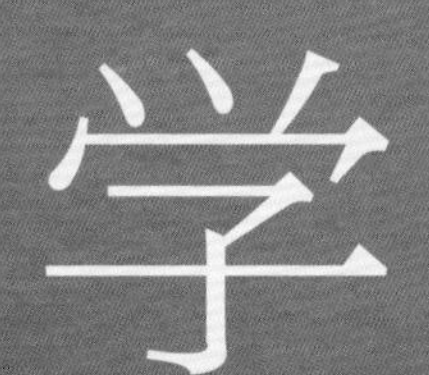

时空延续　新火相传

——基于人时空理论昙石山地区城市更新与设计 / 冯泽华　马萧萧

山舒水适 · 文领闽侯

——基于场景理论的昙石山文化公园及其周边片区城市更新 / 何祯　刘曼如　武怡

古今昙石，多栖韧境

/ 李一凡　陆新睿　姚云龙

昙石焕活 · 旧址新生

——昙石山文化公园及其周边片区城市更新设计 / 李雪婧　薛至柔　张雅方

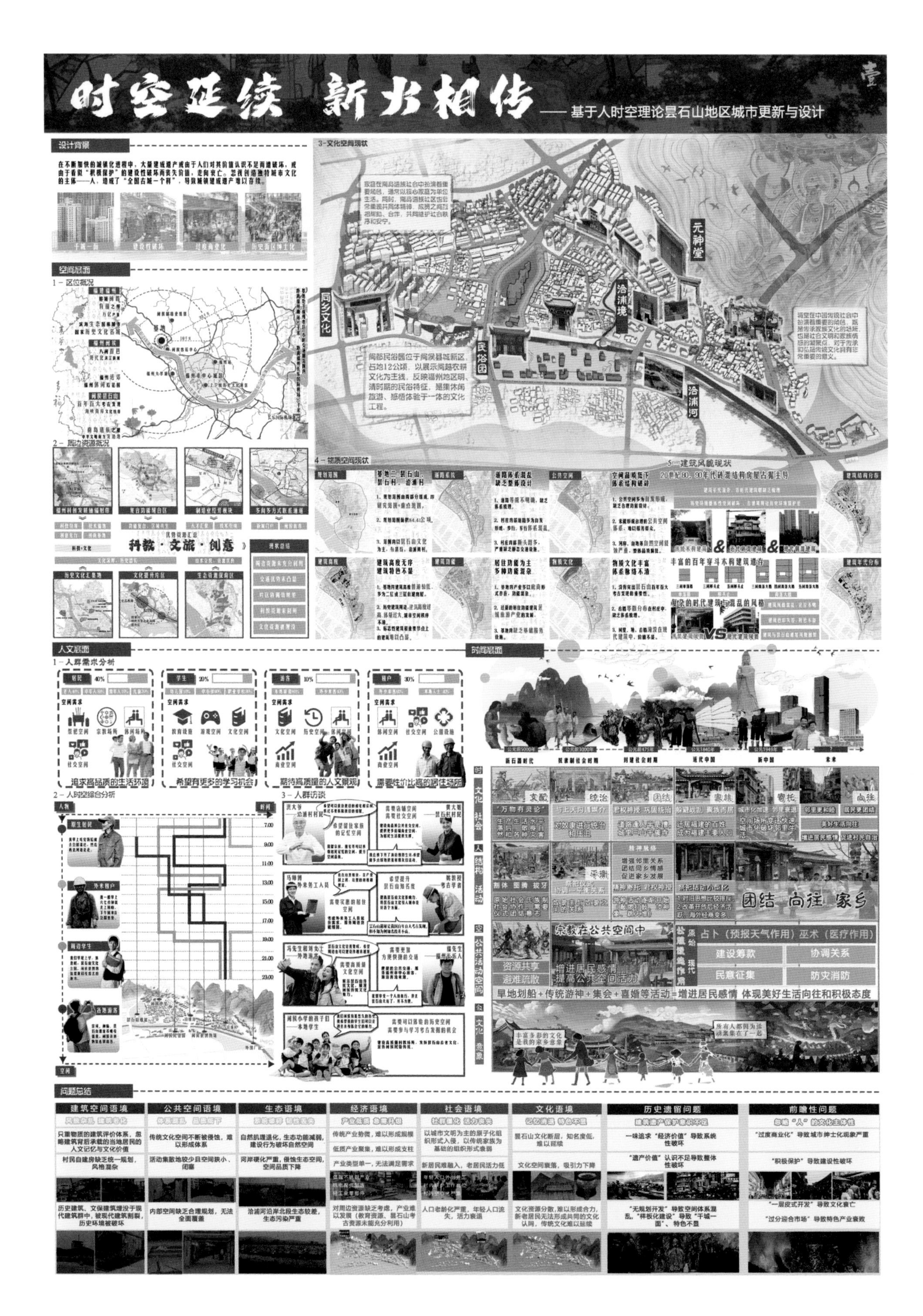
时空延续 新火相传
——基于人时空理论昙石山地区城市更新与设计
壹
设计背景
在不断加快的城镇化进程中，大量建成遗产或由于人们对其价值认识不足而遭破坏，或由于看似“积极保护”的建设性破坏而丧失价值，走向衰亡。忽视创造独特城市文化的主体——人，造成了“全国古城一个样”，导致城镇建成遗产难以存续。
空间层面
1－区位概况
2－周边资源概况
科教·文旅·创意
3－文化空间现状
元神堂
洽浦境
同乡文化
民俗园
洽浦河
闽都民俗园位于闽侯县城新区，占地12公顷，以展示闽越农耕文化为主线，反映福州地区明、清时期的民俗特征，是集休闲旅游、感悟体验于一体的文化工程。
4－物质空间现状
5－建筑风貌现状
丰富的百年穿斗木构建筑遗存
人文层面
1－人群需求分析
追求高品质的生活环境
希望有更多的学习机会
期待高质量的人文景观
需要性价比高的居住场所
2－人时空综合分析
3－人群访谈
闽侯小学的孩子们——本地学生
需要可以体验的历史空间
需要参与学习考古发掘的机会
时间层面
新石器时代
奴隶制社会时期
封建社会时期
近代中国
新中国
未来
文配
统治
团结
寄托
向往
团结 向往 家乡
宗教在公共空间中
占卜（预报天气作用）巫术（医疗作用）
建设筹款
协调关系
民意征集
防灾消防
资源共享
避难疏散
增进居民感情
提高公共空间活力
旱地划船+传统游神+集会+喜婚等活动=增进居民感情 体现美好生活向往和积极态度
丰富多彩的文化是我的家乡意象
所有人都因为活动聚集在了一起
问题总结
建筑空间语境
只重物质的建筑评价体系，忽略建筑背后承载的当地居民的人文记忆与文化价值
村民自建房缺乏统一规划，风格混杂
历史建筑、文保建筑埋没于现代建筑群中，被现代建筑割裂，历史环境被破坏
公共空间语境
传统文化空间不断被侵蚀，难以形成体系
活动集散地较少且空间狭小、闭塞
内部空间缺乏合理规划，无法全面覆盖
生态语境
自然机理退化，生态功能减弱，建设行为破坏自然空间
河岸硬化严重，侵蚀生态空间，空间品质下降
洽浦河沿岸北段生态较差，生态污染严重
经济语境
产业低质 急需升级
传统产业势微，难以形成规模
低质产业聚集，难以形成支柱
产业类型单一，无法满足需求
对周边资源缺乏考虑，产业难以发展（教育资源、昙石山考古资源未能充分利用）
社会语境
以城市文明为主的原子化组织形式入侵，以传统家族为基础的组织形式衰弱
新居民难融入，老居民活力低
人口老龄化严重，年轻人口流失，活力衰退
文化语境
记忆消退 特色不显
昙石山文化断层，知名度低，难以延续
文化空间衰落，吸引力下降
文化资源分散，难以形成合力，新老居民无法形成共同的文化认同，传统文化难以延续
历史遗留问题
建筑遗产保护意识不足
一味追求“经济价值”导致系统性破坏
“遗产价值”认识不足导致整体性破坏
“无规划开发”导致空间体系混乱，“样板化建设”导致“千城一面”、特色不显
前瞻性问题
忽略“人”的文化主体性
“过度商业化”导致城市绅士化现象严重
“积极保护”导致建设性破坏
“一层皮式开发”导致文化衰亡
“过分迎合市场”导致特色产业衰败

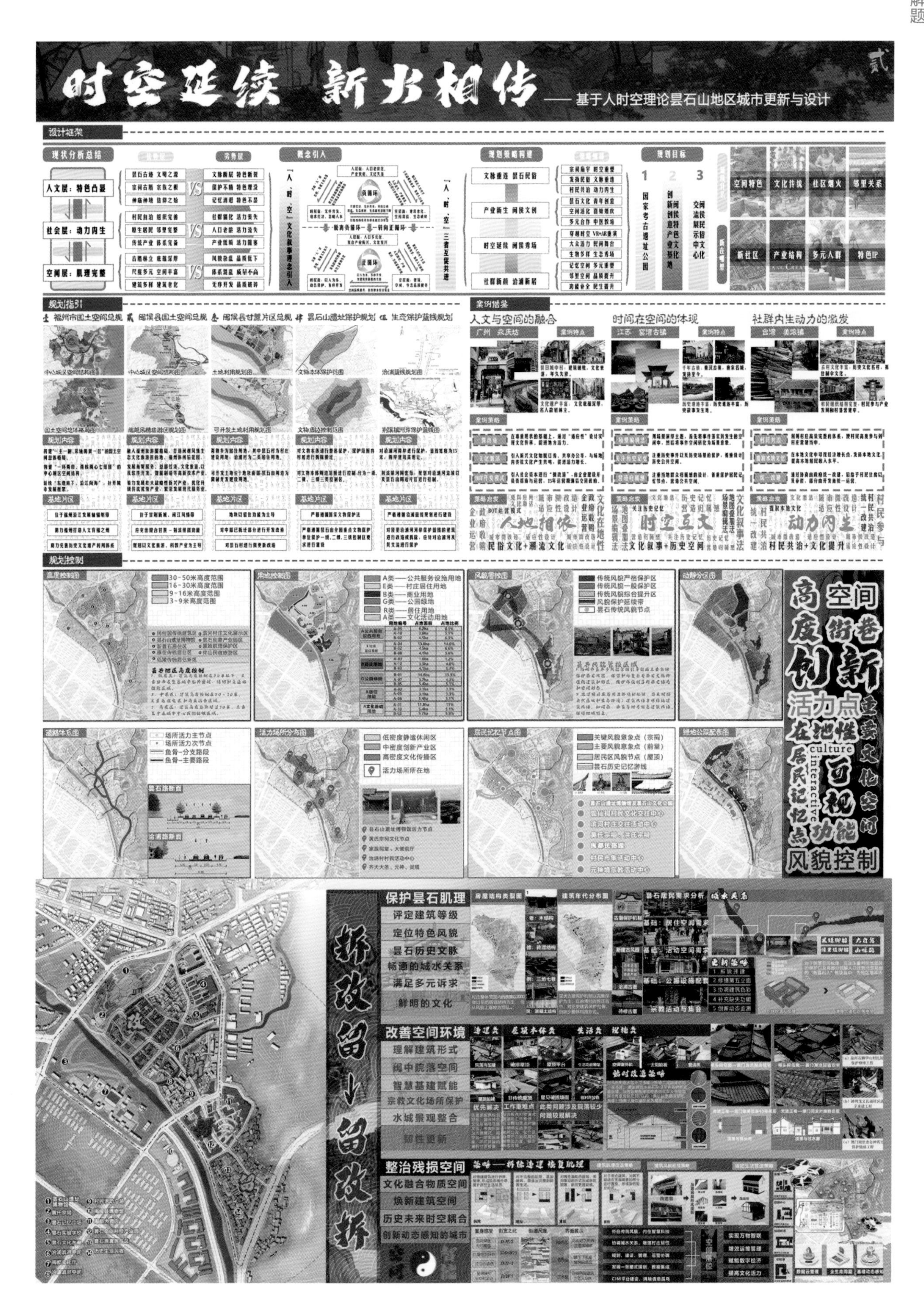
时空延续 新火相传
——基于人时空理论昙石山地区城市更新与设计
设计框架
现状分析总结
人文层：特色凸显
社会层：动力内生
空间层：肌理完整
概念引入
规划策略构建
规划目标
规划指引
案例借鉴
人文与空间的融合
时间在空间的体现
社群内生动力的激发
规划控制
高度控制图
用地控制图
风貌管控图
动静分区图
高度 空间 街巷 创新
活力点 在地性 居民记忆点 重要文化空间 可视功能
风貌控制
保护昙石肌理
评定建筑等级
定位特色风貌
昙石历史文脉
畅通的城水关系
满足多元诉求
鲜明的文化
改善空间环境
理解建筑形式
闽中院落空间
智慧基建赋能
宗教文化场所保护
水城景观整合
韧性更新
整治残损空间
文化融合物质空间
焕新建筑空间
历史未来时空耦合
创新动态感知的城市
拆改留→留改拆

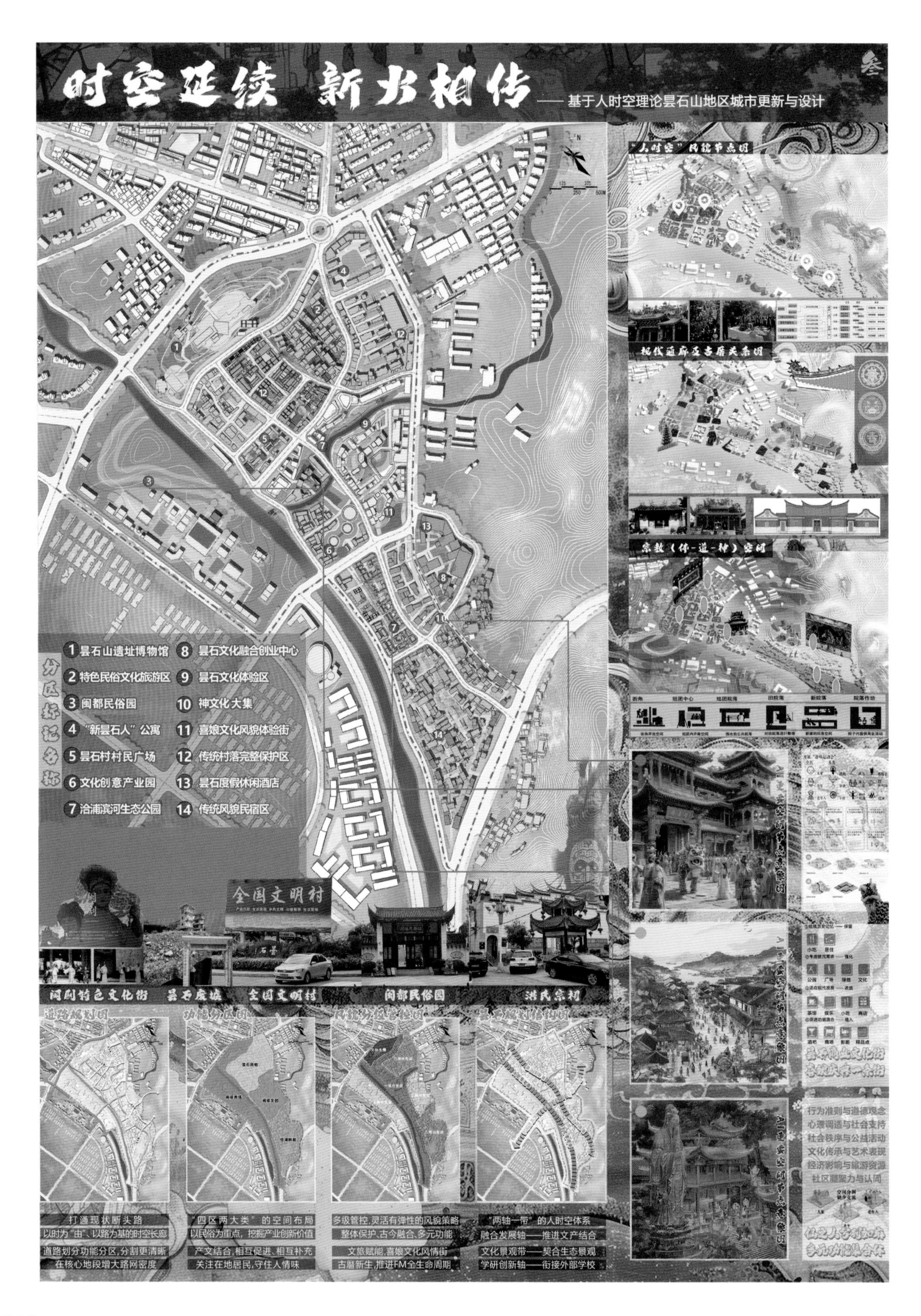
时空延续 新火相传
——基于人时空理论昙石山地区城市更新与设计
叁
分区标注名称
1 昙石山遗址博物馆
2 特色民俗文化旅游区
3 闽都民俗园
4 "新昙石人"公寓
5 昙石村村民广场
6 文化创意产业园
7 洽浦滨河生态公园
8 昙石文化融合创业中心
9 昙石文化体验区
10 神文化大集
11 喜娘文化风貌体验街
12 传统村落完整保护区
13 昙石度假休闲酒店
14 传统风貌民宿区
"人时空"风貌节点图
宗教(体-道-神)空间
全国文明村
闽剧特色文化街
昙石底城
全国文明村
闽都民俗园
洪氏宗祠
道路规划图
功能分区图
打通现状断头路
以时为"由"、以路为基的时空长廊
道路划分功能分区,分割更清晰
在核心地段增大路网密度
"四区两大类"的空间布局
以民俗为重点,挖掘产业创新价值
产文结合,相互促进,相互补充
关注在地居民,守住人情味
多级管控,灵活有弹性的风貌策略
整体保护、古今融合、多元功能
文旅赋能,喜娘文化风情街
古厝新生,推进FM全生命周期
"两轴一带"的人时空体系
融合发展轴——推进文产结合
文化景观带——契合生态景观
学研创新轴——衔接外部学校
行为准则与道德观念
心理调适与社会支持
社会秩序与公益活动
文化传承与艺术表现
经济影响与旅游资源
社区凝聚力与认同

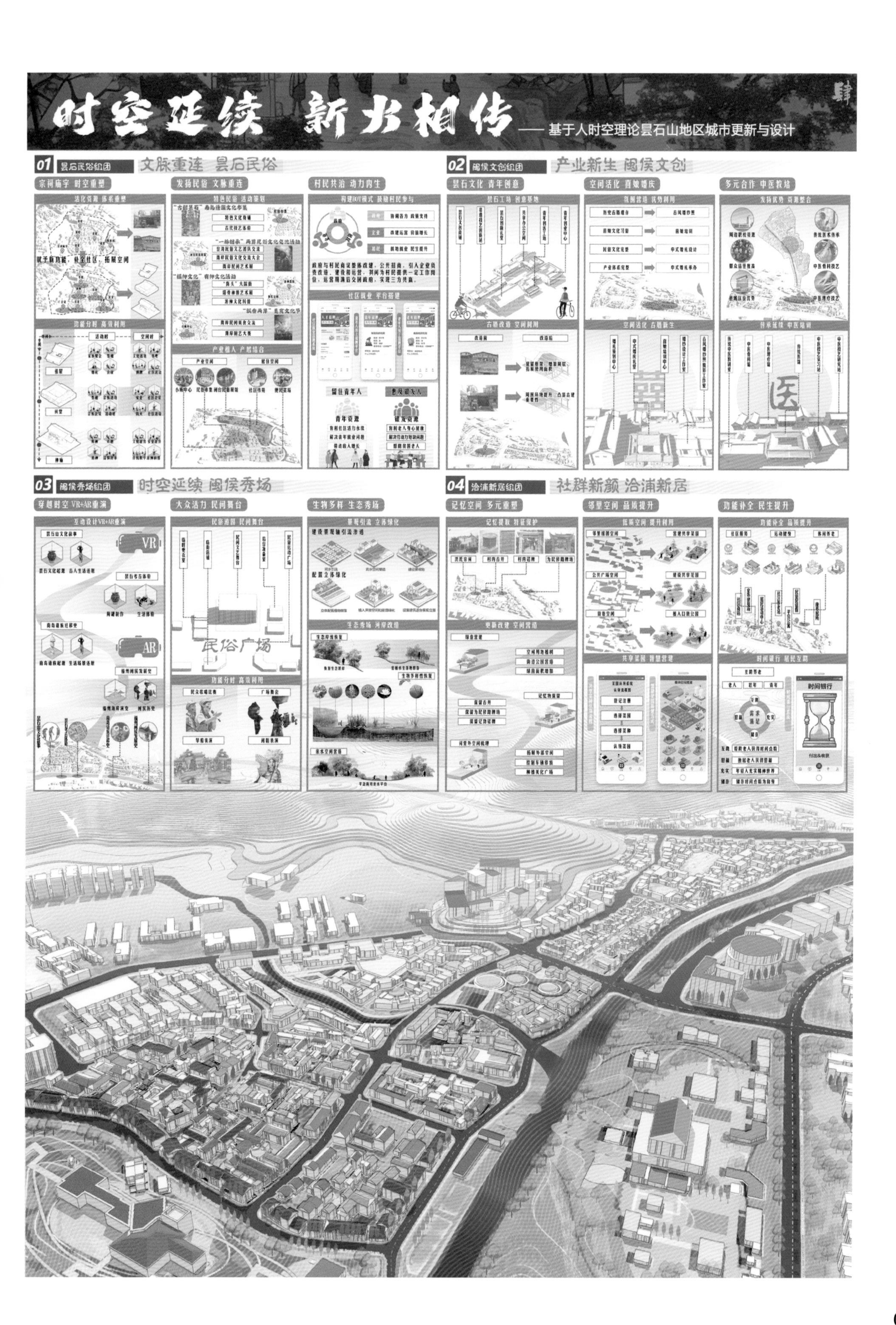
时空延续 新火相传
——基于人时空理论昙石山地区城市更新与设计
肆
01 昙石民俗组团 文脉重连 昙石民俗
宗祠庙宇 时空重塑
发扬民俗 文脉重连
村民共治 动力内生
02 闽侯文创组团 产业新生 闽侯文创
昙石文化 青年创意
空间活化 喜嫁婚庆
多元合作 中医教培
03 闽侯秀场组团 时空延续 闽侯秀场
穿越时空 VR+AR重演
大众活力 民间舞台
生物多样 生态秀场
04 洽浦新居组团 社群新颜 洽浦新居
记忆空间 多元重塑
邻里空间 品质提升
功能补全 民生提升
民俗广场
VR
AR
医
时间银行

山舒水适·文领闽侯

——基于场景理论的昙石山文化公园及其周边片区城市更新

上位规划

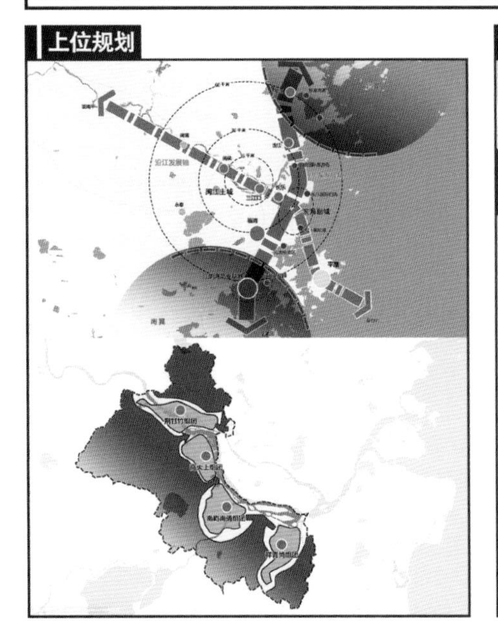

区位分析

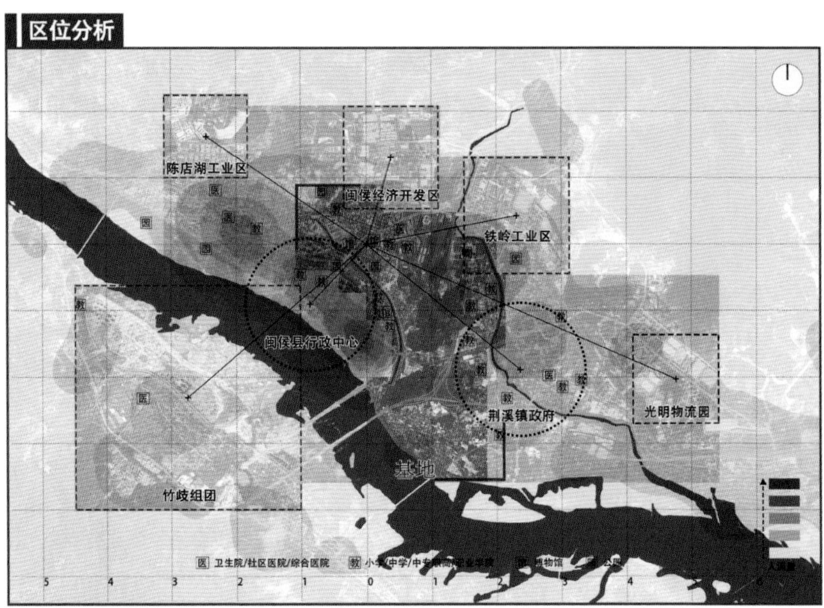

现状分析

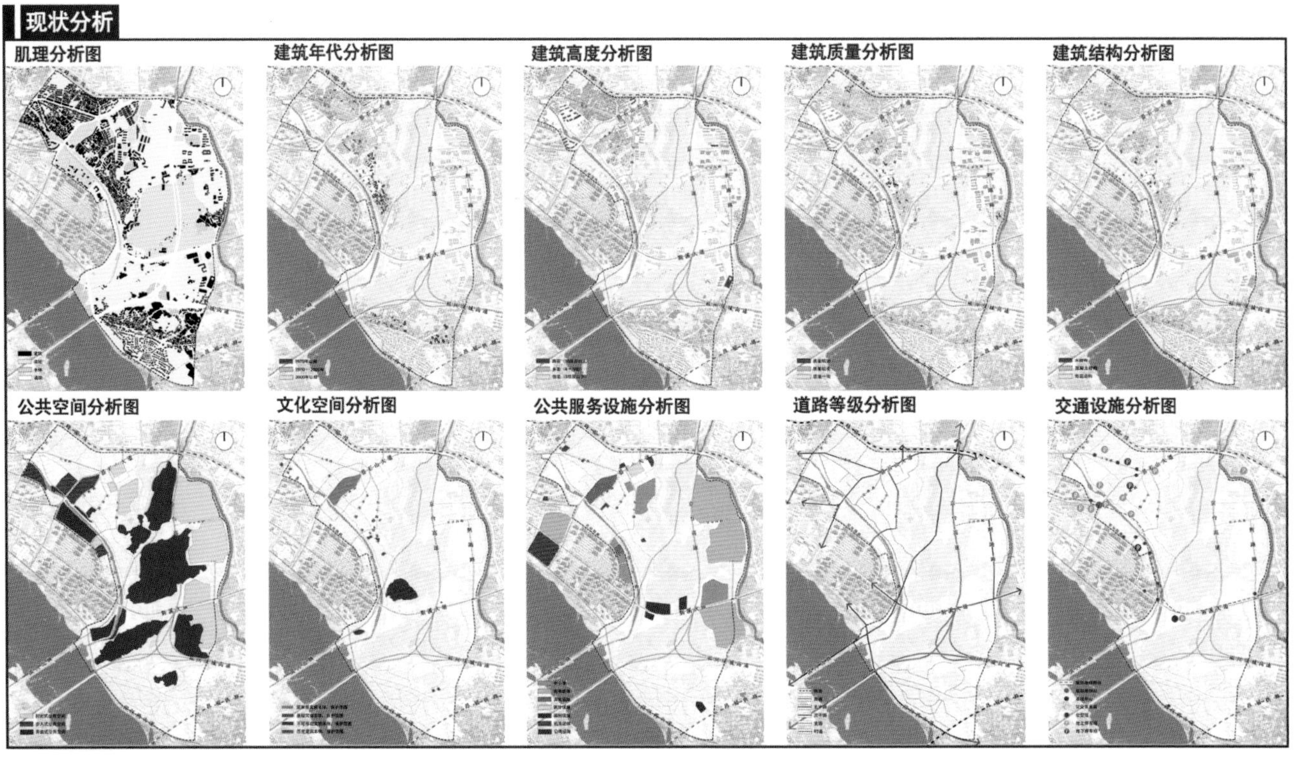

人群分析

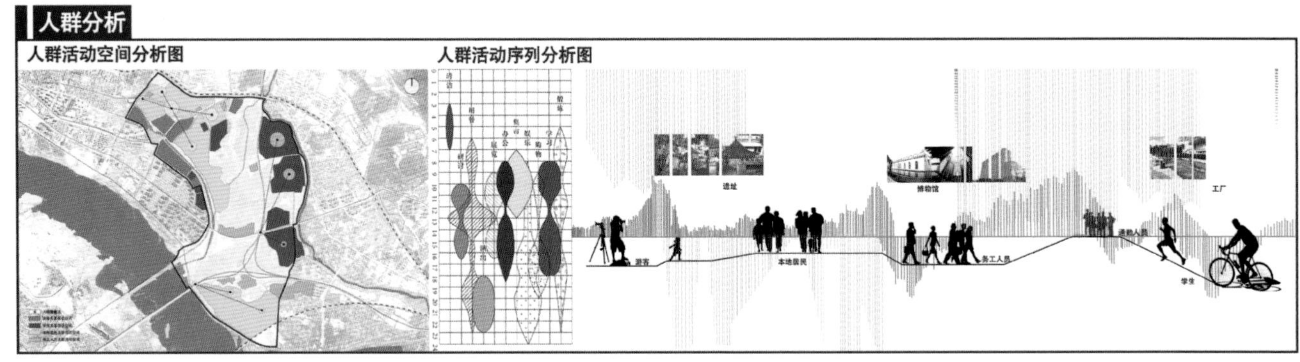

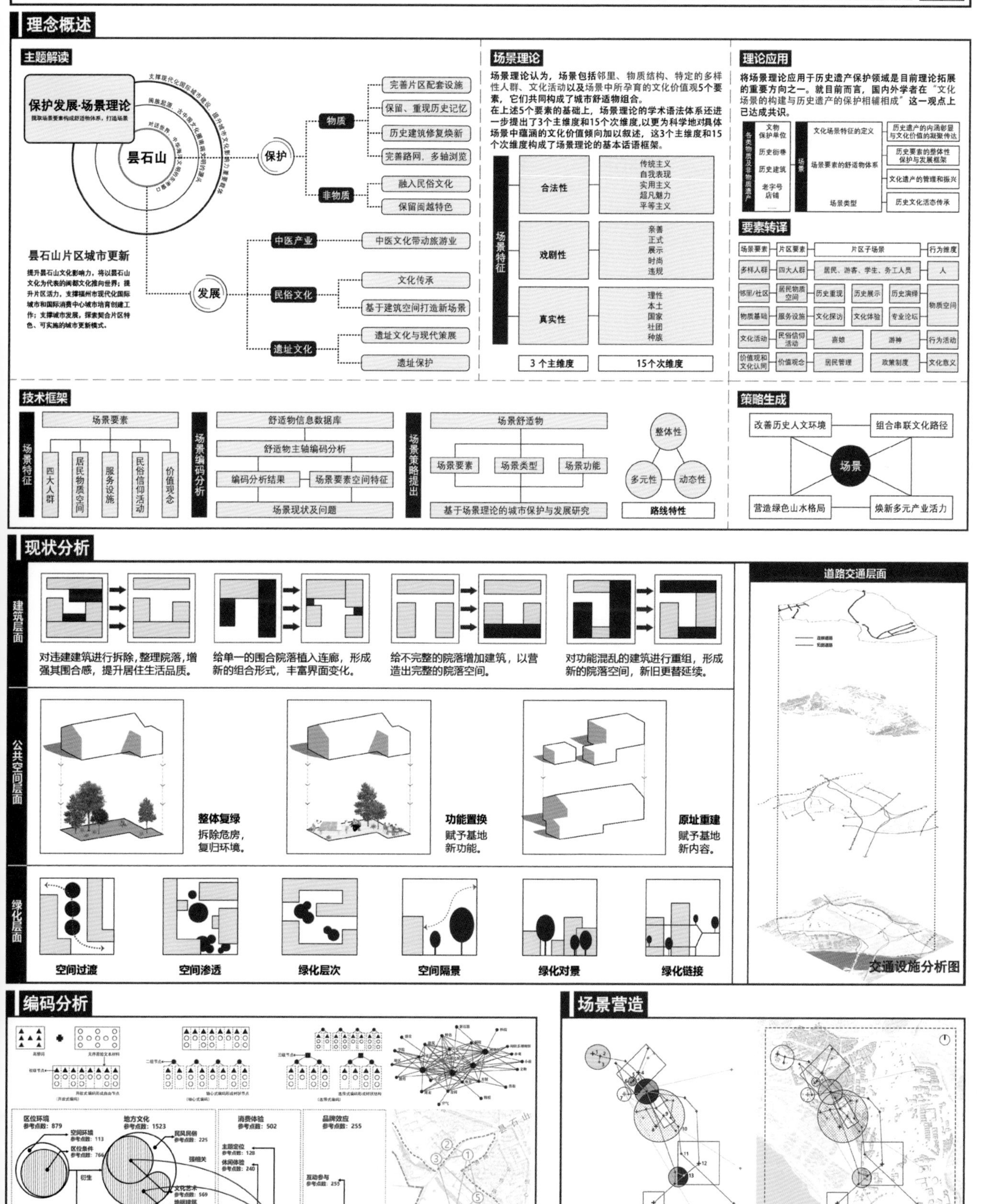

山舒水适·文领闽侯
——基于场景理论的昙石山文化公园及其周边片区城市更新
贰
理念概述
主题解读
保护发展·场景理论
昙石山
保护
物质
完善片区配套设施
保留、重现历史记忆
历史建筑修复焕新
完善路网，多轴浏览
非物质
融入民俗文化
保留闽越特色
发展
中医产业
中医文化带动旅游业
民俗文化
文化传承
基于建筑空间打造新场景
遗址文化
遗址文化与现代策展
遗址保护
昙石山片区城市更新
提升昙石山文化影响力，将以昙石山文化为代表的闽都文化推向世界；提升片区活力，支撑福州市现代化国际城市和国际消费中心城市培育创建工作；支撑城市发展，探索契合片区特色、可实施的城市更新模式。
场景理论
场景理论认为，场景包括邻里、物质结构、特定的多样性人群、文化活动以及场景中所孕育的文化价值观5个要素，它们共同构成了城市舒适物组合。
在上述5个要素的基础上，场景理论的学术语法体系还进一步提出了3个主维度和15个次维度,以更为科学地对具体场景中蕴涵的文化价值倾向加以叙述，这3个主维度和15个次维度构成了场景理论的基本话语框架。
场景特征
合法性
传统主义
自我表现
实用主义
超凡魅力
平等主义
戏剧性
亲善
正式
展示
时尚
违规
真实性
理性
本土
国家
社团
种族
3 个主维度
15个次维度
理论应用
将场景理论应用于历史遗产保护领域是目前理论拓展的重要方向之一。就目前而言，国内外学者在“文化场景的构建与历史遗产的保护相辅相成”这一观点上已达成共识。
各类物质及非物质遗产
文物保护单位
历史街巷
历史建筑
老字号店铺
场景
文化场景特征的定义
场景要素的舒适物体系
场景类型
历史遗产的内涵彰显与文化价值的凝聚传达
历史遗产的整体性保护与发展框架
文化遗产的管理和振兴
历史文化活态传承
要素转译
场景要素
片区要素
片区子场景
行为维度
多样人群
四大人群
居民、游客、学生、务工人员
人
邻里/社区
居民物质空间
历史重现
历史展示
历史演绎
物质空间
物质基础
服务设施
文化探访
文化体验
专业论坛
文化活动
民俗信仰活动
吉婚
游神
行为活动
价值观和文化认同
价值观念
居民管理
政策制度
文化意义
技术框架
场景特征
场景要素
四大人群
居民物质空间
服务设施
民俗信仰活动
价值观念
场景编码分析
舒适物信息数据库
舒适物主轴编码分析
编码分析结果
场景要素空间特征
场景现状及问题
场景策略提出
场景舒适物
场景要素
场景类型
场景功能
基于场景理论的城市保护与发展研究
整体性
多元性
动态性
路线特性
策略生成
改善历史人文环境
组合串联文化路径
场景
营造绿色山水格局
焕新多元产业活力
现状分析
建筑层面
对违建建筑进行拆除，整理院落，增强其围合感，提升居住生活品质。
给单一的围合院落植入连廊，形成新的组合形式，丰富界面变化。
给不完整的院落增加建筑，以营造出完整的院落空间。
对功能混乱的建筑进行重组，形成新的院落空间，新旧更替延续。
公共空间层面
整体复绿
拆除危房，复归环境。
功能置换
赋予基地新功能。
原址重建
赋予基地新内容。
绿化层面
空间过渡
空间渗透
绿化层次
空间隔景
绿化对景
绿化链接
道路交通层面
交通设施分析图
编码分析
区位环境
参考点数：879
空间环境
参考点数：113
区位条件
参考点数：766
物质空间感知
地方文化
参考点数：1523
民风民俗
参考点数：225
文化艺术
参考点数：569
地标建筑
参考点数：729
地方文化感知
商业形态
参考点数：70
消费内容
参考点数：70
消费空间感知
消费体验
参考点数：502
主题定位
参考点数：128
休闲体验
参考点数：240
服务人群
参考点数：134
场所体验感知
品牌效应
参考点数：255
互动参与
参考点数：255
场景功能作用
衍生
强相关
组合产生
场景理论
弱相关
生活文化设施的组合
舒适物组合产生特定的场景
场景对城市更新产生作用
场景营造
文化场景
生态场景
新潮场景

山舒水适·文领闽侯

——基于场景理论的昙石山文化公园及其周边片区城市更新

方案设计

总平面图

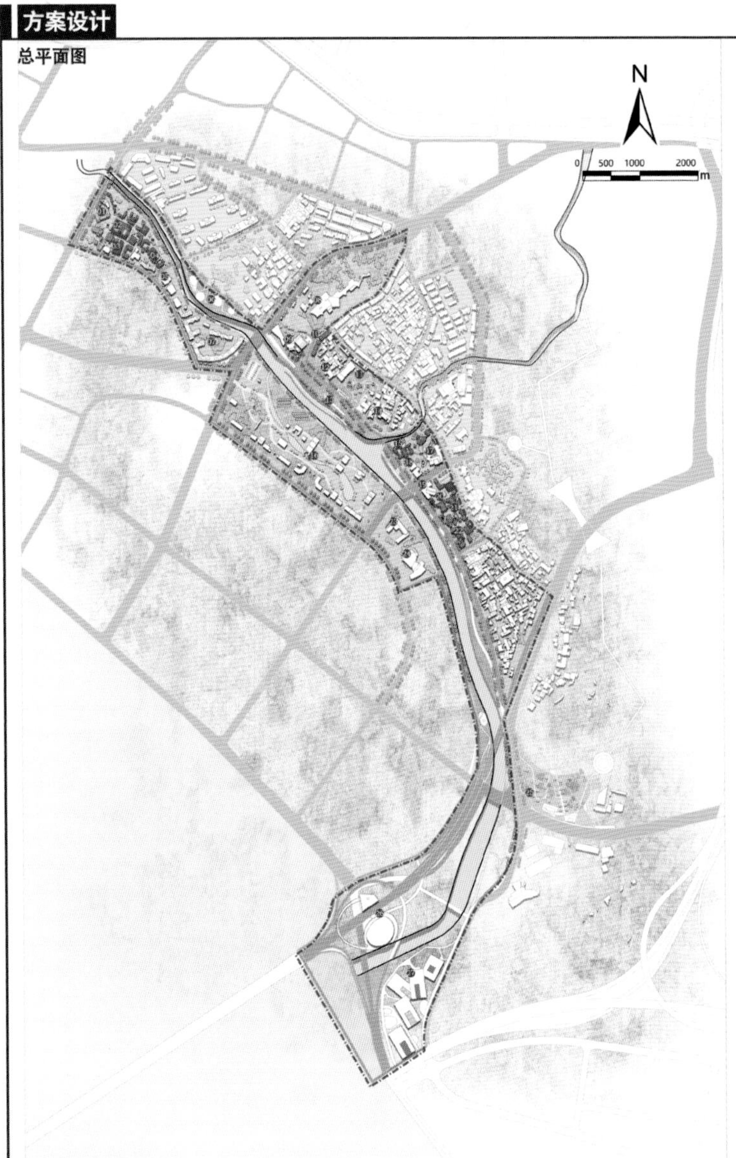

经济技术指标

总用地面积：99.26公顷　总建筑面积：93.64公顷　容积率：0.94

绿地率：44.2%　建设密度：32%

图例

01 张淦故居　02 汇报展厅　03 休闲咖啡厅

04 休闲驿站　05 历史展览馆　06 沿河口袋公园

07 现代居住区　08 昙石山文化公园　09 黄氏宗祠

10 餐饮服务一条街　11 洽浦公园　12 社区活动中心

13 沿河观景平台　14 生态社区　15 特色民宿

16 闽都民俗园　17 公寓　18 游客中心

19 河畔酒店　20 会所　21 商业街

22 商业大集　23 闽侯县第二实验小学　24 闽侯县博物馆

25 沿河带状公园　26 白头山遗址活力空间　27 白头山遗址展览馆

设计说明

本次设计地块位于闽侯县昙石山遗址附近，地块面积共99.26公顷。本次设计旨在协调片区“保护与发展”的关系。

研究范围内主要活动人群为本地居民、务工人员、游客和学生。

场地内镇级公共服务设施相对完善，以教育设施为主；村级公共服务设施保障不足，在活动中心和养老设施方面尚有一定缺口。

结合现状，对地块现有空间的问题进行总结。生活空间：街巷空间混乱，停车困难。活力空间：建筑界面不连续，特色空间缺乏引导，公共空间不足。同时，本地的特色，如生态山水资源、中医文化、海洋文化、昙石山文化，以及喜娘文化、游神的闽侯特色，还未能充分发掘。针对上述现状情况，我们通过研究参考文献和讨论，认为该地块具有比较丰富的物质文化基础，可以通过对地块内点的激活，焕发地块活力。

由此，我们引入了场景理论作为规划抓手。场景理论认为，场景包括邻里、物质结构、特定的多样性人群、文化活动以及场景中所孕育的文化价值观5个要素，它们共同构成了城市舒适物组合。

利用场景理论提取和归纳地块内的场景，挖掘地块内部不同人群的不同需求，把握昙石山遗址这一资源，使区域形成西北-东南延伸以洽浦河为轴线的“洽浦河发展轴”，串联地块内张淦故居、喜街、昙石山遗址、闽都民俗园、游客中心、洽浦庙，形成文化探访路，随洽浦河沿岸连接昙石村、洽浦村，对河岸进行优化，并连接白头山遗址形成生态游线。

综合上述对舒适物的编码分析形成研学、文化、体验、生活、生态5个场景，即区位环境-物质空间感知、地方文化-地方文化感知、商业形态-消费空间感知、消费体验-场景体验感知、品牌效应-场景功能作用，形成历史重现、历史展示、历史演绎、文化探访、文化体验、专业论坛的规划场景。

提升昙石山文化影响力，将以昙石山文化为代表的闽都文化推向世界；提升片区活力，支撑福州市现代化国际城市和国际消费中心城市培育创建工作；支撑城市发展，探索契合片区特色、可实施的城市更新模式。

方案生成逻辑

用地分类	用地名称	面积/公顷	占比/（%）
建设用地	公园与绿地	15.47	[illegible]
	科教文卫用地	9.44	9.51
	机关团体新闻出版用地	0.51	0.51
	公用设施用地	[illegible]	[illegible]
	农村宅基地	[illegible]	[illegible]
	水工建筑用地	3.64	[illegible]
	城镇住宅用地	[illegible]	[illegible]
	防护用地	[illegible]	[illegible]
	工业用地	[illegible]	[illegible]
	交通服务场站用地	1.37	1.38
	城镇村道路用地	15.42	[illegible]
非建设用地	公路用地	[illegible]	[illegible]
	河流水面	[illegible]	[illegible]
	坑塘水面	[illegible]	[illegible]
	灌木林地	[illegible]	[illegible]
	乔木林地	[illegible]	[illegible]
	果园	2.47	[illegible]
	农村道路	[illegible]	[illegible]
	设施农用地	[illegible]	[illegible]
	水田	[illegible]	[illegible]
	旱地	[illegible]	[illegible]
	其他草地	[illegible]	[illegible]
	其他林地	[illegible]	[illegible]
合计		99.24	[illegible]

用地分类	用地名称	面积/公顷	占比/（%）
建设用地	公园与绿地	15.48	[illegible]
	科教文卫用地	10.03	[illegible]
	机关团体新闻出版用地	0.05	[illegible]
	公用设施用地	[illegible]	[illegible]
	农村宅基地	[illegible]	[illegible]
	水工建筑用地	[illegible]	[illegible]
	城镇住宅用地	[illegible]	[illegible]
	防护用地	[illegible]	[illegible]
	工业用地	[illegible]	[illegible]
	交通服务场站用地	1.37	[illegible]
	城镇村道路用地	[illegible]	[illegible]
非建设用地	公路用地	[illegible]	[illegible]
	河流水面	[illegible]	[illegible]
	坑塘水面	[illegible]	[illegible]
	灌木林地	[illegible]	[illegible]
	乔木林地	[illegible]	[illegible]
	果园	2.47	[illegible]
	农村道路	[illegible]	[illegible]
	设施农用地	[illegible]	[illegible]
	水田	[illegible]	[illegible]
	旱地	[illegible]	[illegible]
	其他草地	[illegible]	[illegible]
	其他林地	[illegible]	[illegible]
合计		[illegible]	[illegible]

打造以昙石山文化为统领，集文化探访、山水环境、宜居宜业功能于一体的闽侯区域生态示范桥头堡，闽侯山水生态文旅休闲中心，闽侯幸福美丽宜居示范区。

土地利用方面调整程度较小，集中调整后公园与绿地15.48公顷、科教文卫用地10.03公顷、机关团体新闻出版用地0.05公顷，总体增加教科文卫等用地，增加第三产业活力。对工业用地进行适当调整，从用地方面均衡地区更新。

规划结构图

给排水规划图

电信电力规划图

环卫设施规划图

建筑强度规划图

绿地系统规划图

公共服务设施规划图

防灾规划图

山舒水适·文领闽侯

——基于场景理论的昙石山文化公园及其周边片区城市更新 肆

节点营造

山舒水适·文领闽侯

——基于场景理论的昙石山文化公园及其周边片区城市更新

蓝绿框架

山生态场景

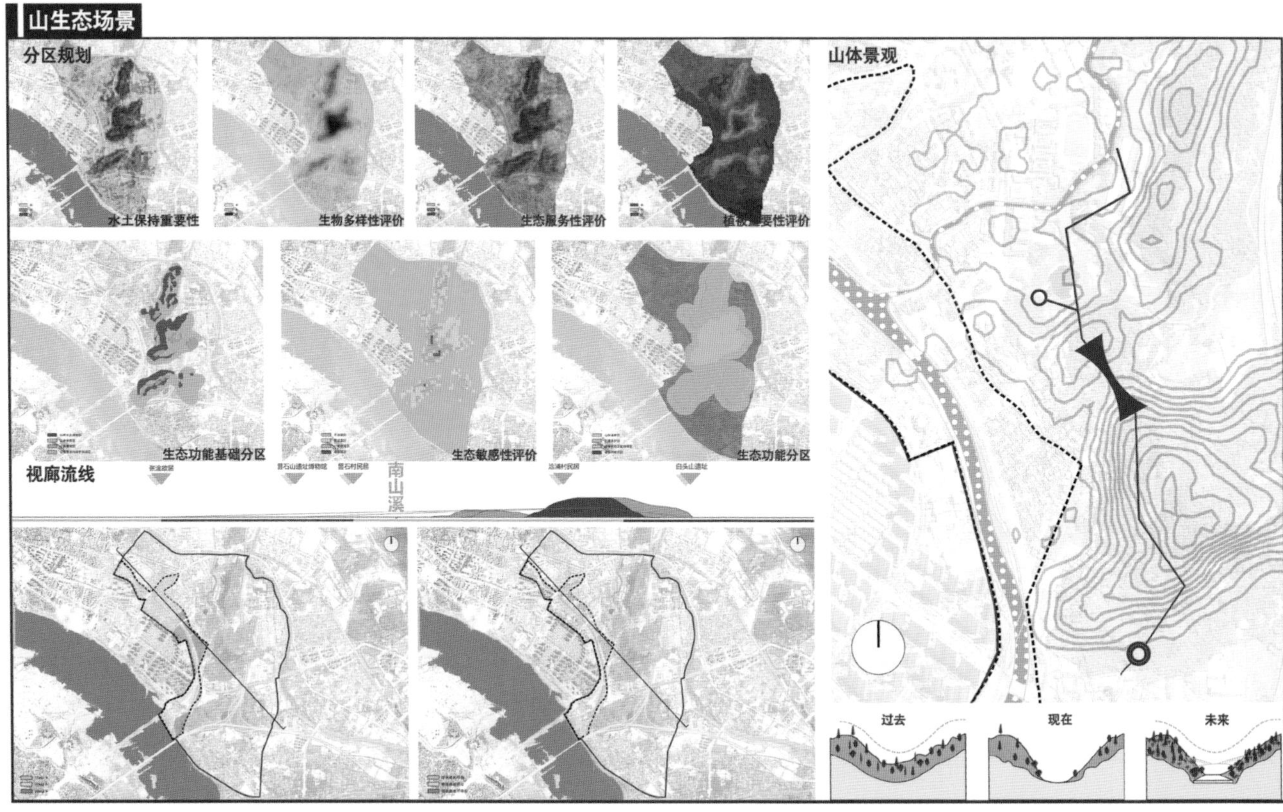

山舒水适·文领闽侯

——基于场景理论的昙石山文化公园及其周边片区城市更新 陆

水生态场景

物质交换

上下游联系

在前人提出的河流连续体概念(Vannote,1980)基础上,通过进一步完善,提出"水文-生物-生态"功能河流连续体概念,说明河流水文-水力学过程空间(即物质空间)连续性会直接对河流内生物群落结构空间连续性、营养物质流和能量流空间连续性以及信息流空间连续性造成影响。目前地段内浴浦河作为人工河并未汇入闽江,南山溪作为浴浦河的支流受到严重污染,需要修复渠道及其周边的蓝带生态系统,恢复河流生态环境的连续性、完整性以及净化水体。

纵向联系

河道潜流交换对河流生态健康和地下水资源管理具有重要意义。通过设计河道,可以实现河水、沉积物和地下水之间的物质转移及能量传输。考虑河道的弯曲程度,因为河流转弯时会产生侵蚀和沉积作用,影响潜流带的动态,所以在设计河道时需要结合河道现状和考虑未来河道变迁。

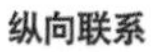

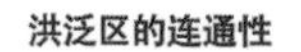

洪泛区的连通性

洪水水位涨落引起的生态过程,直接或间接影响河流-洪泛滩区系统的水生或陆生生物群落的物种组成和时空格局,生物生产力在洪水循环中因过程的多变性得以提高,因此洪水脉冲对维持物种多样性、完善河流食物网结构具有重要意义。因此合理设计浴浦河洪水脉冲可以帮助恢复河流与洪泛滩区的连通性,维持生态系统的完整性,也对河流生态健康和地下水资源管理具有重要意义。

侧向联系

生态社区场景

慢行空间

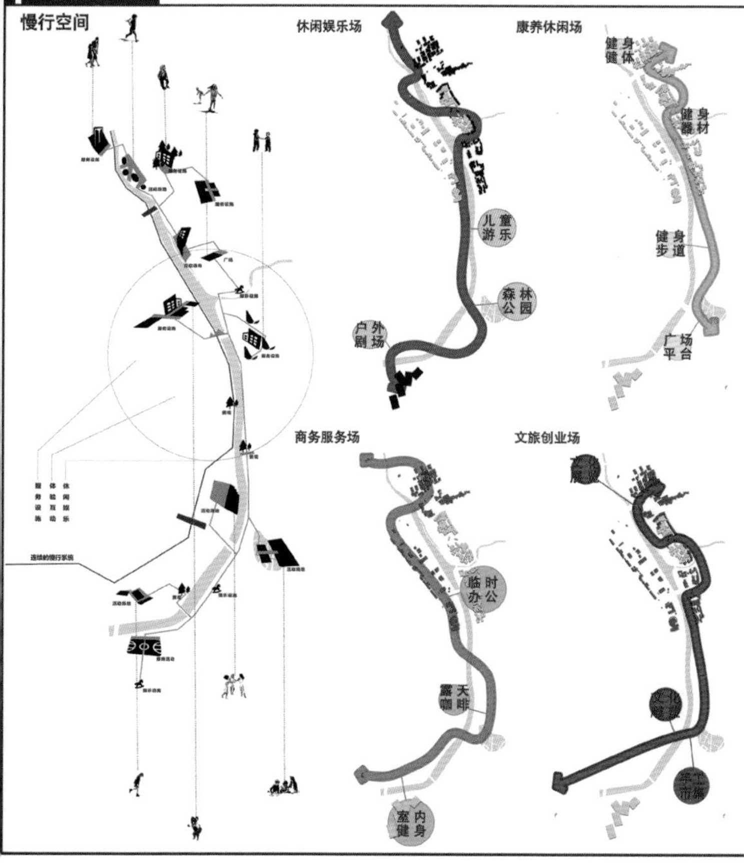

传统民居更新试点

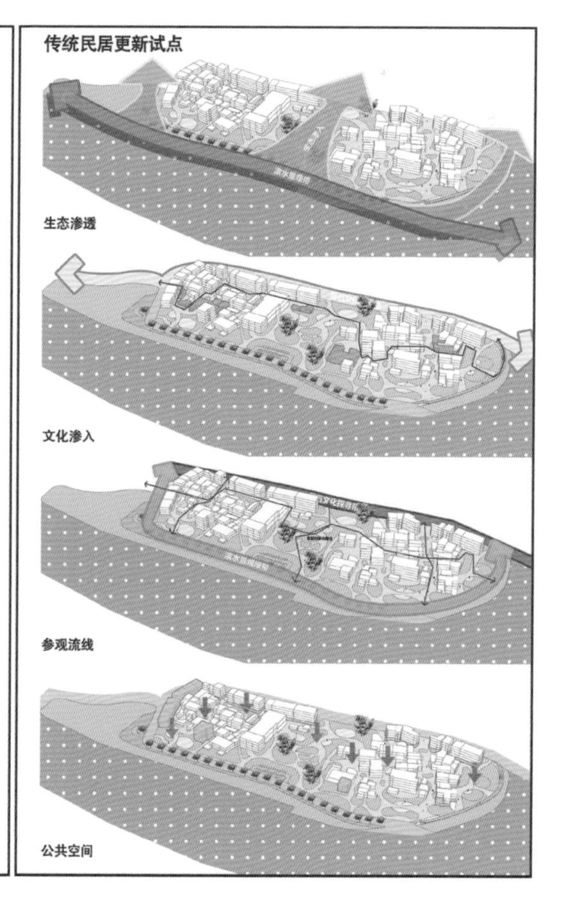

基地研判

福州是中国最"绿"的城市之一

"到有福之州，做有福之人"。福州的宜居之福，就在山水之间。福州是中国最"绿"的城市之一，森林覆盖率为58.5%，居中国省会城市第二位。 福州也是中国空气质量最好的城市之一，有着 379 个沿河串珠公园、680千米的滨河绿道、300多公顷滨河公园绿地……

对话世界，展现中华海洋文明的东南窗口

昙石山遗址位于福建省闽侯县甘蔗街道昙石村，分布于闽江下游，直达沿海地区，是先秦时期闽台两岸海洋文化的源头，距今4000~5500年。昙石山遗址是全国重点文物保护单位，也是福建省唯一入选2021年中国"百年百大考古发现"名单的项目。

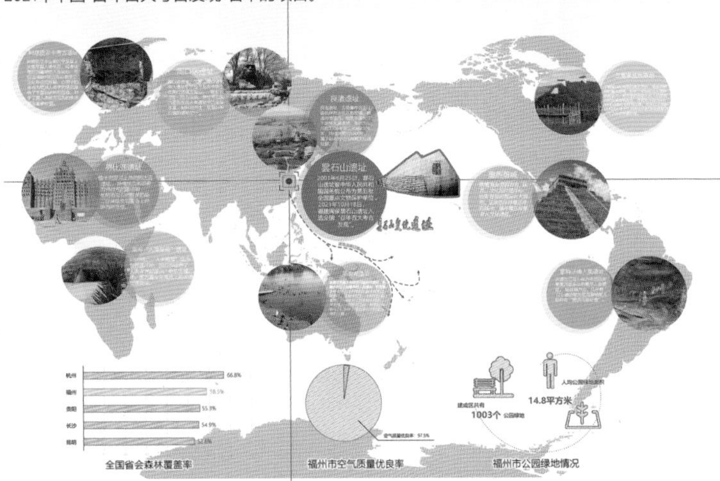

基地特征

机遇：国际化的消费中心+旅游都市

福州力争建设成为国际消费中心城市

福州市总体规划中的定位包含世界一流旅游休闲城市

未来需承接旅游人口

文化：多元的闽都文化+国保单位

包括海洋文化、南岛语族文化、农耕文化、非遗文化等

应向世界输出闽都文化，提升昙石山文化影响力

国保文化影响力需扩大

生态：丰富的山水资源+过渡地带

基地位于福州市区与自然的交界处

福州市总体规划中的定位包含世界一流旅游休闲城市

生态底蕴需保护与发展

产业：三产起步+巨大提升潜力

基地内的文旅产业百废待兴，尚处于起步阶段

当地种植、畜牧业逐渐消亡，保留少许制造业

产业策划需挖掘本土特色

以生态活化人类文明遗产，带动城市发展

以山水为邻，与自然为善

城市与自然交相呼应的新范式

用可持续沟通远古与未来

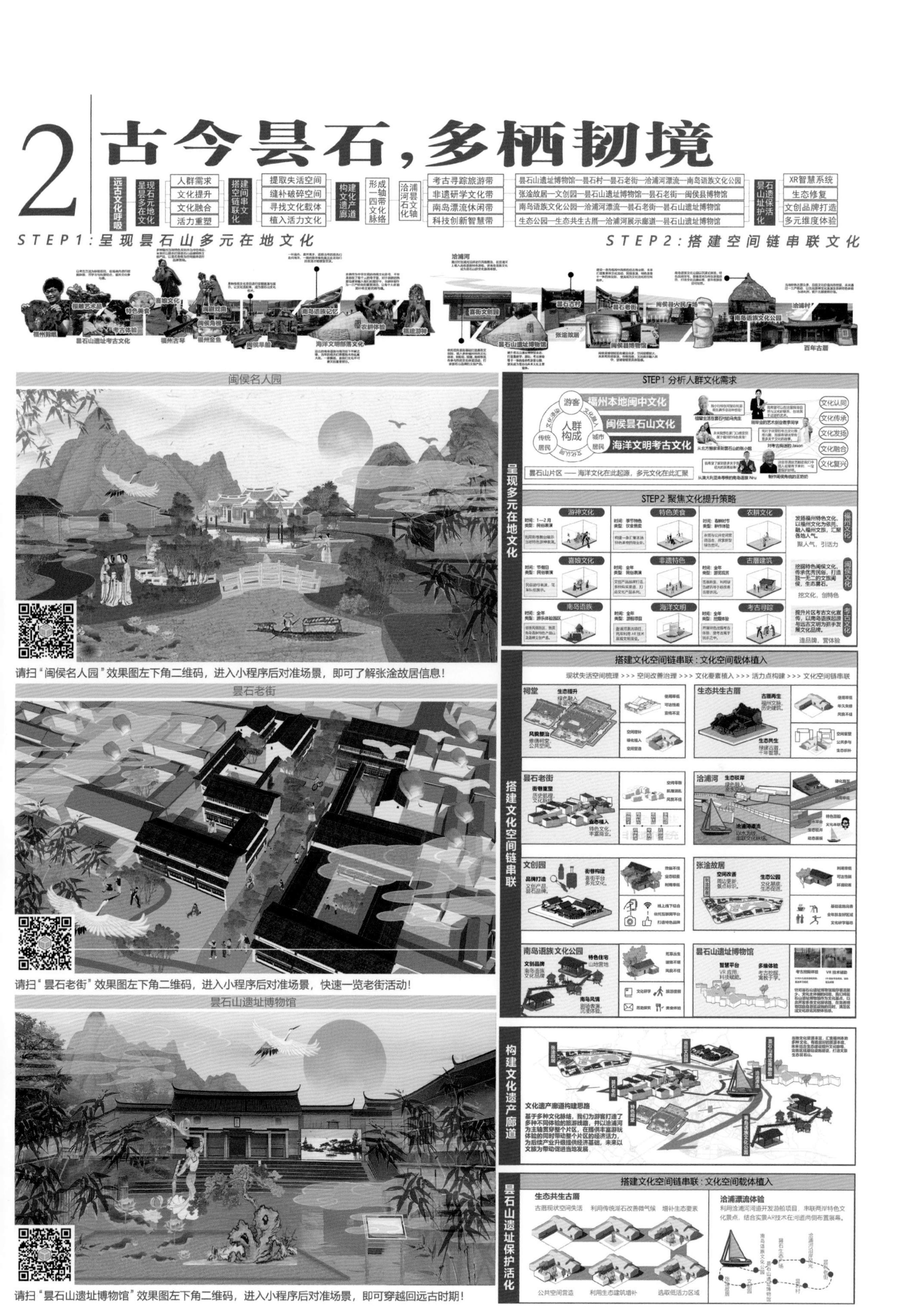

2 古今昙石，多栖韧境
远古文化呼吸
呈现昙石多元在地文化
人群需求
文化提升
文化融合
活力重塑
搭建空间链串联文化
提取失活空间
缝补破碎空间
寻找文化载体
植入活力文化
构建文化遗产廊道
形成一轴四带文化脉络
洽浦河昙石文化轴
考古寻踪旅游带
非遗研学文化带
南岛漂流休闲带
科技创新智慧带
昙石山遗址博物馆—昙石村—昙石老街—洽浦河漂流—南岛语族文化公园
张滏故居—文创园—昙石山遗址博物馆—昙石老街—闽侯县博物馆
南岛语族文化公园—洽浦河漂流—昙石老街—昙石山遗址博物馆
生态公园—生态共生古厝—洽浦河展示廊道—昙石山遗址博物馆
昙石山遗址保护活化
XR智慧系统
生态修复
文创品牌打造
多元维度体验
STEP1：呈现昙石山多元在地文化
STEP2：搭建空间链串联文化
闽侯名人园
请扫"闽侯名人园"效果图左下角二维码，进入小程序后对准场景，即可了解张滏故居信息！
昙石老街
请扫"昙石老街"效果图左下角二维码，进入小程序后对准场景，快速一览老街活动！
昙石山遗址博物馆
请扫"昙石山遗址博物馆"效果图左下角二维码，进入小程序后对准场景，即可穿越回远古时期！
呈现多元在地文化
STEP1 分析人群文化需求
福州本地闽中文化
闽侯昙石山文化
海洋文明考古文化
人群构成
昙石山片区 —— 海洋文化在此起源，多元文化在此汇聚
文化认同
文化传承
文化发扬
文化融合
文化复兴
STEP2 聚焦文化提升策略
游神文化
特色美食
农耕文化
喜娘文化
非遗特色
古厝建筑
南岛语族
海洋文明
考古寻踪
搭建文化空间链串联
搭建文化空间链串联：文化空间载体植入
现状失活空间梳理 >>> 空间改善治理 >>> 文化要素植入 >>> 活力点构建 >>> 文化空间链串联
祠堂
生态共生古厝
昙石老街
洽浦河
文创园
张滏故居
南岛语族文化公园
昙石山遗址博物馆
构建文化遗产廊道
文化遗产廊道构建思路
基于多种文化脉络，我们为游客打造了多种不同体验的旅游线路，并以洽浦河为主轴贯穿整个片区，在提供丰富游玩体验的同时带动整个片区的经济活力，为后续产业升级提供经济基础，未来以文旅为带动促进当地发展。
昙石山遗址保护活化
搭建文化空间链串联：文化空间载体植入
生态共生古厝
古厝现状空间失活
利用传统泥石改善微气候
增补生态要素
公共空间营造
利用生态建筑增补
选取低活力区域
洽浦漂流体验

3
古今昙石
多栖韧境
A 闽侯名人园
01 县级文物保护单位——张淦故居
02 历史建筑——闽侯历史人物科普馆
03 建议历史建筑——名人剪纸展览馆
04 历史建筑——剪纸体验作坊
05 建议历史建筑——青红酒品鉴坊
06 历史建筑——金鱼科普馆
07 建议历史建筑——名人园游客接待中心
B 喜街
08 历史建筑——喜堂体验所
09 不可移动文物——横屿程由灿厝（喜娘文化传承所）
10 历史建筑——非遗古琴体验院
11 历史建筑——非遗角梳商店
12 历史建筑——非遗木根雕体验院
13 历史建筑——非遗竹编体验馆
14 历史建筑——喜娘文化博物馆
15 历史建筑——喜街游客中心
C 全国重点文物保护单位——昙石山遗址
16 遗址挖掘体验馆
17 昙石文创售卖中心
18 云石境
19 黄氏宗祠
20 遗址展厅
21 海洋文化展厅
22 昙石文化科普展厅
D 昙石村
23 昙石剧场广场
24 昙石菜市场
25 建议历史建筑——昙石村史馆
26 建议历史建筑——木雕大师工作室
27 建议历史建筑——角梳大师工作室
28 建议历史建筑——竹编大师工作室
29 昙石休闲广场
30 建议历史建筑——昙石村会客厅
31 建议历史建筑——昙石山海洋文化民宿
32 建议历史建筑——昙石山旱船文化民宿
33 建议历史建筑——洪氏祠堂
34 昙石园林酒店
E 洽浦河活力生态区
35 建议历史建筑——老年之家
36 建议历史建筑——闽侯桑葚科普院
37 历史建筑——昙石中医馆
38 昙石文化活动中心
39 昙石村民委员会
40 昙石老街
41 建议历史建筑——昙石美食体验坊
42 建议历史建筑——陶器博物馆
43 昙石幼儿园
44 贝壳文化广场
45 历史建筑——贝类科普馆
F 南岛语族文化公园
46 历史建筑——南岛语族文创售卖馆
47 历史建筑——南岛语族手工创意工坊
48 历史建筑——南岛语族沉浸式VR体验馆
49 历史建筑——南岛语族独木舟制作体验
50 不可移动文物——洽浦洪正楼厝——名人故居博物馆
51 不可移动文物——洽浦洪宅（咖啡小馆）
52 历史建筑——南岛语族文化博物馆
53 南岛语风情露营基地
N
0 62.5 125 250 500m
经济技术指标
用地总面积:428.51公顷
建筑面积:77.51公顷
总建筑面积:393.24公顷
建筑密度:18.09%
容积率:0.92
绿地率:43.52%
设计说明：基地位于福建省福州市闽侯县闽江与猫鼻山余脉之间，为山水之间的隐世璞玉，坐拥国家文物保护单位——昙石山遗址。
本方案以生态为催化剂，盘活城市文化，激发城市活力。首先提取城市中的文化作为反应物，如闽都非遗文化、昙石山文化、南岛语族文化……植入生态催化剂，进行公园溶解、项目生成、旧建筑盘活等化学反应，最终效果累加，活化城市活力。
G 洽浦村
54 建议历史建筑——洽浦文化活动中心
55 建议历史建筑——洽浦养老爱心食堂
56 建议历史建筑——洽浦田园风情民宿
57 建议历史建筑——洽浦民俗科普展厅
58 不可移动文物——洽浦洪登灼厝（洽浦文化会客厅）
59 建议历史建筑——闽侯农业发展史科普馆
60 建议历史建筑——人类农耕文明科普馆
61 建议历史建筑——低碳生态科普馆
62 建议历史建筑——洽浦植物标本馆
63 建议历史建筑——洽浦绿色会客厅
64 昙石起点广场
H 闽都民俗园
I 文化建筑群
65 昙石文化会议厅
66 昙石体育场
67 闽侯县博物馆
J 创智学坊
K 零碳智谷
68 天文科普馆
69 昙石农副产品商超展览会
70 昙石洞穴交往住宅
71 昙石农业体验市场
72 地景迷宫
73 地景零碳博物馆
74 零碳文化技术展览馆
75 都市农业实验馆
76 城市野生动物保护科教馆
77 植物芳香疗愈馆
78 健康SOHO住宅园
L 起点桥下运动公园

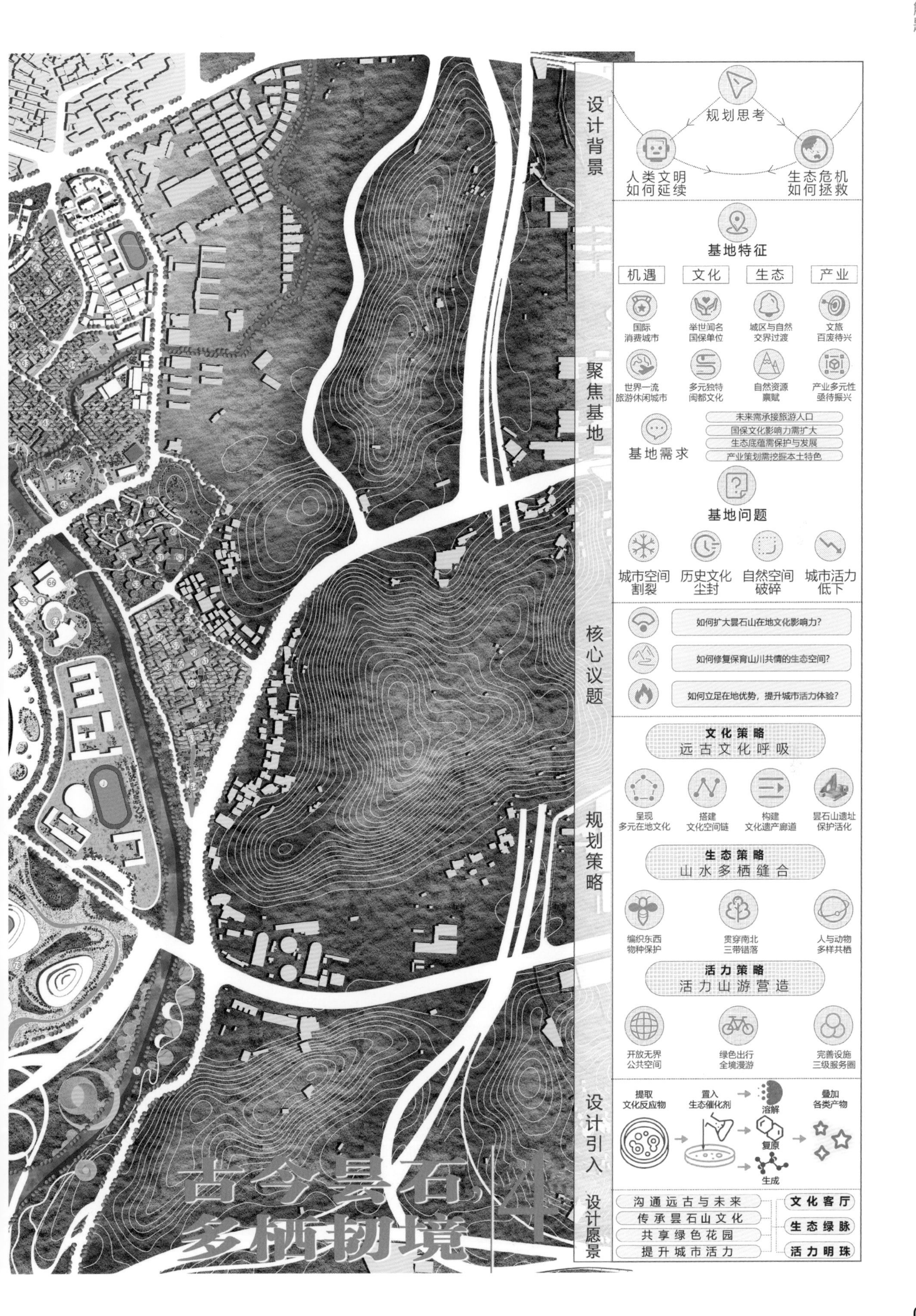
设计背景
规划思考
人类文明
如何延续
生态危机
如何拯救
聚焦基地
基地特征
机遇
文化
生态
产业
国际
消费城市
举世闻名
国保单位
城区与自然
交界过渡
文旅
百废待兴
世界一流
旅游休闲城市
多元独特
闽都文化
自然资源
禀赋
产业多元性
亟待振兴
基地需求
未来需承接旅游人口
国保文化影响力需扩大
生态底蕴需保护与发展
产业策划需挖掘本土特色
基地问题
城市空间
割裂
历史文化
尘封
自然空间
破碎
城市活力
低下
核心议题
如何扩大昙石山在地文化影响力?
如何修复保育山川共情的生态空间?
如何立足在地优势，提升城市活力体验?
规划策略
文化策略
远古文化呼吸
呈现
多元在地文化
搭建
文化空间链
构建
文化遗产廊道
昙石山遗址
保护活化
生态策略
山水多栖缝合
编织东西
物种保护
贯穿南北
三带错落
人与动物
多样共栖
活力策略
活力山游营造
开放无界
公共空间
绿色出行
全境漫游
完善设施
三级服务圈
设计引入
提取
文化反应物
置入
生态催化剂
溶解
复原
生成
叠加
各类产物
设计愿景
沟通远古与未来
传承昙石山文化
共享绿色花园
提升城市活力
文化客厅
生态绿脉
活力明珠
古今昙石，
多栖韧境
4

5
古今昙石，多栖韧境
洽浦古村
昙石老街
洽浦河风光
闽侯名人文化园
喜街文创园

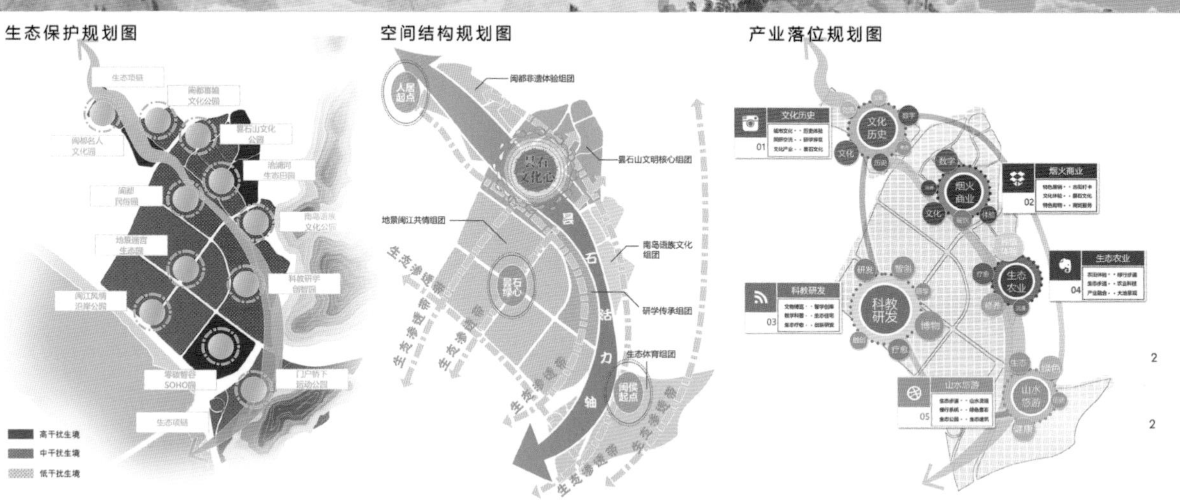
生态保护规划图
生态项链
闽都名人文化园
昙石山文化公园
洽浦河生态田园
闽都民俗园
科教研学创智园
闽江风情沿岸公园
门户骑下运动公园
生态项链
高干扰生境
中干扰生境
低干扰生境
空间结构规划图
闽都非遗体验组团
人居起点
昙石文化心
昙石山文明核心组团
地景闽江共情组团
南岛语族文化组团
昙石绿心
研学传承组团
生态体育组团
闽侯起点
昙石活力轴
生态渗透带
产业落位规划图
文化历史
01
文化
历史
烟火商业
02
烟火商业
文化
科教研发
03
科教研发
研发
博物
生态农业
04
生态农业
山水惬游
05
山水惬游

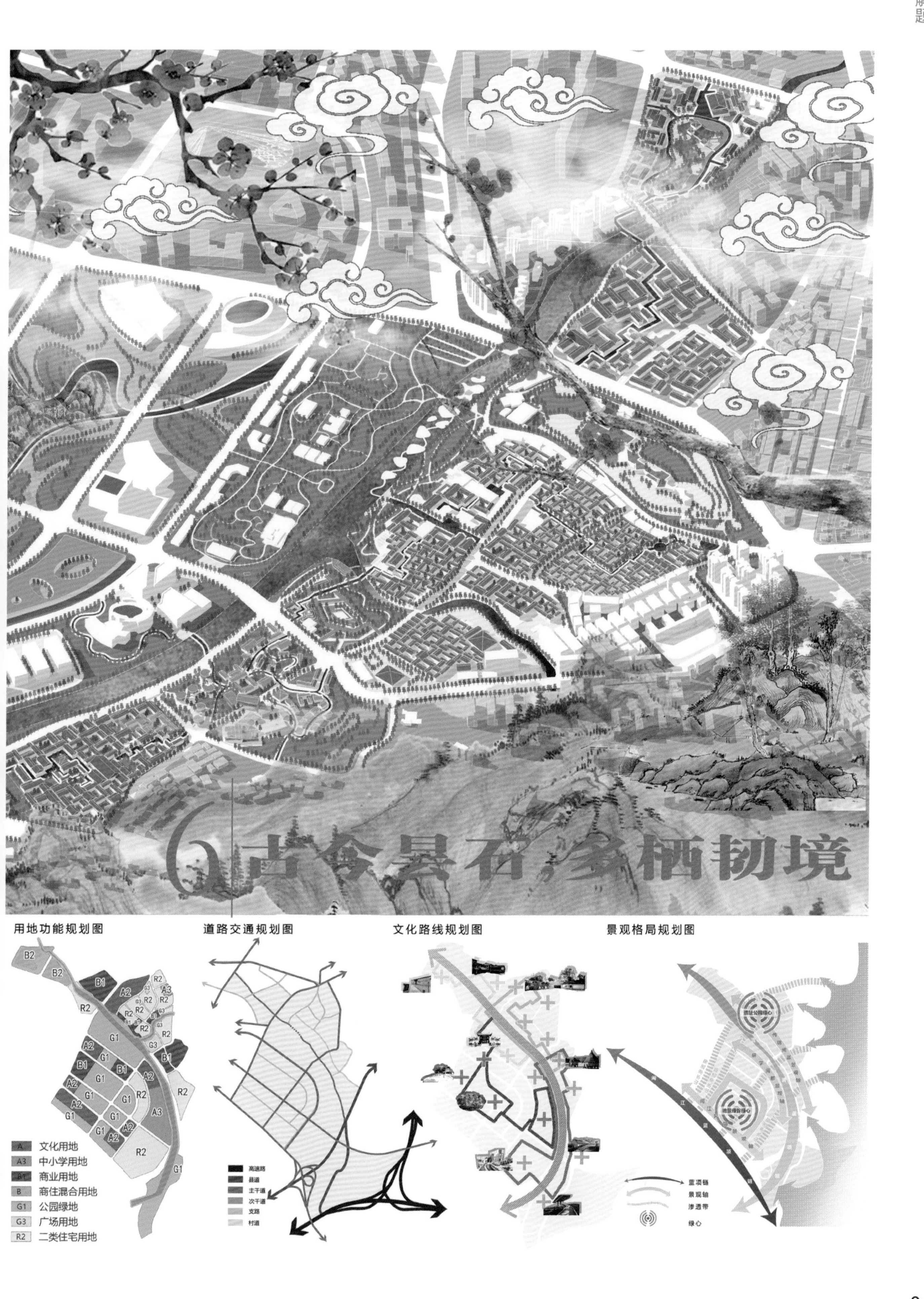
古今县石，多栖韧境
用地功能规划图
道路交通规划图
文化路线规划图
景观格局规划图
A 文化用地
A3 中小学用地
B1 商业用地
B 商住混合用地
G1 公园绿地
G3 广场用地
R2 二类住宅用地
高速路
县道
主干道
次干道
支路
村道
蓝项链
景观轴
渗透带
绿心

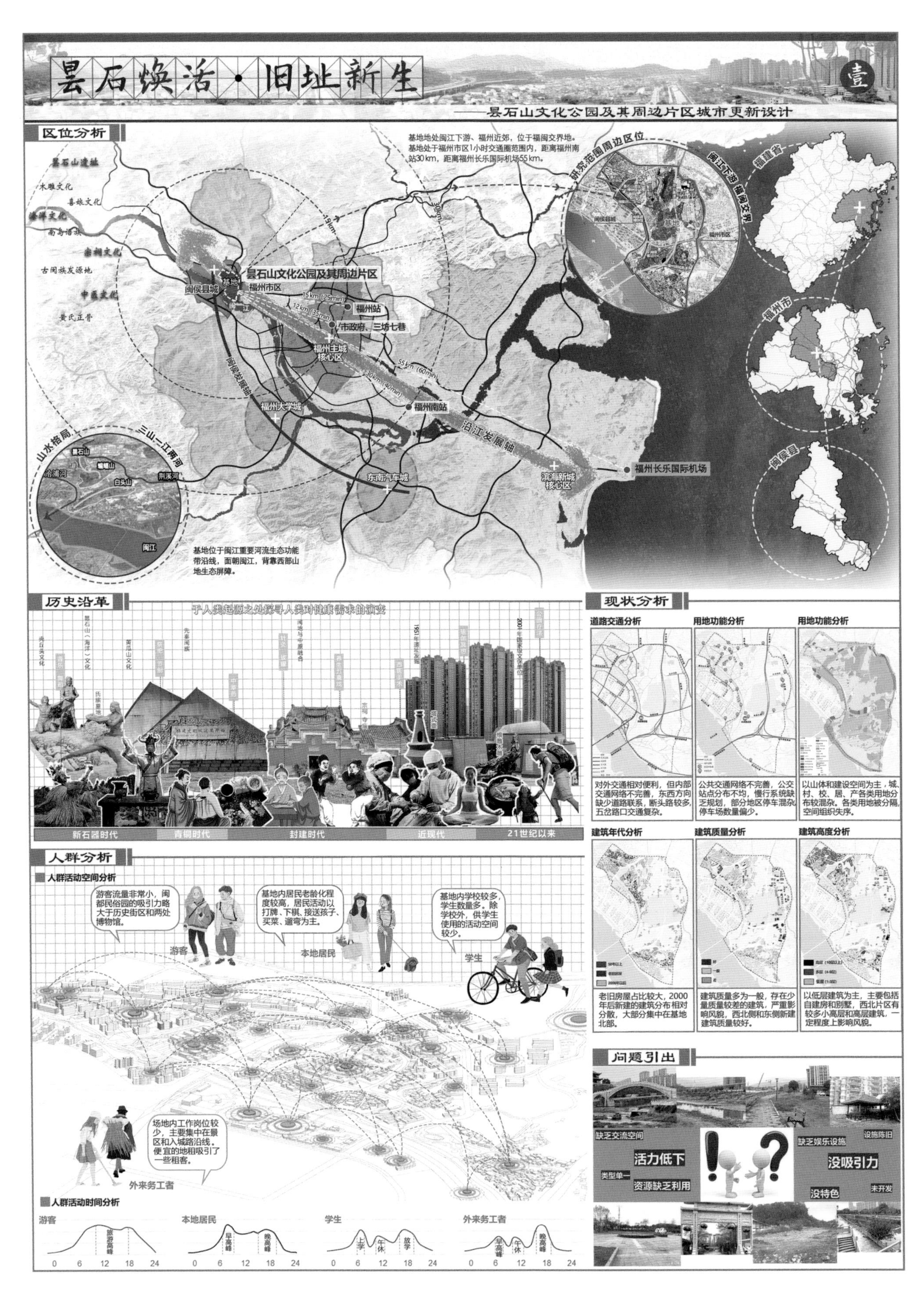

昙石焕活·旧址新生
壹
——昙石山文化公园及其周边片区城市更新设计
区位分析
基地地处闽江下游、福州近郊，位于福闽交界地。基地处于福州市区1小时交通圈范围内，距离福州南站30 km，距离福州长乐国际机场55 km。
昙石山文化公园及其周边片区
闽侯县城
福州市区
福州站
市政府、三坊七巷
福州主城核心区
福州大学城
福州南站
沿江发展轴
东南汽车城
滨海新城核心区
福州长乐国际机场
研究范围周边区位
闽江下游 福闽交界
福建省
福州市
闽侯县
山水格局
三山一江两河
基地位于闽江重要河流生态功能带沿线，面朝闽江，背靠西部山地生态屏障。
历史沿革
于人类起源之处探寻人类对健康需求的演变
新石器时代
青铜时代
封建时代
近现代
21世纪以来
现状分析
道路交通分析
用地功能分析
对外交通相对便利，但内部交通网络不完善，东西方向缺少道路联系，断头路较多，五岔路口交通复杂。
公共交通网络不完善，公交站点分布不均，慢行系统缺乏规划，部分地区停车混杂，停车场数量偏少。
以山体和建设空间为主，城、村、校、居、产各类用地分布较混杂。各类用地被分隔，空间组织无序。
建筑年代分析
建筑质量分析
建筑高度分析
老旧房屋占比较大，2000年后新建的建筑分布相对分散，大部分集中在基地北部。
建筑质量多为一般，存在少量质量较差的建筑，严重影响风貌，西北侧和东侧新建建筑质量较好。
以低层建筑为主，主要包括自建房和别墅，西北片区有较多小高层和高层建筑，一定程度上影响风貌。
问题引出
缺乏交流空间
活力低下
类型单一
资源缺乏利用
缺乏娱乐设施
设施陈旧
没吸引力
没特色
未开发
人群分析
人群活动空间分析
游客流量非常小，闽都民俗园的吸引力略大于历史街区和两处博物馆。
游客
基地内居民老龄化程度较高，居民活动以打牌、下棋、接送孩子、买菜、遛弯为主。
本地居民
基地内学校较多，学生数量多。除学校外，供学生使用的活动空间较少。
学生
场地内工作岗位较少，主要集中在景区和入城路沿线。便宜的地租吸引了一些租客。
外来务工者
人群活动时间分析
游客
旅游高峰
本地居民
早高峰
晚高峰
学生
上学
午休
放学
外来务工者
早高峰
午休
晚高峰
0 6 12 18 24

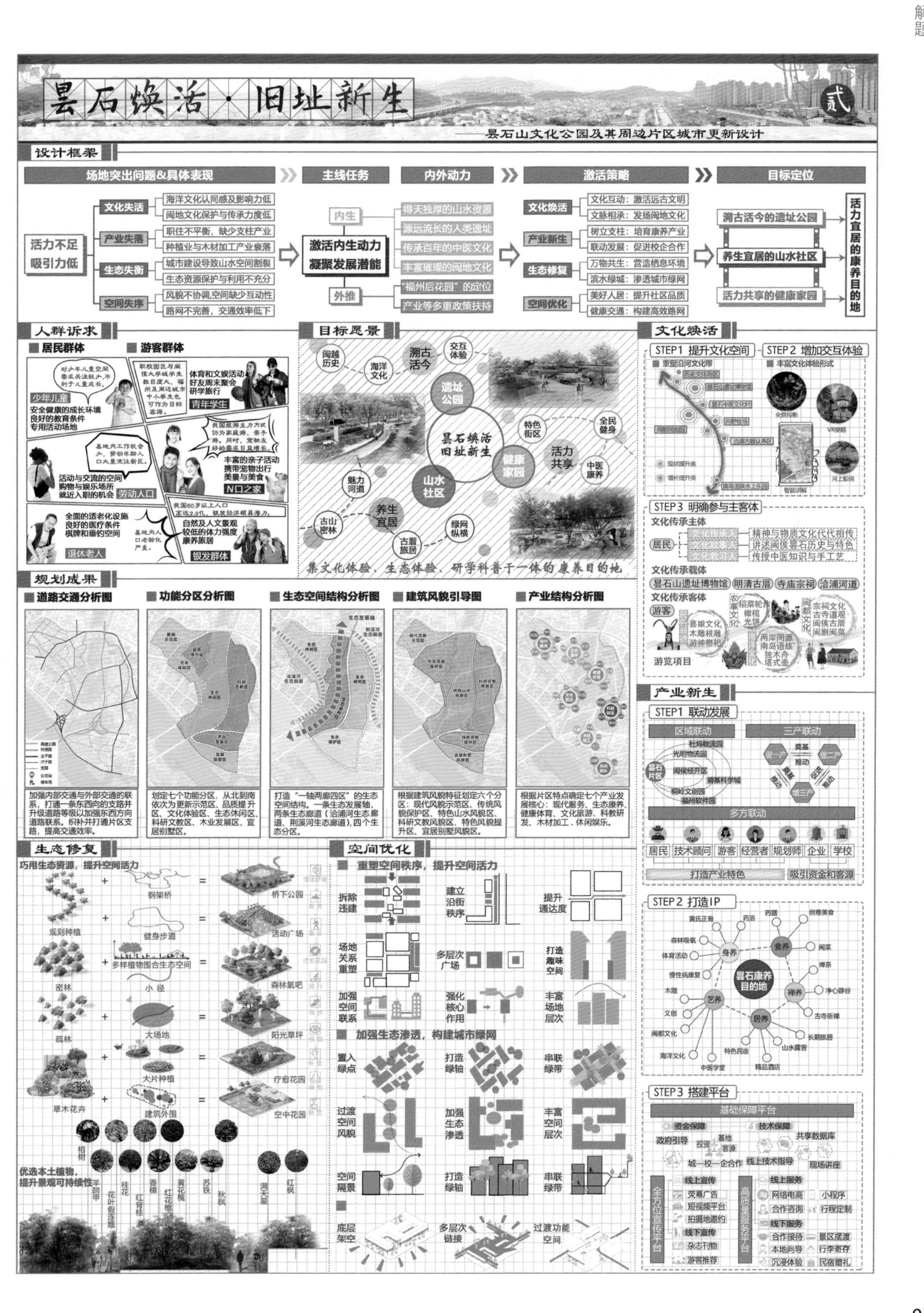

昙石焕活·旧址新生
——昙石山文化公园及其周边片区城市更新设计
设计框架
场地突出问题&具体表现
主线任务
内外动力
激活策略
目标定位
活力不足 吸引力低
文化失活
海洋文化认同感及影响力低
闽地文化保护与传承力度低
产业失落
职住不平衡，缺少支柱产业
种植业与木材加工产业衰落
生态失衡
城市建设导致山水空间割裂
生态资源保护与利用不充分
空间失序
风貌不协调,空间缺少互动性
路网不完善，交通效率低下
激活内生动力 凝聚发展潜能
内生
外推
得天独厚的山水资源
源远流长的人类遗址
传承百年的中医文化
丰富璀璨的闽地文化
“福州后花园”的定位
产业等多重政策扶持
文化焕活
文化互动：激活远古文明
文脉相承：发扬闽地文化
产业新生
树立支柱：培育康养产业
联动发展：促进校企合作
生态修复
万物共生：营造栖息环境
滨水绿城：渗透城市绿网
空间优化
美好人居：提升社区品质
健康交通：构建高效路网
溯古活今的遗址公园
养生宜居的山水社区
活力共享的健康家园
活力宜居的康养目的地
人群诉求
居民群体
游客群体
少年儿童
安全健康的成长环境 良好的教育条件 专用活动场地
青年学生
体育和文娱活动 好友周末聚会 研学旅行
劳动人口
活动与交流的空间 购物与娱乐场所 就近入职的机会
N口之家
丰富的亲子活动 携带宠物出行 美景与美食
退休老人
全面的适老化设施 良好的医疗条件 棋牌和垂钓空间
银发群体
自然及人文景观 较低的体力强度 康养旅居
目标愿景
闽越历史
海洋文化
溯古活今
交互体验
遗址公园
特色街区
全民健身
健康家园
活力共享
中医康养
昙石焕活 旧址新生
魅力河道
山水社区
养生宜居
古山密林
古厝旅居
绿网纵横
集文化体验、生态体验、研学科普于一体的康养目的地
文化焕活
STEP1 提升文化空间
STEP2 增加交互体验
重塑沿河文化带
丰富文化体验形式
STEP3 明确参与主客体
文化传承主体
居民
精神与物质文化代代相传
讲述闽侯昙石历史与特色
传授中医知识与手工艺
文化传承载体
昙石山遗址博物馆
明清古厝
寺庙宗祠
浯浦河道
文化传承客体
游客
游览项目
规划成果
道路交通分析图
功能分区分析图
生态空间结构分析图
建筑风貌引导图
产业结构分析图
加强内部交通与外部交通的联系，打通一条东西向的支路并升级道路等级以加强东西方向道路联系。织补并打通片区支路，提高交通效率。
划定七个功能分区，从北到南依次为更新示范区、品质提升区、文化体验区、生态休闲区、科研文教区、木业发展区、宜居别墅区。
打造“一轴两廊四区”的生态空间结构。一条生态发展轴，两条生态廊道（浯浦河生态廊道、荆溪河生态廊道），四个生态分区。
根据建筑风貌特征划定六个分区：现代风貌示范区、传统风貌保护区、特色山水风貌区、科研文教风貌区、特色风貌提升区、宜居别墅风貌区。
根据片区特点确定七个产业发展核心：现代服务、生态康养、健康体育、文化旅游、科教研发、木材加工、休闲娱乐。
产业新生
STEP1 联动发展
区域联动
三产联动
多方联动
居民
技术顾问
游客
经营者
规划师
企业
学校
打造产业特色
吸引资金和客源
STEP2 打造IP
昙石康养目的地
身养
食养
艺养
禅养
居养
STEP3 搭建平台
基础保障平台
资金保障
技术保障
政府引导
共享数据库
城一校一企合作
线上技术指导
现场讲座
全方位宣传平台
线上宣传
线下宣传
杂志刊物
游客推荐
高质量服务平台
线上服务
网络电商
小程序
合作咨询
行程定制
线下服务
合作接待
景区摆渡
本地向导
行李寄存
沉浸体验
民宿赠礼
生态修复
巧用生态资源，提升空间活力
钢架桥
桥下公园
规则种植
健身步道
活动广场
多样植物围合生态空间
密林
森林氧吧
小径
疏林
大场地
阳光草坪
大片种植
疗愈花园
草木花卉
建筑外围
空中花园
优选本土植物，提升景观可持续性
空间优化
重塑空间秩序，提升空间活力
拆除违建
建立沿街秩序
提升通达度
场地关系重塑
多层次广场
打造趣味空间
加强空间联系
强化核心作用
丰富场地层次
加强生态渗透，构建城市绿网
置入绿点
打造绿轴
串联绿带
过渡空间风貌
加强生态渗透
丰富空间层次
空间隔景
打造绿轴
串联绿带
底层架空
多层次链接
过渡功能空间

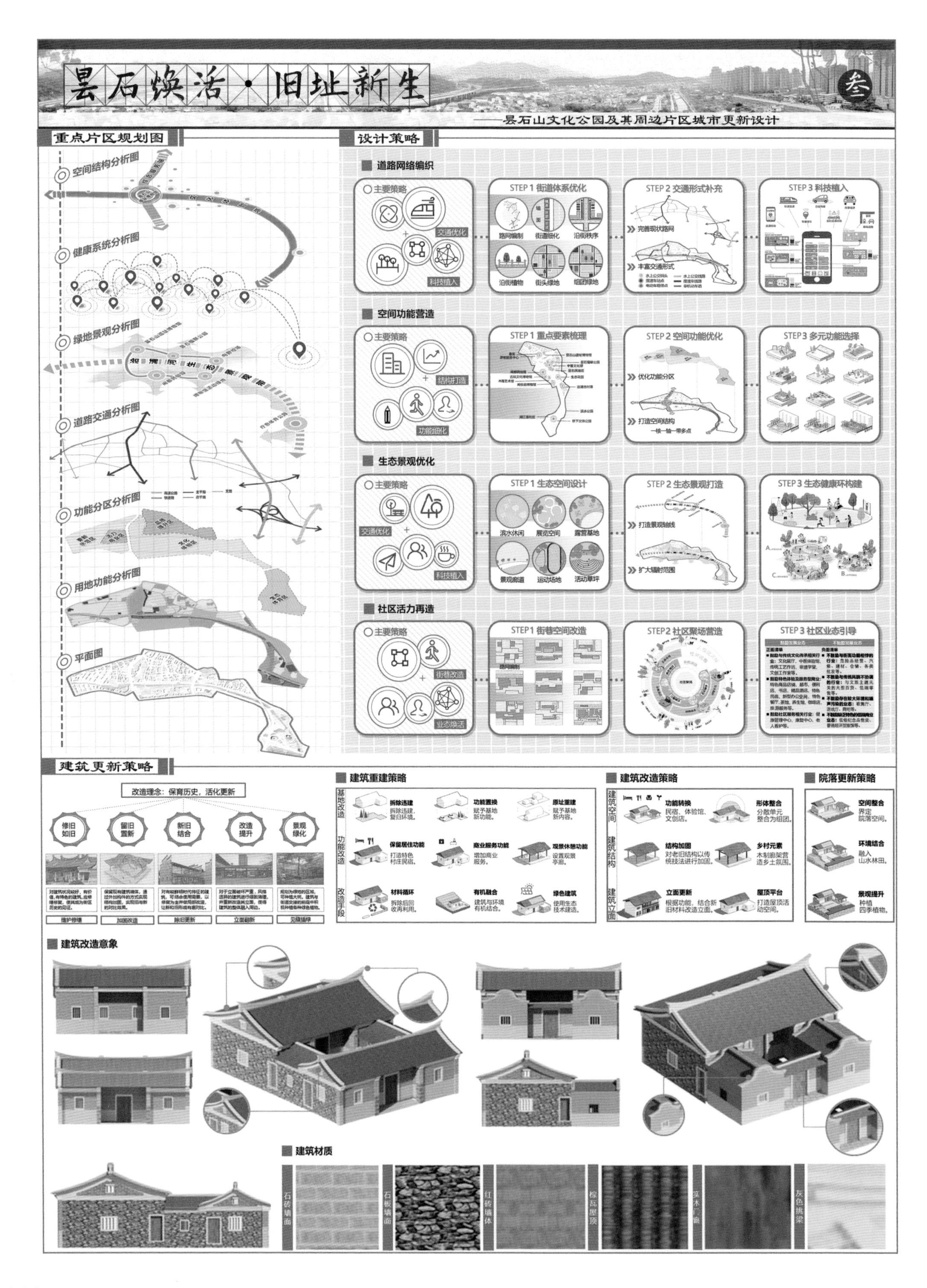
昙石焕活·旧址新生
叁
——昙石山文化公园及其周边片区城市更新设计
重点片区规划图
空间结构分析图
健康系统分析图
绿地景观分析图
道路交通分析图
功能分区分析图
用地功能分析图
平面图
设计策略
道路网络编织
主要策略
交通优化
科技植入
STEP 1 街道体系优化
路网编制
街道细化
沿街秩序
沿街植物
街头绿地
组团绿地
STEP 2 交通形式补充
完善现状路网
丰富交通形式
STEP 3 科技植入
空间功能营造
主要策略
结构打造
功能细化
STEP 1 重点要素梳理
STEP 2 空间功能优化
优化功能分区
打造空间结构
一核一轴一带多点
STEP3 多元功能选择
生态景观优化
主要策略
交通优化
科技植入
STEP 1 生态空间设计
滨水休闲
展览空间
露营基地
景观廊道
运动场地
活动草坪
STEP 2 生态景观打造
打造景观轴线
扩大辐射范围
STEP 3 生态健康环构建
社区活力再造
主要策略
街巷改造
业态焕活
STEP1 街巷空间改造
路网编制
STEP2 社区聚场营造
STEP 3 社区业态引导
建筑更新策略
改造理念：保育历史，活化更新
修旧如旧
留旧置新
新旧结合
改造提升
景观绿化
维护修缮
加固改造
除旧更新
立面翻新
见缝插绿
建筑重建策略
基地改造
功能改造
改造手段
拆除违建
拆除违建，复旧环境。
功能置换
赋予基地新功能。
原址重建
赋予基地新内容。
保留居住功能
打造特色村庄民宿。
商业服务功能
增加商业服务。
观景休憩功能
设置观景亭廊。
材料循环
拆除后回收再利用。
有机融合
建筑与环境有机结合。
绿色建筑
使用生态技术建造。
建筑改造策略
建筑空间
建筑结构
建筑立面
功能转换
民宿、体验馆、文创店。
形体整合
分散单元整合为组团。
结构加固
对老旧结构以传统技法进行加固。
乡村元素
木制廊架营造乡土氛围。
立面更新
根据功能，结合新旧材料改造立面。
屋顶平台
打造屋顶活动空间。
院落更新策略
空间整合
界定院落空间。
环境结合
融入山水林田。
景观提升
种植四季植物。
建筑改造意象
建筑材质
石砖墙面
石板墙面
红砖墙体
棕瓦屋顶
实木门窗
灰色挑梁

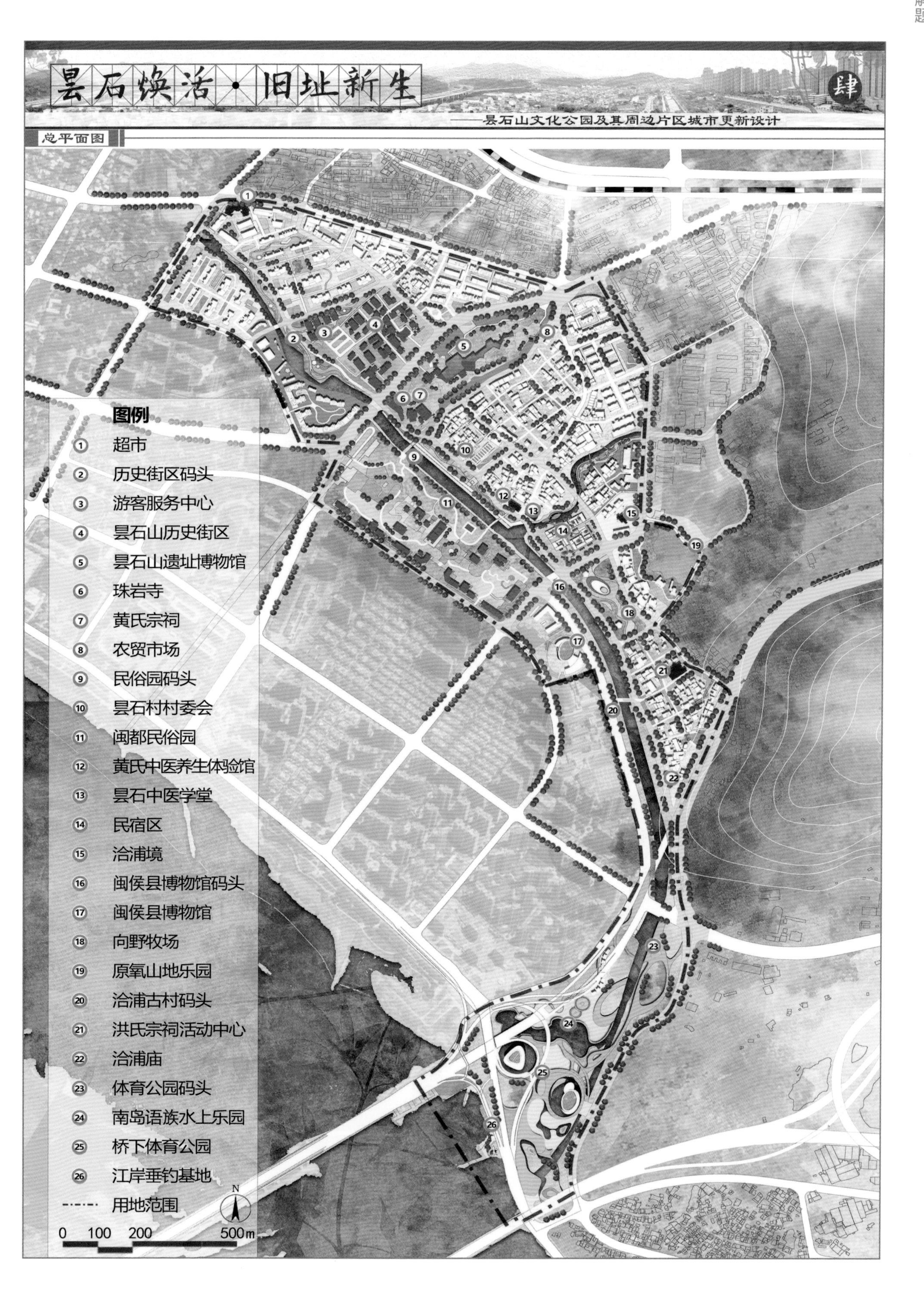
昙石焕活·旧址新生
肆
——昙石山文化公园及其周边片区城市更新设计
总平面图
图例
① 超市
② 历史街区码头
③ 游客服务中心
④ 昙石山历史街区
⑤ 昙石山遗址博物馆
⑥ 珠岩寺
⑦ 黄氏宗祠
⑧ 农贸市场
⑨ 民俗园码头
⑩ 昙石村村委会
⑪ 闽都民俗园
⑫ 黄氏中医养生体验馆
⑬ 昙石中医学堂
⑭ 民宿区
⑮ 洽浦境
⑯ 闽侯县博物馆码头
⑰ 闽侯县博物馆
⑱ 向野牧场
⑲ 原氧山地乐园
⑳ 洽浦古村码头
㉑ 洪氏宗祠活动中心
㉒ 洽浦庙
㉓ 体育公园码头
㉔ 南岛语族水上乐园
㉕ 桥下体育公园
㉖ 江岸垂钓基地
用地范围
N
0 100 200 500m

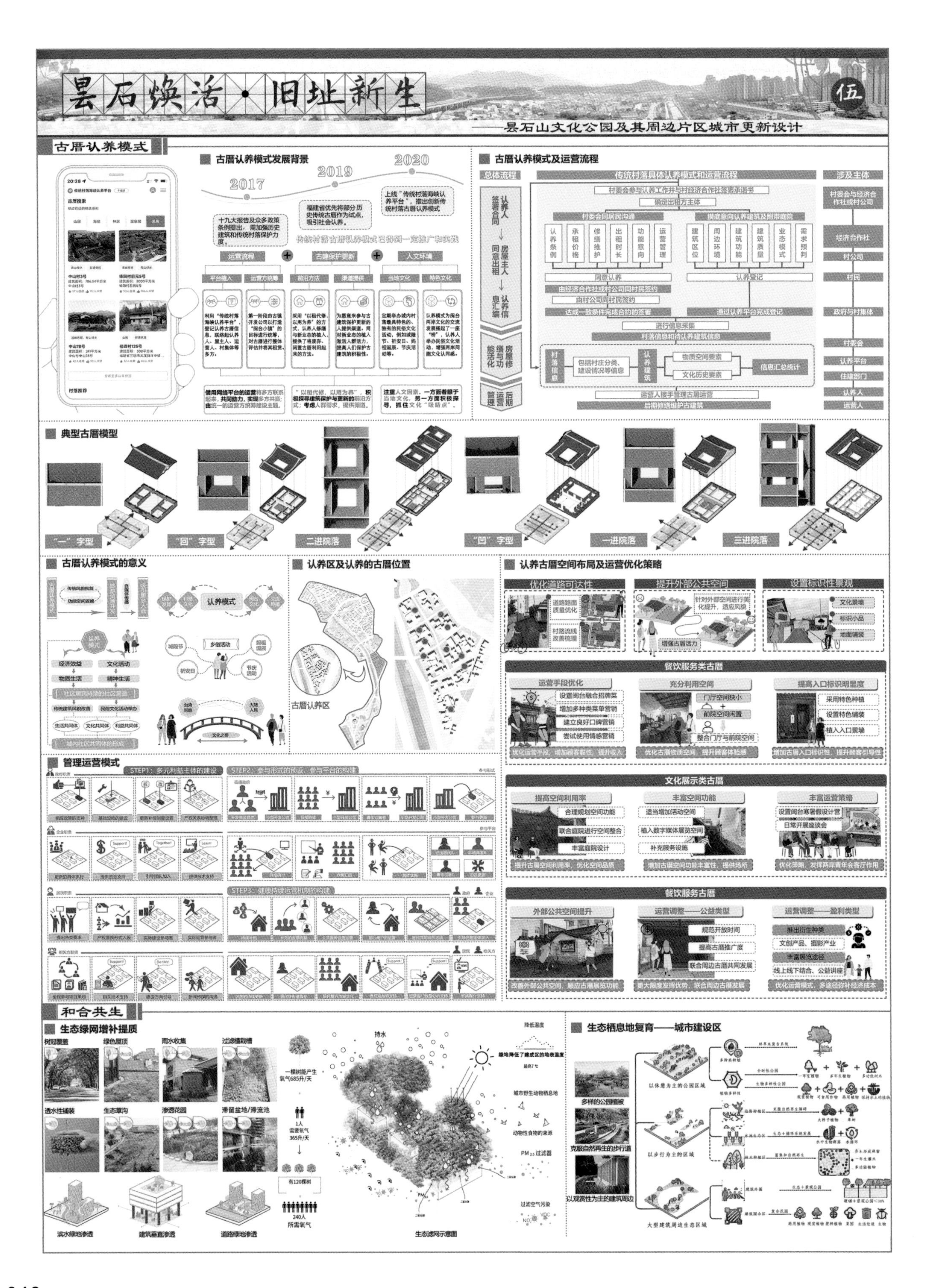
昙石焕活·旧址新生
伍
——昙石山文化公园及其周边片区城市更新设计
古厝认养模式
古厝认养模式发展背景
2017
2019
2020
古厝认养模式及运营流程
传统村落具体认养模式和运营流程
典型古厝模型
"一"字型
"回"字型
二进院落
"凹"字型
一进院落
三进院落
古厝认养模式的意义
认养区及认养的古厝位置
古厝认养区
认养古厝空间布局及运营优化策略
优化道路可达性
提升外部公共空间
设置标识性景观
餐饮服务类古厝
文化展示类古厝
管理运营模式
和合共生
生态绿网增补提质
生态栖息地复育——城市建设区

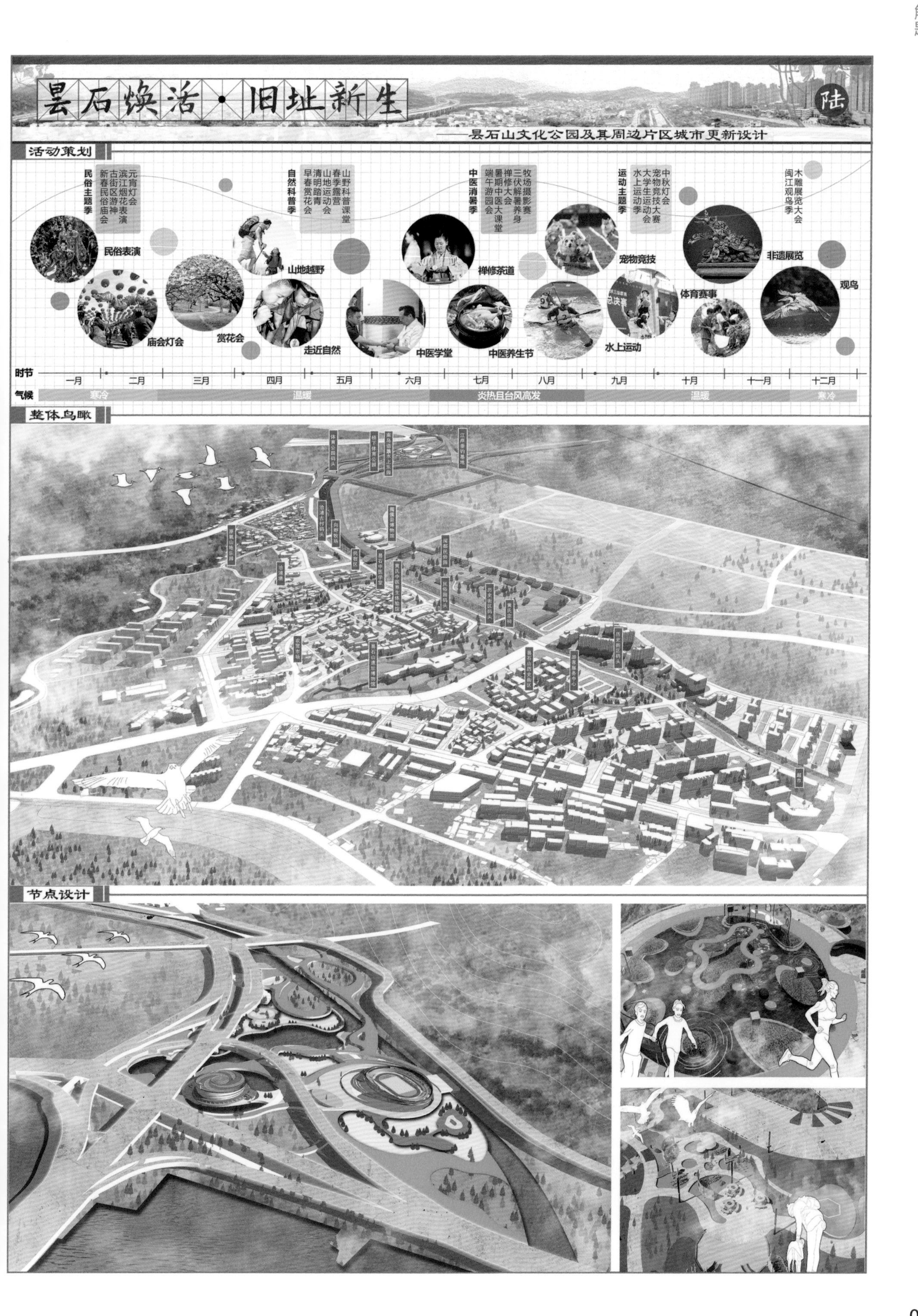
昙石焕活·旧址新生
陆
——昙石山文化公园及其周边片区城市更新设计
活动策划
民俗主题季
新春民俗庙会
古街区游神会
滨江烟花表演
元宵灯会
自然科普季
早春赏花会
清明踏青会
山地运动会
春季露营
山野科普课堂
中医消暑季
端午游园会
暑期中医大课堂
禅修大会
三伏解暑养身
牧场摄影赛
运动主题季
水上运动季
大学生运动会
宠物竞技大赛
中秋灯会
闽江观鸟季
木雕展览大会
民俗表演
庙会灯会
赏花会
山地越野
走近自然
中医学堂
禅修茶道
中医养生节
宠物竞技
水上运动
体育赛事
非遗展览
观鸟
时节
一月
二月
三月
四月
五月
六月
七月
八月
九月
十月
十一月
十二月
气候
寒冷
温暖
炎热且台风高发
温暖
寒冷
整体鸟瞰
节点设计

苏州科技大学

承脉洽浦岸 · 叙景故居里

——昙石山文化公园及其周边片区城市更新设计 / 曹婧怡 顾可 李倩 李湘雨 孟育竹 王瑜杰 吴昱奇

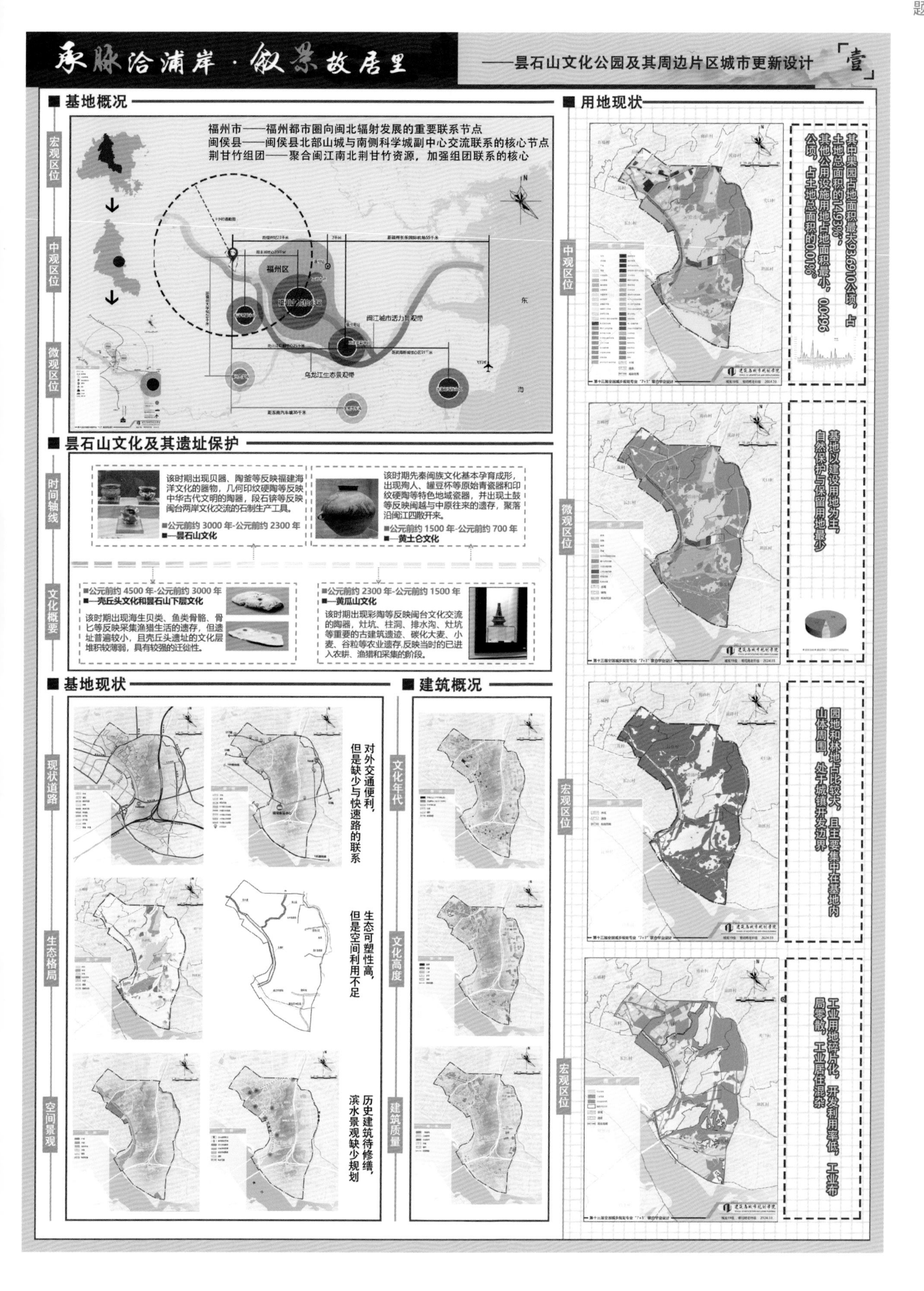
承脉洽浦岸·叙景故居里
——昙石山文化公园及其周边片区城市更新设计
「壹」
基地概况
宏观区位
中观区位
微观区位
福州市——福州都市圈向闽北辐射发展的重要联系节点
闽侯县——闽侯县北部山城与南侧科学城副中心交流联系的核心节点
荆甘竹组团——聚合闽江南北荆甘竹资源，加强组团联系的核心
福州区
闽江城市活力景观带
乌龙江生态景观带
昙石山文化及其遗址保护
时间轴线
文化概要
该时期出现贝器、陶釜等反映福建海洋文化的器物，几何印纹硬陶等反映中华古代文明的陶器，段石锛等反映闽台两岸文化交流的石制生产工具。
■公元前约 3000 年-公元前约 2300 年
■—昙石山文化
该时期先秦闽族文化基本孕育成形，出现陶人、罐豆杯等原始青瓷器和印纹硬陶等特色地域瓷器，并出现土鼓等反映闽越与中原往来的遗存，聚落沿闽江四散开来。
■公元前约 1500 年-公元前约 700 年
■—黄土仑文化
■公元前约 4500 年-公元前约 3000 年
■—壳丘头文化和昙石山下层文化
该时期出现海生贝类、鱼类骨骼、骨匕等反映采集渔猎生活的遗存，但遗址普遍较小，且壳丘头遗址的文化层堆积较薄弱，具有较强的迁徙性。
■公元前约 2300 年-公元前约 1500 年
■—黄瓜山文化
该时期出现彩陶等反映闽台文化交流的陶器，灶坑、柱洞、排水沟、灶坑等重要的古建筑遗迹、碳化大麦、小麦、谷粒等农业遗存,反映当时的已进入农耕、渔猎和采集的阶段。
基地现状
现状道路
生态格局
空间景观
对外交通便利，但是缺少与快速路的联系
生态可塑性高，但是空间利用不足
历史建筑待修缮，滨水景观缺少规划
建筑概况
文化年代
文化高度
建筑质量
用地现状
中观区位
微观区位
宏观区位
宏观区位
其中果园占地面积最大33.6910公顷，占土地总面积的14.93%；其他公用设施用地占地面积最小，0.0496公顷，占土地总面积的0.01%
基地以建设用地为主，自然保护与保留用地最少
园地和林地占比较大，且主要集中在基地内山体周围，处于城镇开发边界
工业用地碎片化，开发利用率低，工业布局零散，工业居住混杂

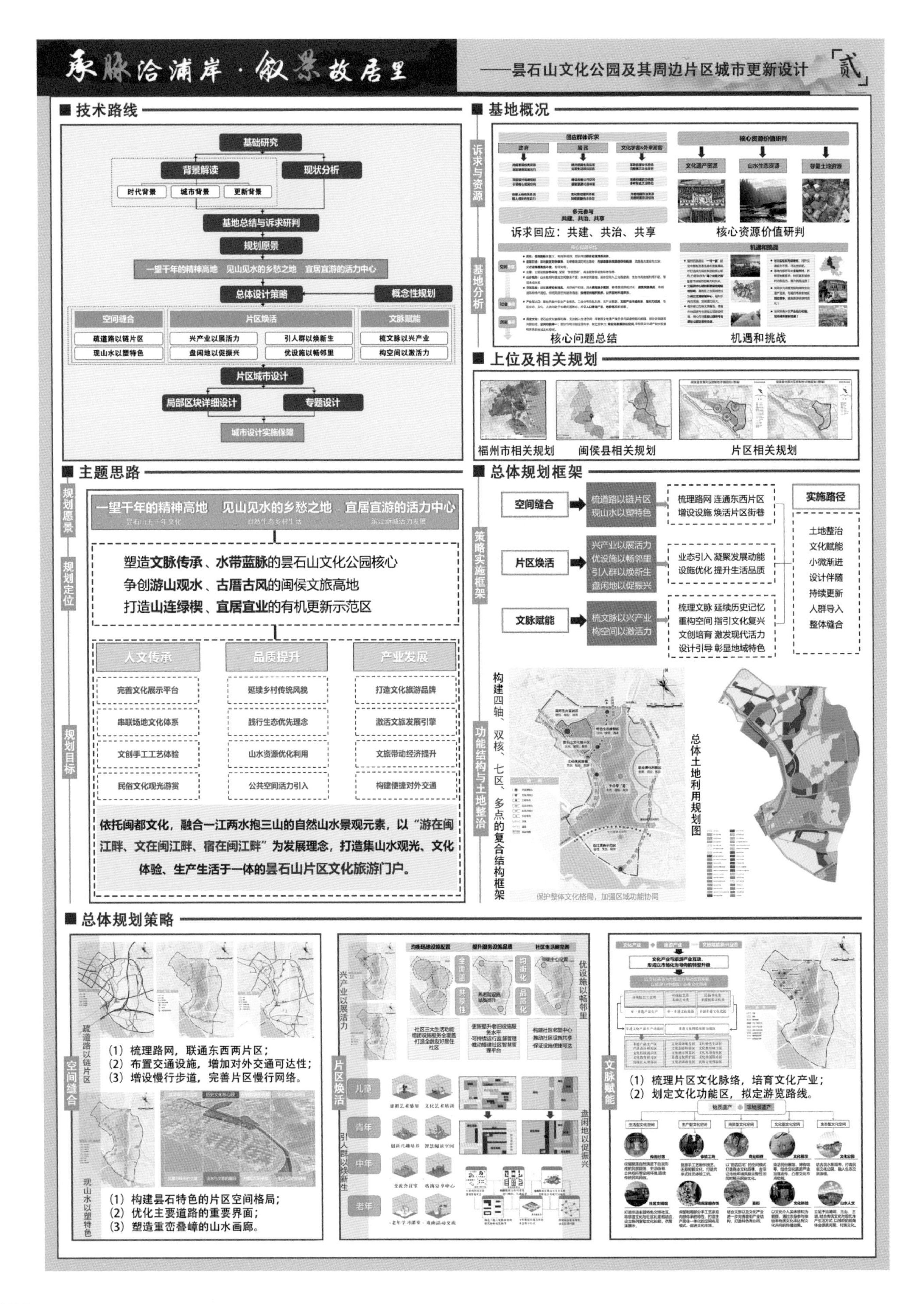
承脉洽浦岸·叙景故居里
——昙石山文化公园及其周边片区城市更新设计
贰
技术路线
基础研究
背景解读
现状分析
时代背景
城市背景
更新背景
基地总结与诉求研判
规划愿景
一望千年的精神高地 见山见水的乡愁之地 宜居宜游的活力中心
总体设计策略
概念性规划
空间缝合
片区焕活
文脉赋能
疏道路以链片区
现山水以塑特色
兴产业以展活力
盘闲地以促振兴
引人群以焕新生
优设施以畅邻里
梳文脉以兴产业
构空间以激活力
片区城市设计
局部区块详细设计
专题设计
城市设计实施保障
基地概况
诉求与资源
诉求回应：共建、共治、共享
核心资源价值研判
基地分析
核心问题总结
机遇和挑战
上位及相关规划
福州市相关规划
闽侯县相关规划
片区相关规划
主题思路
规划愿景
一望千年的精神高地
见山见水的乡愁之地
宜居宜游的活力中心
规划定位
塑造文脉传承、水带蓝脉的昙石山文化公园核心
争创游山观水、古厝古风的闽侯文旅高地
打造山连绿楔、宜居宜业的有机更新示范区
规划目标
人文传承
品质提升
产业发展
完善文化展示平台
串联场地文化体系
文创手工工艺体验
民俗文化观光游赏
延续乡村传统风貌
践行生态优先理念
山水资源优化利用
公共空间活力引入
打造文化旅游品牌
激活文旅发展引擎
文旅带动经济提升
构建便捷对外交通
依托闽都文化，融合一江两水抱三山的自然山水景观元素，以"游在闽江畔、文在闽江畔、宿在闽江畔"为发展理念，打造集山水观光、文化体验、生产生活于一体的昙石山片区文化旅游门户。
总体规划框架
策略实施框架
空间缝合
疏道路以链片区
现山水以塑特色
梳理路网 连通东西片区
增设设施 焕活片区街巷
片区焕活
兴产业以展活力
优设施以畅邻里
引人群以焕新生
盘闲地以促振兴
业态引入 凝聚发展动能
设施优化 提升生活品质
文脉赋能
梳文脉以兴产业
构空间以激活力
梳理文脉 延续历史记忆
重构空间 指引文化复兴
文创培育 激发现代活力
设计引导 彰显地域特色
实施路径
土地整治
文化赋能
小微渐进
设计伴随
持续更新
人群导入
整体缝合
功能结构与土地整治
构建四轴、双核、七区、多点的复合结构框架
保护整体文化格局，加强区域功能协同
总体土地利用规划图
总体规划策略
空间缝合
疏道路以链片区
(1) 梳理路网，联通东西两片区；
(2) 布置交通设施，增加对外交通可达性；
(3) 增设慢行步道，完善片区慢行网络。
现山水以塑特色
(1) 构建昙石特色的片区空间格局；
(2) 优化主要道路的重要界面；
(3) 塑造重峦叠嶂的山水画廊。
片区焕活
兴产业以展活力
优设施以畅邻里
引人群以焕新生
盘闲地以促振兴
儿童
青年
中年
老年
文脉赋能
(1) 梳理片区文化脉络，培育文化产业；
(2) 划定文化功能区，拟定游览路线。

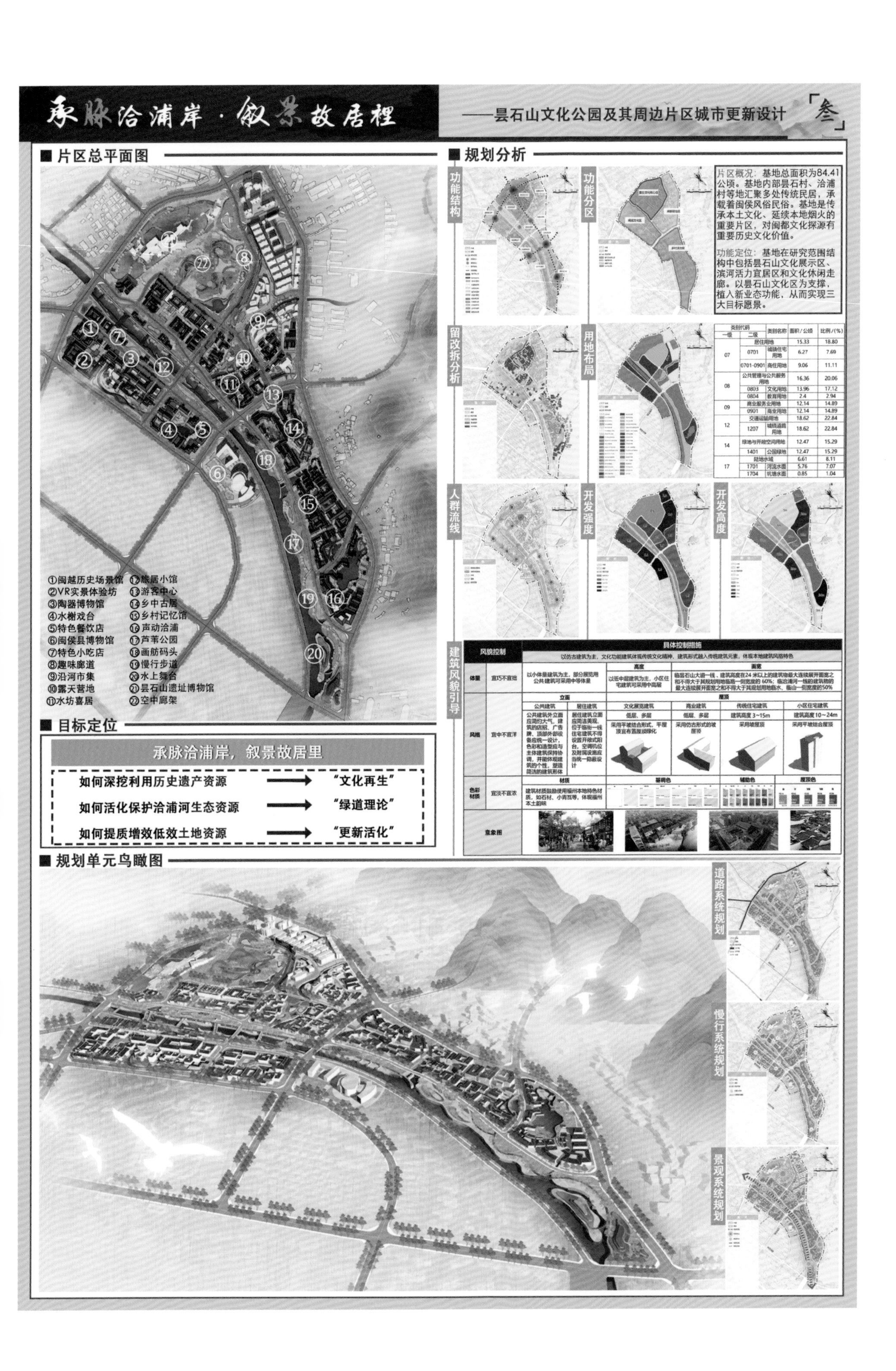
承脉洽浦岸·叙景故居里
——昙石山文化公园及其周边片区城市更新设计
「叁」
片区总平面图
①闽越历史场景馆
②VR实景体验坊
③陶器博物馆
④水榭戏台
⑤特色餐饮店
⑥闽侯县博物馆
⑦特色小吃店
⑧趣味廊道
⑨沿河市集
⑩露天营地
⑪水坊喜居
⑫旅居小馆
⑬游客中心
⑭乡中古居
⑮乡村记忆馆
⑯声动洽浦
⑰芦苇公园
⑱画舫码头
⑲慢行步道
⑳水上舞台
㉑昙石山遗址博物馆
㉒空中廊架
规划分析
功能结构
功能分区
片区概况：基地总面积为84.41公顷。基地内部昙石村、洽浦村等地汇聚多处传统民居，承载着闽侯风俗民俗。基地是传承本土文化、延续本地烟火的重要片区，对闽都文化探源有重要历史文化价值。
功能定位：基地在研究范围结构中包括昙石山文化展示区、滨河活力宜居区和文化休闲走廊。以昙石山文化区为支撑，植入新业态功能，从而实现三大目标愿景。
留改拆分析
用地布局
类别代码 一级 二级 | 类别名称 | 面积/公顷 | 比例/(%)
07 | 居住用地 | 15.33 | 18.80
0701 | 城镇住宅用地 | 6.27 | 7.69
0701-0901 | 商住用地 | 9.06 | 11.11
08 | 公共管理与公共服务用地 | 16.36 | 20.06
0803 | 文化用地 | 13.96 | 17.12
0804 | 教育用地 | 2.4 | 2.94
09 | 商业服务业用地 | 12.14 | 14.89
0901 | 商业用地 | 12.14 | 14.89
12 | 交通运输用地 | 18.62 | 22.84
1207 | 城镇道路用地 | 18.62 | 22.84
14 | 绿地与开敞空间用地 | 12.47 | 15.29
1401 | 公园绿地 | 12.47 | 15.29
17 | 陆地水域 | 6.61 | 8.11
1701 | 河流水面 | 5.76 | 7.07
1704 | 坑塘水面 | 0.85 | 1.04
人群流线
开发强度
开发高度
建筑风貌引导
风貌控制
具体控制措施
以仿古建筑为主，文化功能建筑体现传统文化精神，建筑形式融入传统建筑元素，体现本地建筑风格特色
体量 宜巧不宜拙
以小体量建筑为主，部分展览用公共建筑可采用中等体量
高度：以低中层建筑为主，小区住宅建筑可采用中高层
面宽：临昙石山大道一线、建筑高度在24米以上的建筑物最大连续展开面宽之和不得大于其规划用地临路一侧宽度的60%；临洽浦河一线的建筑物的最大连续展开面宽之和不得大于其规划用地临水、临山一侧宽度的50%
风格 宜中不宜洋
立面 公共建筑：公共建筑外立面应简约大气，建筑的店招、广告牌、顶部外部设备应统一设计，色彩和造型应与主体建筑保持协调，并能体现建筑的个性，塑造简洁的建筑形体
居住建筑：居住建筑立面应简洁美观，位于临街一线住宅建筑不得设置开敞式阳台，空调机位及附属设施应当统一隐蔽设计
屋顶 文化展览建筑：低层、多层；采用平坡结合形式，平屋顶宜布置屋顶绿化
商业建筑：低层、多层；采用仿古形式的坡屋顶
传统住宅建筑：建筑高度3~15m；采用坡屋顶
小区住宅建筑：建筑高度10~24m；采用平坡结合屋顶
色彩材质 宜淡不宜浓
材质：建筑材质鼓励使用福州本地特色材质，如石材、小青瓦等，体现福州本土韵味
基调色 辅助色 屋顶色
意象图
目标定位
承脉洽浦岸，叙景故居里
如何深挖利用历史遗产资源 → “文化再生”
如何活化保护洽浦河生态资源 → “绿道理论”
如何提质增效低效土地资源 → “更新活化”
规划单元鸟瞰图
道路系统规划
慢行系统规划
景观系统规划

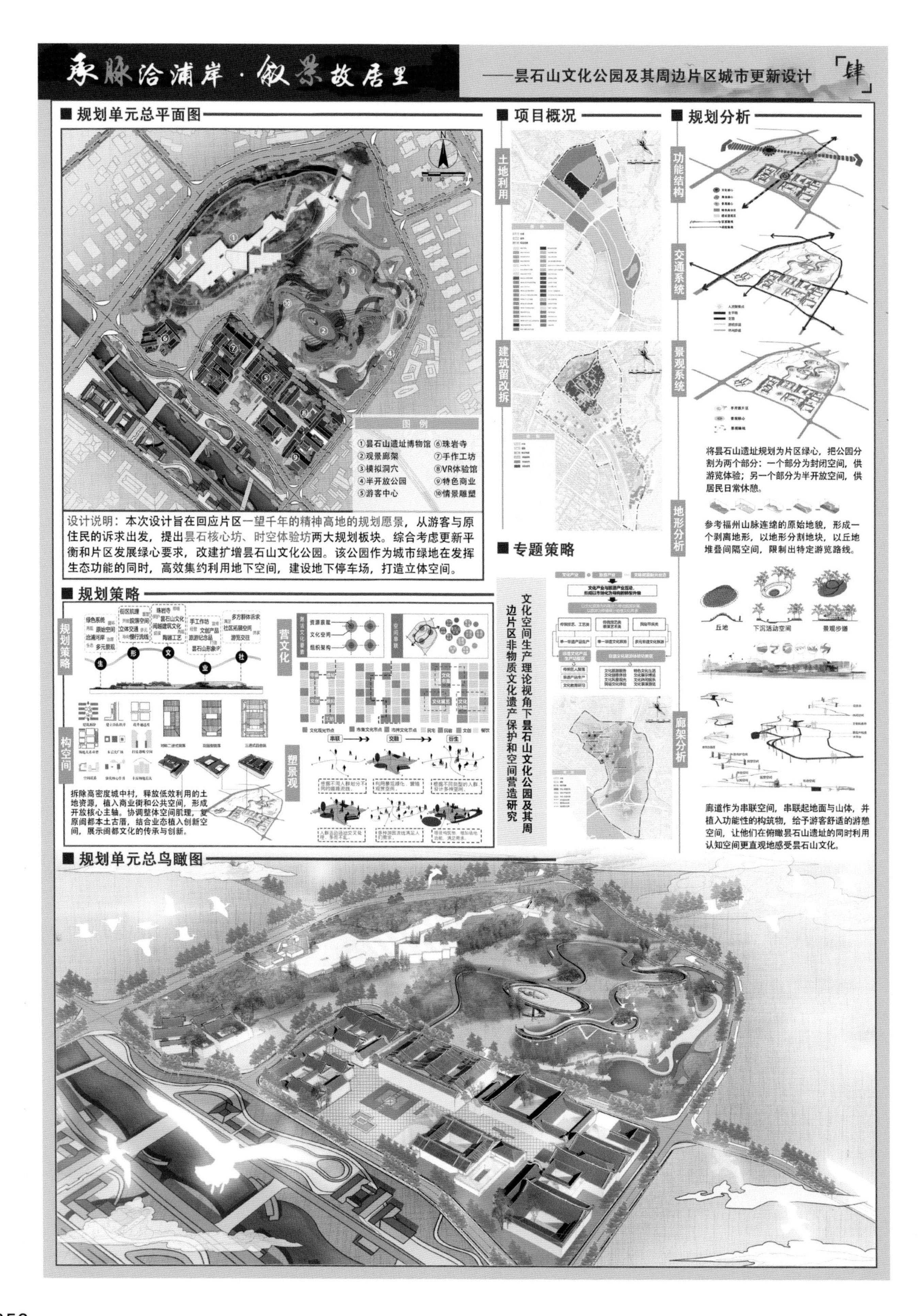

承脉洽浦岸·叙景故居里
——昙石山文化公园及其周边片区城市更新设计
「肆」
规划单元总平面图
图例
①昙石山遗址博物馆 ⑥珠岩寺
②观景廊架 ⑦手作工坊
③模拟洞穴 ⑧VR体验馆
④半开放公园 ⑨特色商业
⑤游客中心 ⑩情景雕塑
设计说明：本次设计旨在回应片区一望千年的精神高地的规划愿景，从游客与原住民的诉求出发，提出昙石核心坊、时空体验坊两大规划板块。综合考虑更新平衡和片区发展绿心要求，改建扩增昙石山文化公园。该公园作为城市绿地在发挥生态功能的同时，高效集约利用地下空间，建设地下停车场，打造立体空间。
项目概况
土地利用
建筑留改拆
规划分析
功能结构
交通系统
景观系统
将昙石山遗址规划为片区绿心，把公园分割为两个部分：一个部分为封闭空间，供游览体验；另一个部分为半开放空间，供居民日常休憩。
地形分析
参考福州山脉连绵的原始地貌，形成一个剥离地形，以地形分割地块，以丘地堆叠间隔空间，限制出特定游览路线。
丘地
下沉活动空间
景观步道
廊架分析
廊道作为串联空间，串联起地面与山体，并植入功能性的构筑物，给予游客舒适的游憩空间，让他们在俯瞰昙石山遗址的同时利用认知空间更直观地感受昙石山文化。
规划策略
规划策略
构空间
营文化
塑景观
生 形 文 业 社
拆除高密度城中村，释放低效利用的土地资源，植入商业街和公共空间，形成开放核心主轴。协调整体空间肌理，复原闽都本土古厝，结合业态植入创新空间，展示闽都文化的传承与创新。
专题策略
文化空间生产理论视角下昙石山文化公园及其周边片区非物质文化遗产保护和空间营造研究
规划单元总鸟瞰图

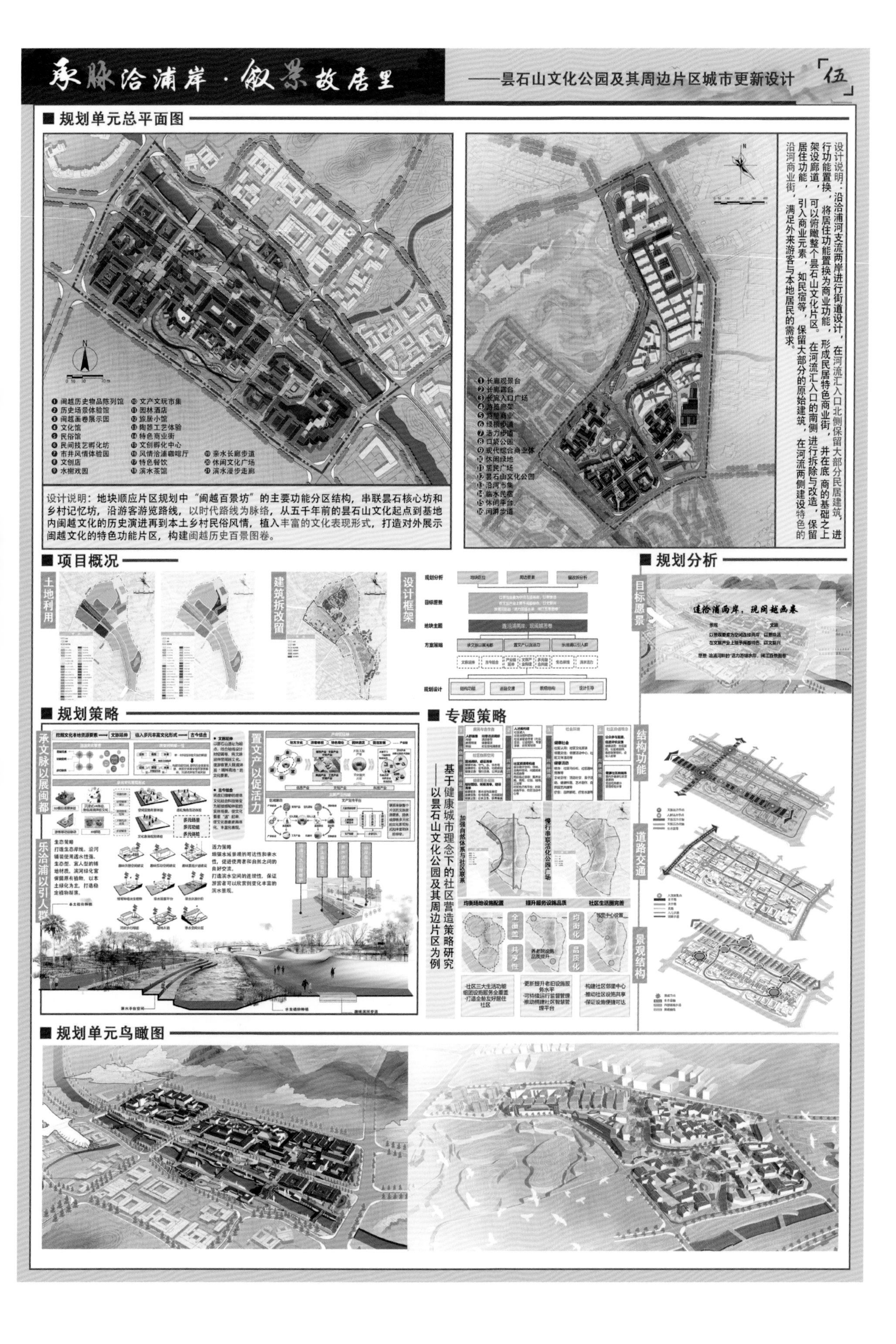
承脉洽浦岸·叙景故居里
——昙石山文化公园及其周边片区城市更新设计
伍
规划单元总平面图
设计说明：地块顺应片区规划中"闽越百景坊"的主要功能分区结构，串联昙石核心坊和乡村记忆坊，沿游客游览路线，以时代路线为脉络，从五千年前的昙石山文化起点到基地内闽越文化的历史演进再到本土乡村民俗风情，植入丰富的文化表现形式，打造对外展示闽越文化的特色功能片区，构建闽越历史百景图卷。
设计说明：沿洽浦河支流两岸进行街道设计，在河流汇入口北侧保留大部分民居建筑，进行功能置换，将居住功能置换为商业功能，形成民居特色商业街，并在底商的基础之上架设廊道，可以俯瞰整个昙石山文化片区。在河流汇入口的南侧，进行拆除与改造，保留居住功能，引入商业元素，如民宿等，保留大部分的原始建筑，在河流两侧建设特色的沿河商业街，满足外来游客与本地居民的需求。
项目概况
土地利用
建筑拆改留
设计框架
规划分析
目标愿景
结构功能
道路交通
景观结构
规划策略
承文脉以展闽都
置文产以促活力
乐洽浦以引人群
专题策略
基于健康城市理念下的社区营造策略研究——以昙石山文化公园及其周边片区为例
规划单元鸟瞰图

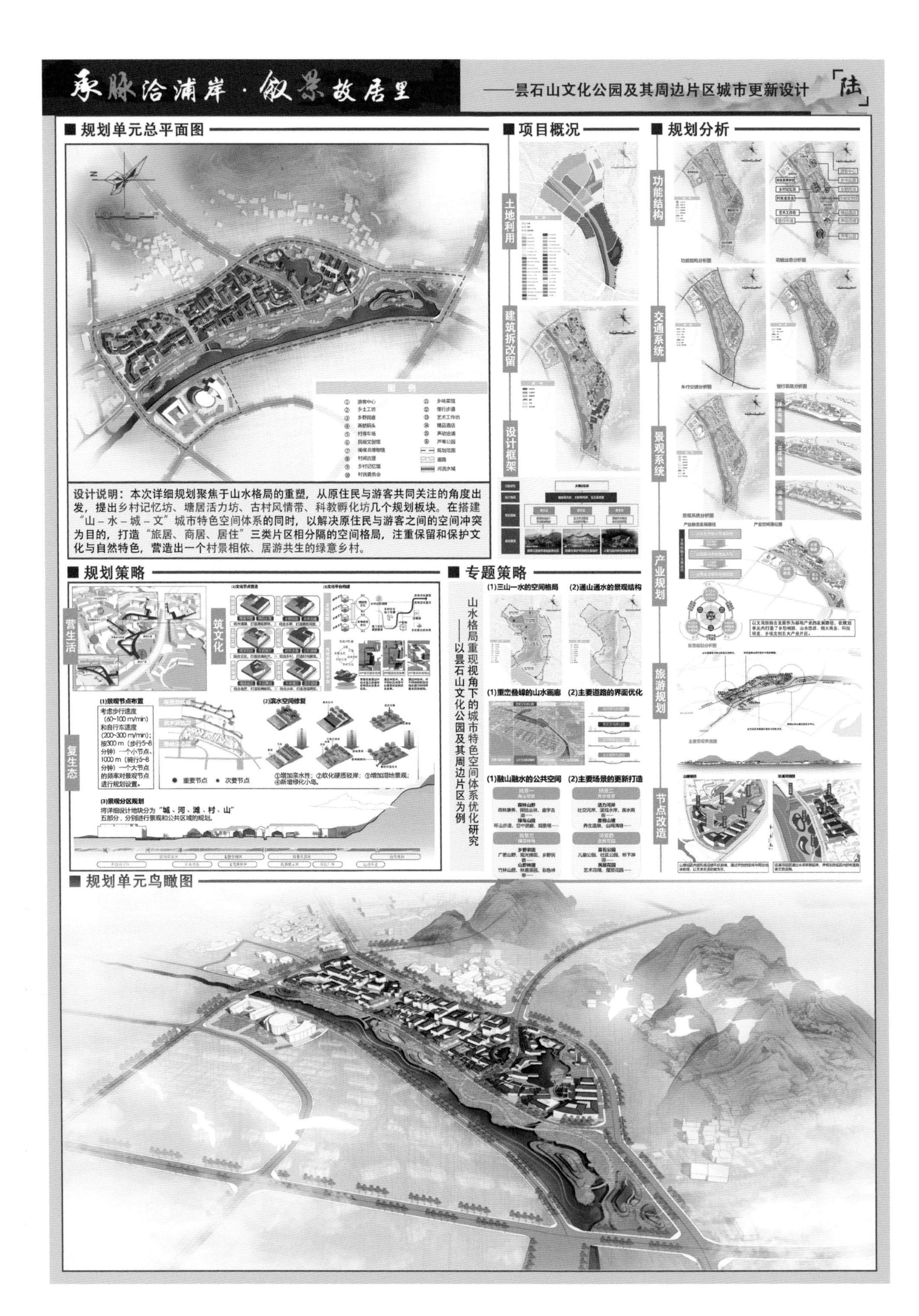
承脉洽浦岸·叙景故居里
——昙石山文化公园及其周边片区城市更新设计
「陆」
规划单元总平面图
项目概况
规划分析
土地利用
建筑拆改留
设计框架
功能结构
交通系统
景观系统
产业规划
旅游规划
节点改造
功能结构分析图
功能业态分析图
车行交通分析图
慢行交通分析图
景观系统分析图
设计说明：本次详细规划聚焦于山水格局的重塑，从原住民与游客共同关注的角度出发，提出乡村记忆坊、塘居活力坊、古村风情带、科教孵化坊几个规划板块。在搭建“山－水－城－文”城市特色空间体系的同时，以解决原住民与游客之间的空间冲突为目的，打造“旅居、商居、居住”三类片区相分隔的空间格局，注重保留和保护文化与自然特色，营造出一个村景相依、居游共生的绿意乡村。
规划策略
营生活
筑文化
复生态
(1)景观节点布置
考虑步行速度（60~100 m/min）和自行车速度（200~300 m/min）；按300 m（步行5~8分钟）一个小节点、1000 m（骑行5~8分钟）一个大节点的频率对景观节点进行规划设置。
重要节点
次要节点
(2)滨水空间修复
①增加亲水性；②软化硬质驳岸；③增加湿地景观；④新增绿化小岛。
(3)景观分区规划
将详细设计地块分为“城、河、滩、村、山”五部分，分别进行景观和公共区域的规划。
专题策略
山水格局重现视角下的城市特色空间体系优化研究——以昙石山文化公园及其周边片区为例
(1)三山一水的空间格局
(2)通山通水的景观结构
(1)重峦叠嶂的山水画廊
(2)主要道路的界面优化
(1)融山融水的公共空间
(2)主要场景的更新打造
规划单元鸟瞰图

承脉洽浦岸·叙景故居里

——昙石山文化公园及其周边片区城市更新设计

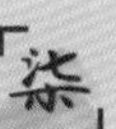

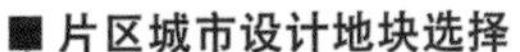

片区城市设计地块选择

划分单元

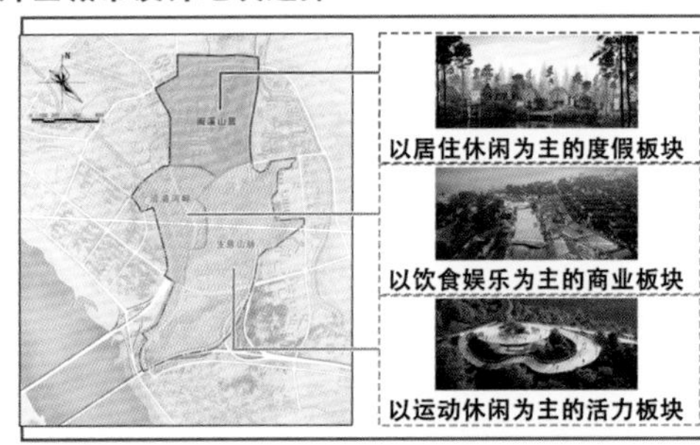

为应对昙石山文化公园整体的功能定位，将片区划分为三大规划单元，在兼顾本地居民需求的同时，满足作为昙石山沿脉旅游链条的延伸功能。

理念阐释

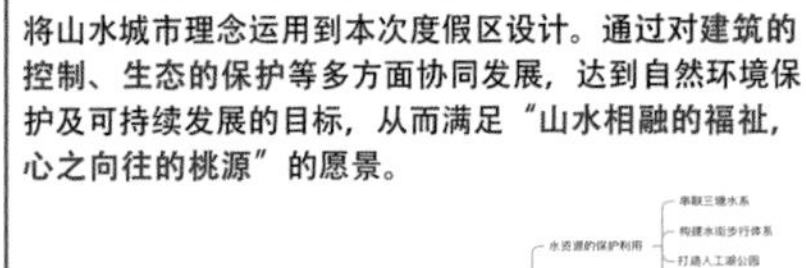

将山水城市理念运用到本次度假区设计。通过对建筑的控制、生态的保护等多方面协同发展，达到自然环境保护及可持续发展的目标，从而满足“山水相融的福祉，心之向往的桃源”的愿景。

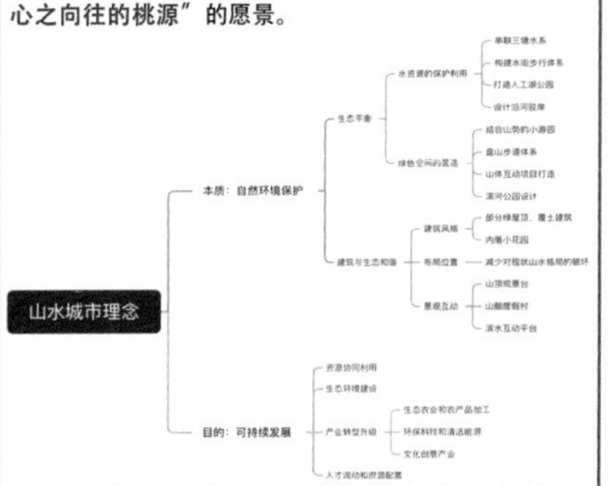

规划定位

山水相融的福祉，心之向往的桃源——山水城市理念导向下的度假区规划

片区规划

方案呈现

片区规划结构

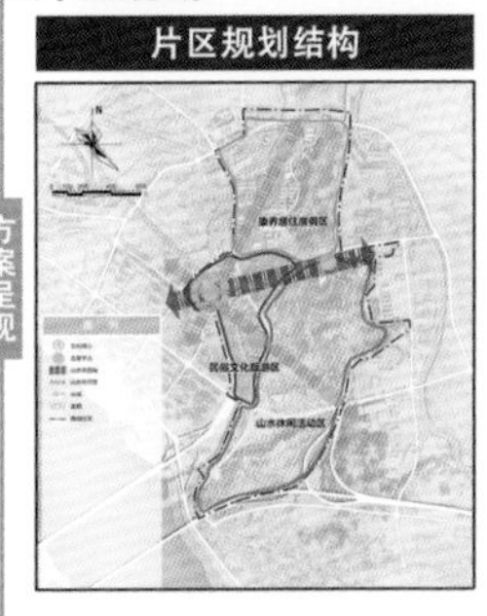

功能分区

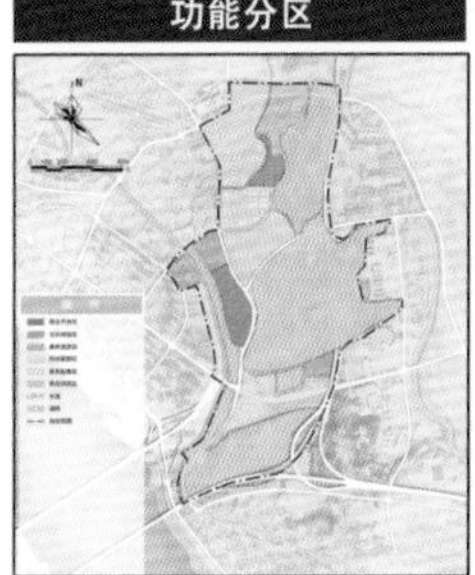

风貌引导图

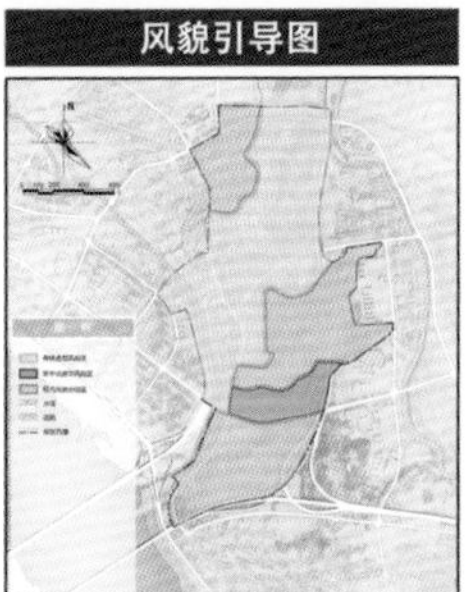

项目引导规划

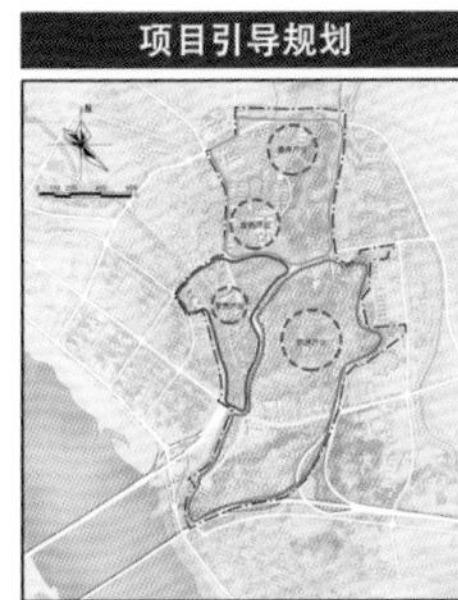

景观结构分析

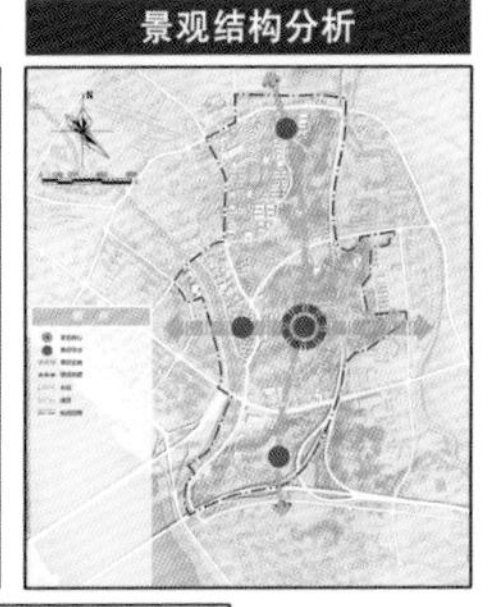

土地利用规划与项目策划清单

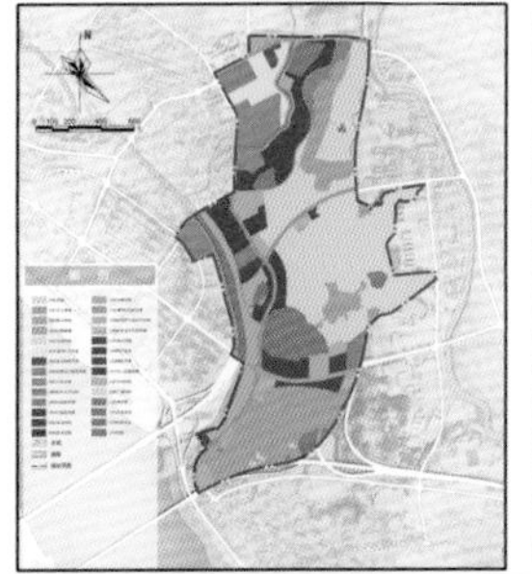

闽溪山居

以居住休闲为主的度假板块

绿岛山庄、凭栏远眺、溪湖小院、闽水游巷、悠渔清潭

洽浦河畔

以饮食娱乐为主的商业板块

昙石易市、水岸食街、波影长廊、绿驿广场、雾临山舍、桃源度假酒店

生息山脉

以运动休闲为主的活力板块

揽景岭崖、星空露营、曲径雾林、踏跃山峦、山间林窗、登云祥道、月下意亭

土地用途结构调整表

分类			规划基期年		规划目标年		规划期内面积增减/公顷
			面积/公顷	比重/(%)	面积/公顷	比重/(%)	
农林用地	耕地		3.3034	1.40	0.0000	0.00	–3.3034
	园地		74.8618	31.81	66.9025	28.43	–7.9593
	林地		45.4790	19.32	40.8454	17.35	–4.6335
	草地		0.6578	0.28	0.2885	0.12	–0.3693
	农业设施建设用地		1.8916	0.80	0.0000	0.00	–1.8916
	其中	乡村道路用地	1.6201	0.69	0.0000	0.00	–1.6201
		种植设施建设用地	0.2715	0.12	0.0000	0.00	–0.2715
	合计		**126.1936**	**53.62**	**108.0365**	**45.90**	**–18.1571**
建设用地	居住用地		21.5898	9.17	6.5230	2.77	–15.0667
	其中	城镇住宅用地	7.2646	3.09	6.5230	2.77	–0.7416
		农村宅基地	14.3252	6.09	0.0000	0.00	–14.3251
	公共管理与公共服务用地		16.6543	7.08	21.3772	9.08	4.7229
	商业服务业用地		0.6648	0.28	22.5738	9.59	21.9090
	工矿用地		12.1285	5.15	0.0000	0.00	–12.1285
	交通运输用地		15.8353	6.73	22.6992	9.64	6.8639
	公共设施用地		6.2426	2.65	6.9039	2.93	0.6613
	绿地与开敞空间用地		4.9868	2.12	22.8785	9.72	17.8917
	特殊用地		17.8093	7.57	10.9881	4.67	–6.8213
	城镇村范围内其他用地		0.0000	0.00	0.0000	0.00	0.0000
	合计		**95.9114**	**40.75**	**113.9437**	**48.41**	**18.0323**
自然保护与保留用地	陆地水域		13.2486	5.63	13.3734	5.68	0.1248
	其中	河流水面	6.3057	2.68	6.3072	2.68	0.0015
		水库水面	0.0000	0.00	0.0000	0.00	0.0000
		坑塘水面	6.7140	2.85	6.8852	2.93	0.1712
		沟渠	0.2289	0.10	0.1810	0.08	–0.0479
	合计		**13.2486**	**5.63**	**13.3734**	**5.68**	**0.1248**
总计			**235.3536**	**100.00**	**235.3536**	**100.00**	**0.0000**

道路交通规划

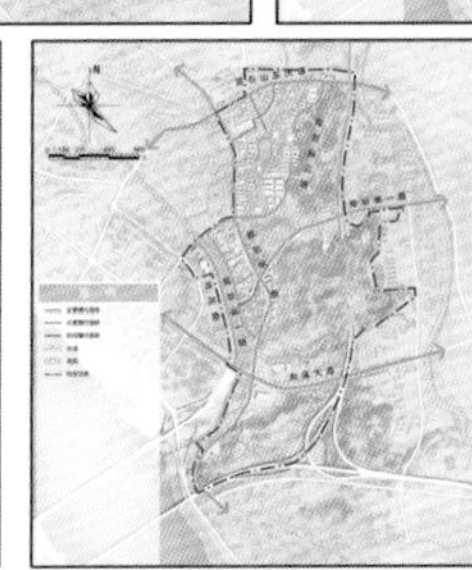

梳理现状路网：保留通畅舒适道路，腾退阻碍交通的违章构筑物。

连通道路网络：打通断头路，合理延伸道路，规划横一路，提升道路通达程度。

片区规划平面图

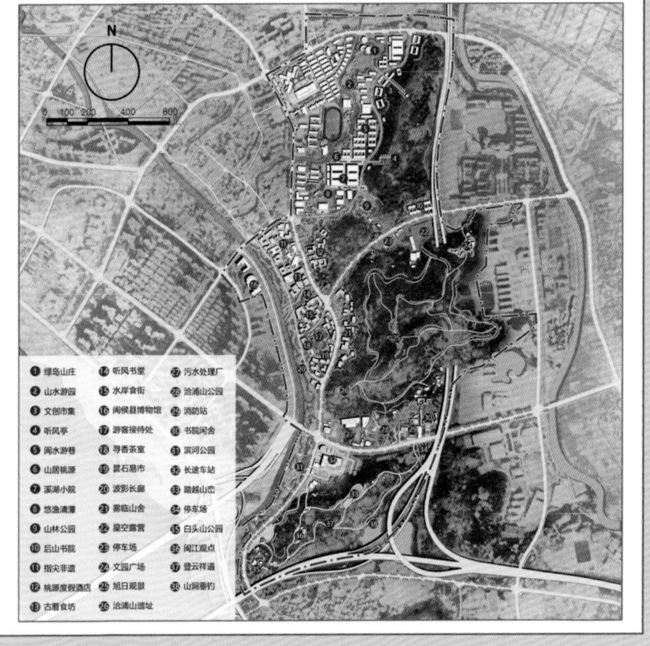

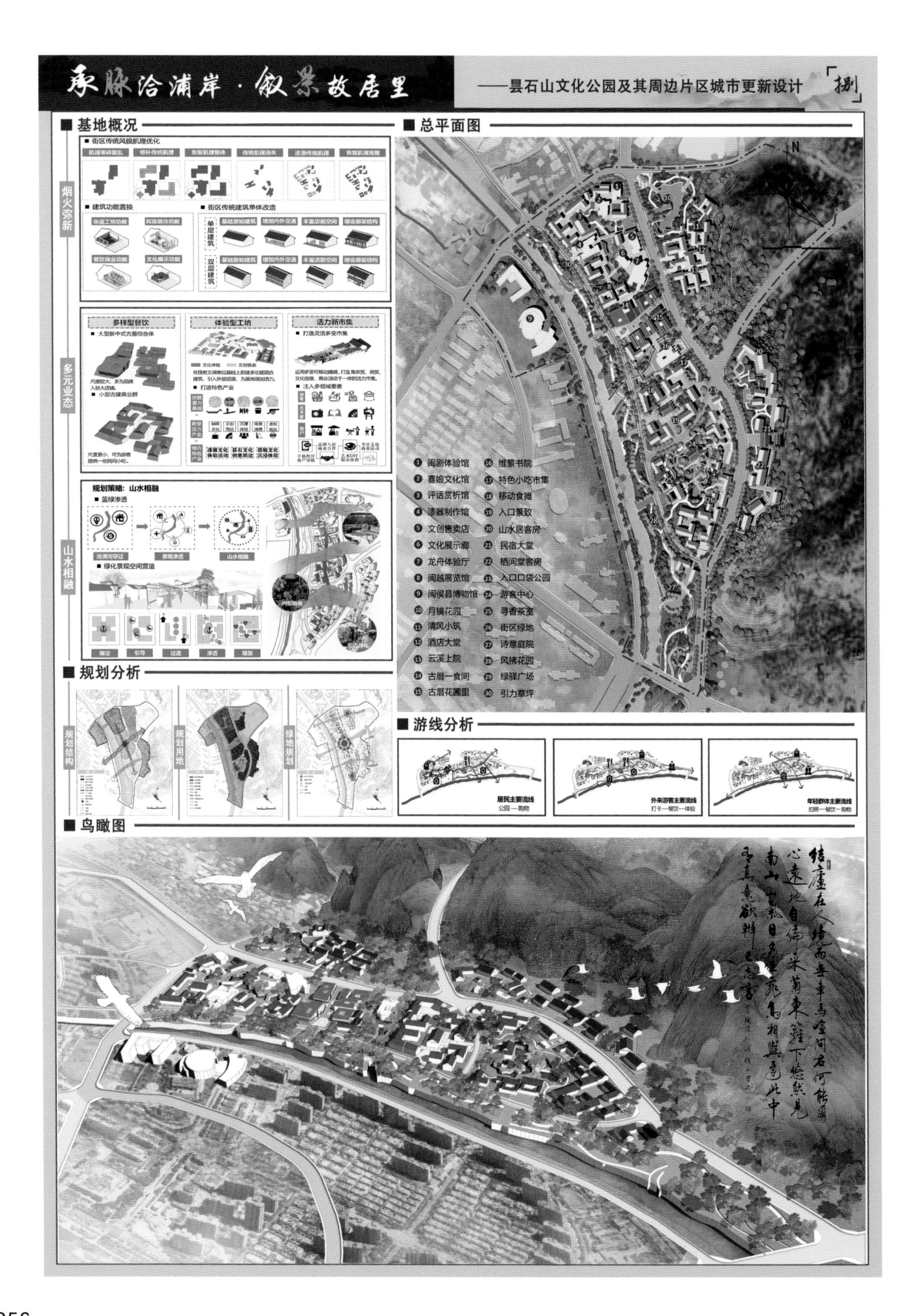
承脉洽浦岸·叙景故居里
——昙石山文化公园及其周边片区城市更新设计
基地概况
总平面图
规划分析
游线分析
鸟瞰图
闽剧体验馆
喜娘文化馆
评话赏析馆
漆器制作馆
文创售卖店
文化展示廊
龙舟体验厅
闽越展览馆
闽侯县博物馆
月镜花园
清风小筑
酒店大堂
云溪上院
古厝一食间
古厝花圃里
维景书院
特色小吃市集
移动食摊
入口景致
山水居客房
民宿大堂
栖间堂客房
入口口袋公园
游客中心
寻香茶室
街区绿地
诗意庭院
风拂花园
绿驿广场
引力草坪
居民主要流线
外来游客主要流线
年轻群体主要流线

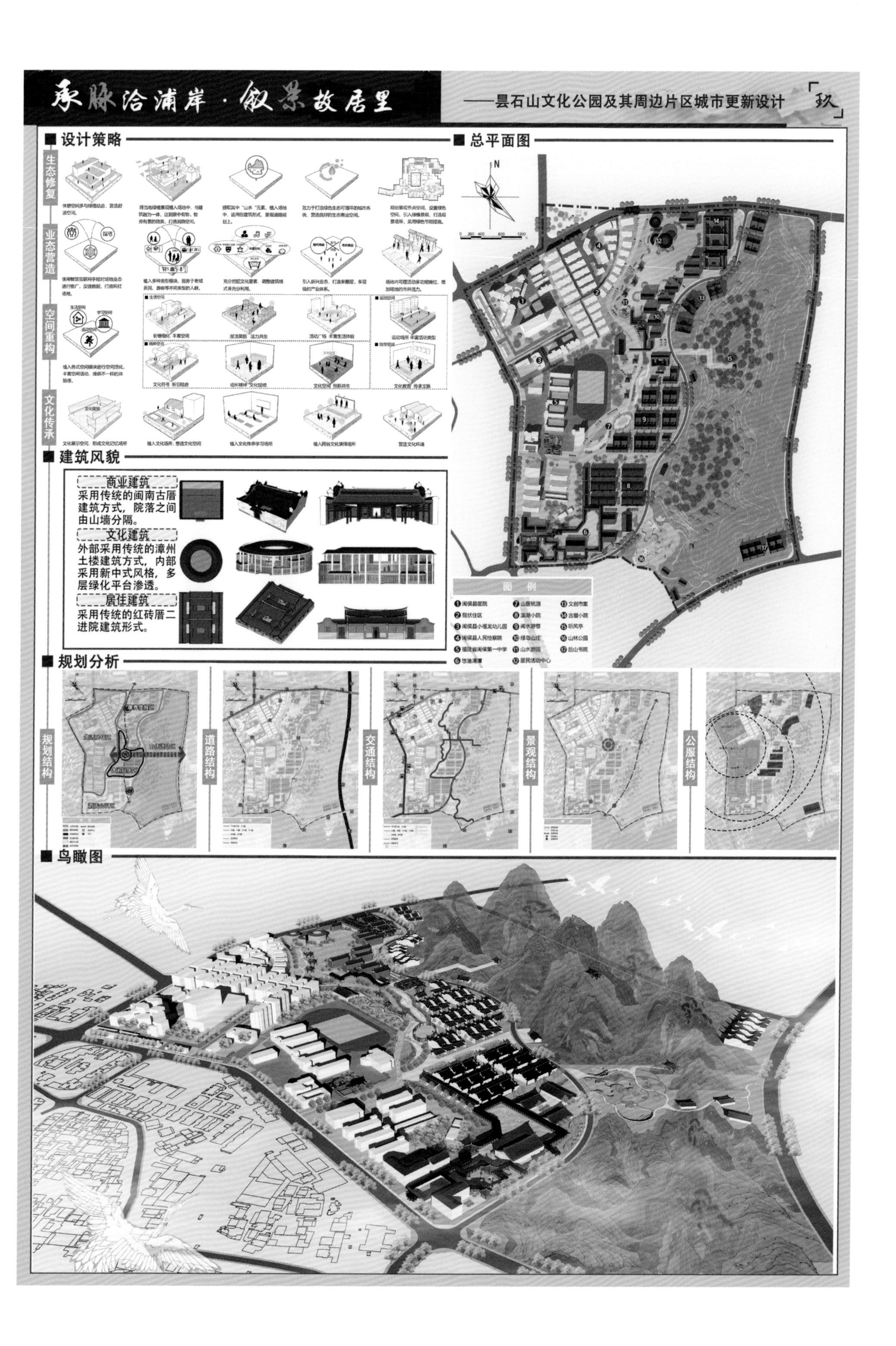
承脉洽浦岸·叙景故居里
——昙石山文化公园及其周边片区城市更新设计
「玖」
设计策略
生态修复
业态营造
空间重构
文化传承
总平面图
建筑风貌
商业建筑
采用传统的闽南古厝建筑方式，院落之间由山墙分隔。
文化建筑
外部采用传统的漳州土楼建筑方式，内部采用新中式风格，多层绿化平台渗透。
居住建筑
采用传统的红砖厝二进院建筑形式。
图例
1 闽侯县医院
2 现状住区
3 闽侯县小榕龙幼儿园
4 闽侯县人民检察院
5 福建省闽侯第一中学
6 悠渔清潭
7 山居桃源
8 溪湖小院
9 闽水游巷
10 绿岛山庄
11 山水游园
12 居民活动中心
13 文创市集
14 古厝小院
15 听风亭
16 山林公园
17 后山书院
规划分析
规划结构
道路结构
交通结构
景观结构
公服结构
鸟瞰图

承脉洽浦岸·叙景故居里

——昙石山文化公园及其周边片区城市更新设计 「拾」

总平面图

规划单元

规划单元地块选择

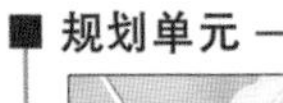

规划单元地块选择"生息山脉"板块，其作为以运动休闲为主题的活力板块，独具魅力。

"生息山脉"板块不仅是运动爱好者的天堂，更是都市人逃离喧嚣、寻求心灵宁静的理想之地。在这里，人们可以与自然和谐共生，感受生命的活力与美好。

土地利用规划

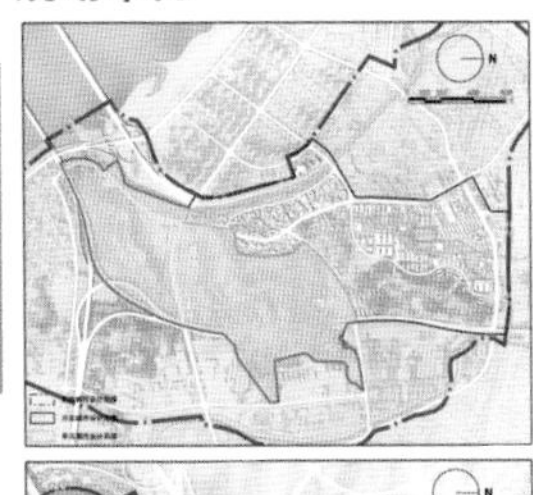

规划单元土地利用规划优化了原地块的闲置、低效用地，根据地形、气候、资源等自然条件，合理布局各类用地，确保各类设施和活动能够相互协调、互为补充。同时，注重与周边环境的融合，实现景观的和谐统一。

空间规划结构

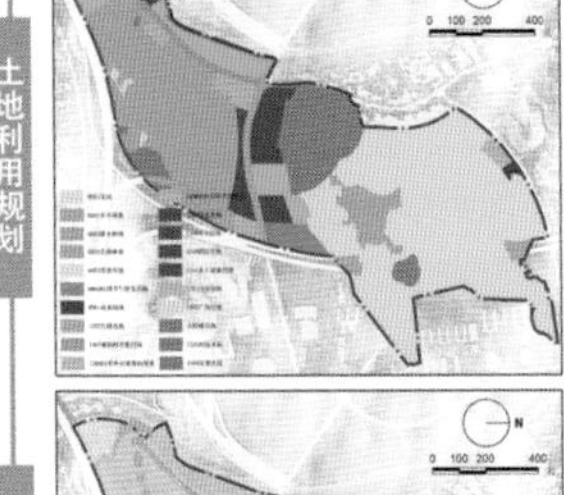

风景游览规划

道路交通规划

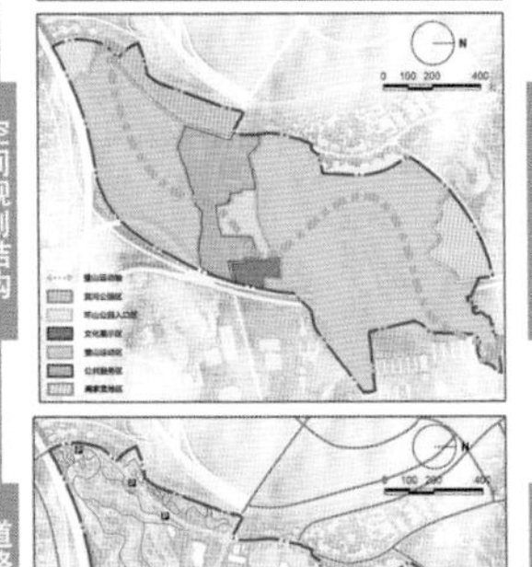

旅游服务设施规划

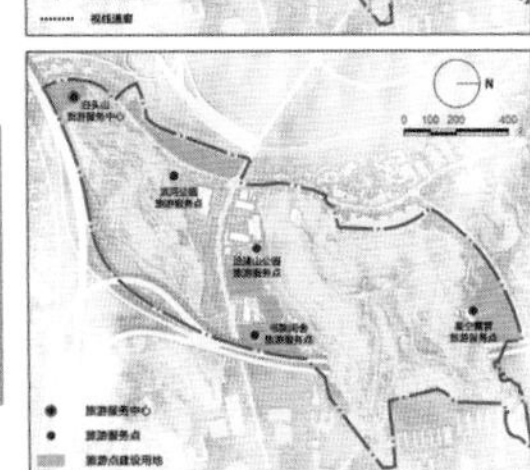

规划景源评价

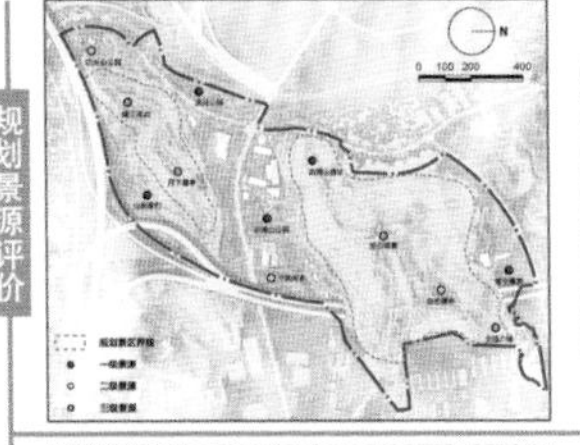

市政基础设施规划

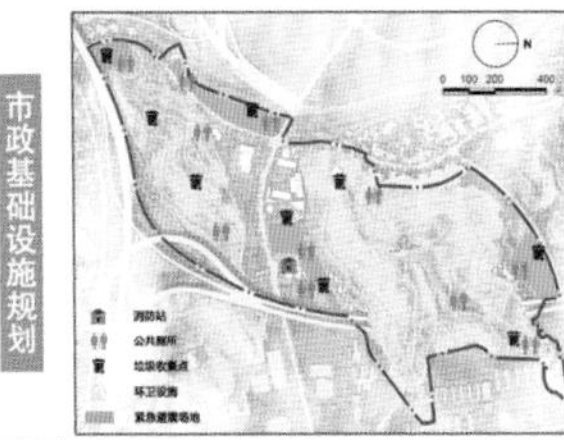

城市设计导则

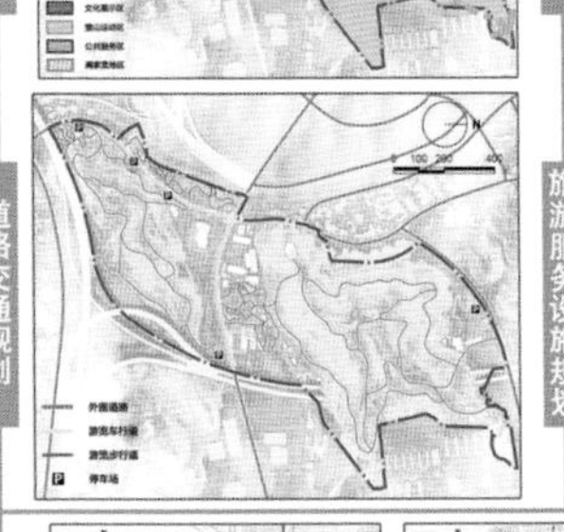

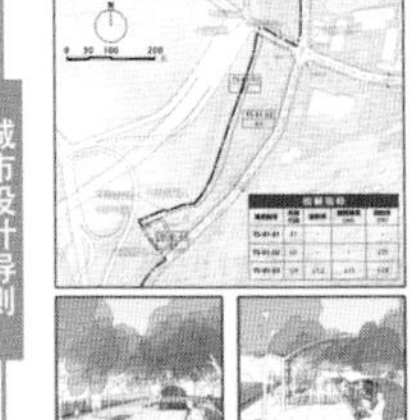

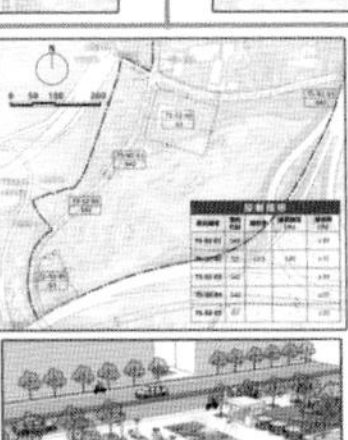

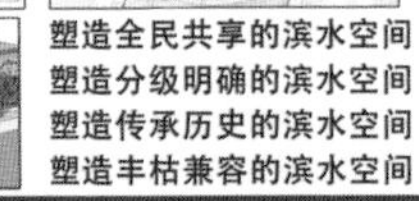

塑造全民共享的滨水空间
塑造分级明确的滨水空间
塑造传承历史的滨水空间
塑造丰枯兼容的滨水空间

用地分析

通过对规划单元的高程、坡度与坡向进行分析，选择合适的运动场地，设计合适的运动设施，提供舒适的休闲环境。

高程分析图

坡度分析图

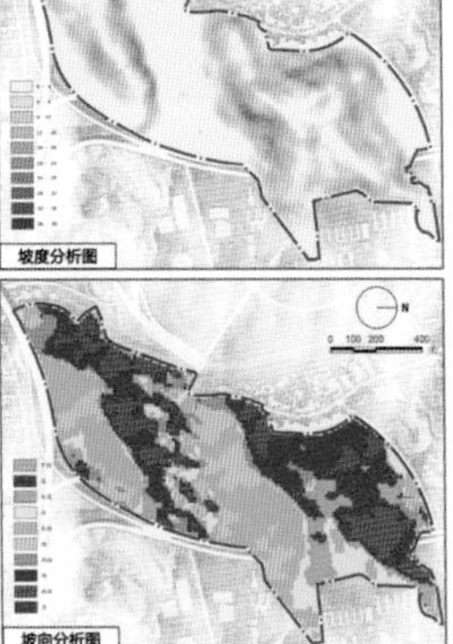

坡向分析图

鸟瞰图

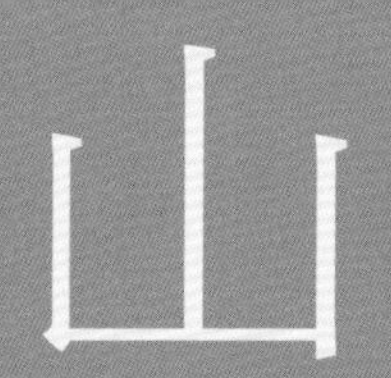

东

建

筑

大

溯源重链　承脉织新

——在地文化视角下昙石山文化公园及其周边片区城市更新设计 / 李子佳 肖昱钰

以源势，营新石

——基于文化基因的昙石山文化公园及其周边片区城市更新设计 / 樊柯灿　李奕涵 王一涵

保护
发展
2024全国城乡规划专业七校联合毕业设计作品集

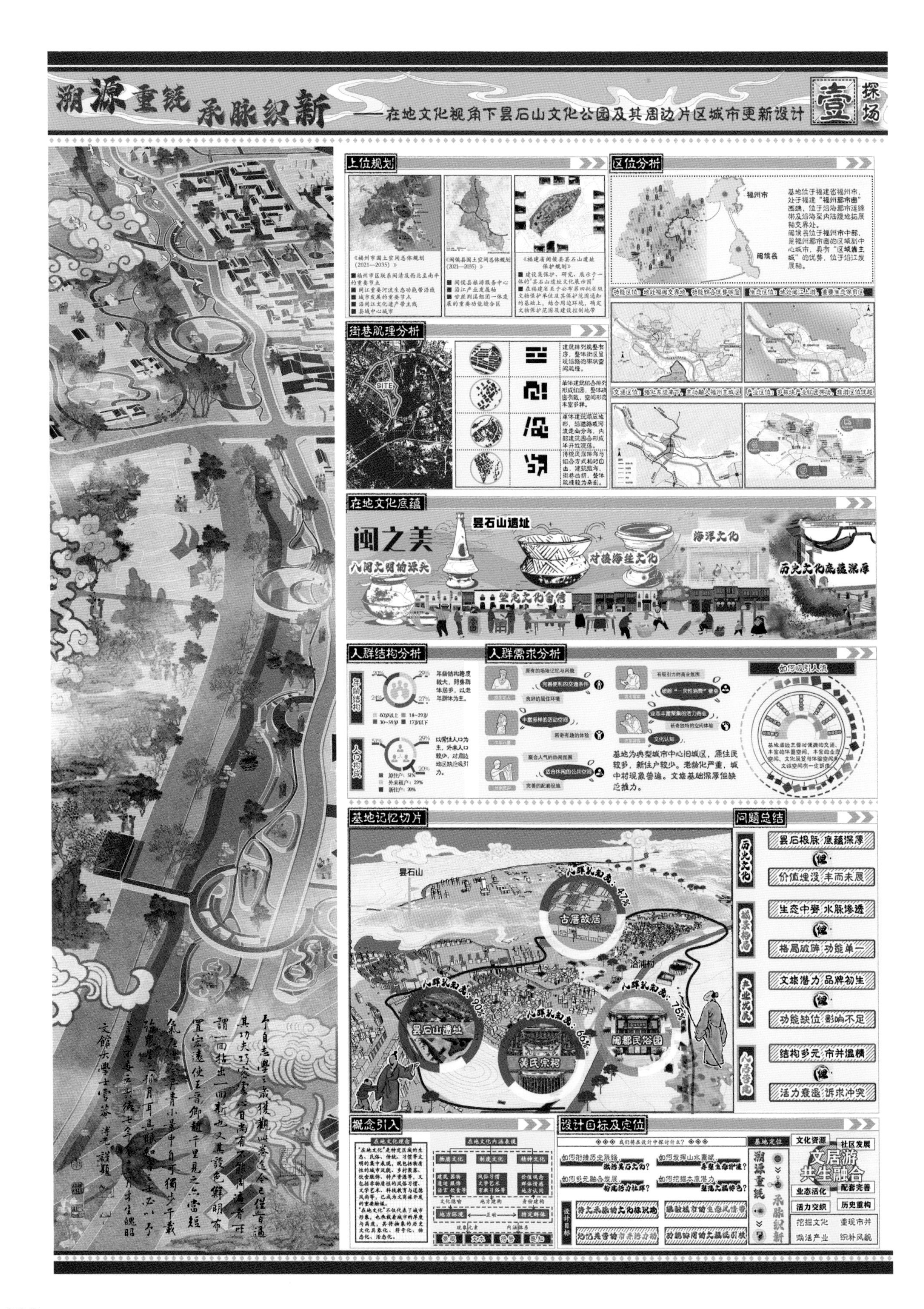

溯源重统 承脉织新
——在地文化视角下昙石山文化公园及其周边片区城市更新设计
壹 探场
上位规划
《福州市国土空间总体规划（2021—2035）》
《闽侯县国土空间总体规划（2021—2035）》
《福建省闽侯县昙石山遗址保护规划》
区位分析
福州市
闽侯县
基地位于福建省福州市，处于福建"福州都市圈"西端，位于沿海都市连绵带及沿海至内陆腹地拓展轴交界处。
闽侯县位于福州市中部，是福州都市圈的区域副中心城市，具有"区域兼主城"的优势，位于沿江发展轴。
街巷肌理分析
SITE
在地文化底蕴
闽之美
昙石山遗址
八闽文明的源头
对接海丝文化
海洋文化
历史文化底蕴深厚
人群结构分析
人群需求分析
如何吸引人流
基地为典型城市中心旧城区，原住民较多，新住户较少。老龄化严重，城中村现象普遍。文旅基础深厚但缺乏推力。
基地记忆切片
昙石山
古居故居
洽浦村
昙石山遗址
黄氏宗祠
闽都民俗园
问题总结
历史文化
昙石根脉 底蕴深厚
价值埋没 丰而未展
生态中脊 水脉缘透
格局破碎 功能单一
文旅潜力 品牌初生
功能缺位 影响不足
结构多元 市井温情
活力衰退 诉求冲突
概念引入
在地文化理念
在地文化内涵表现
物质文化
制度文化
精神文化
设计目标及定位
基地定位
溯源重统
承脉织新
文化资源
社区发展
文居游共生融合
业态活化
配套完善
活力交织
历史重构
挖掘文化
重现市井
焕活产业
织补风貌

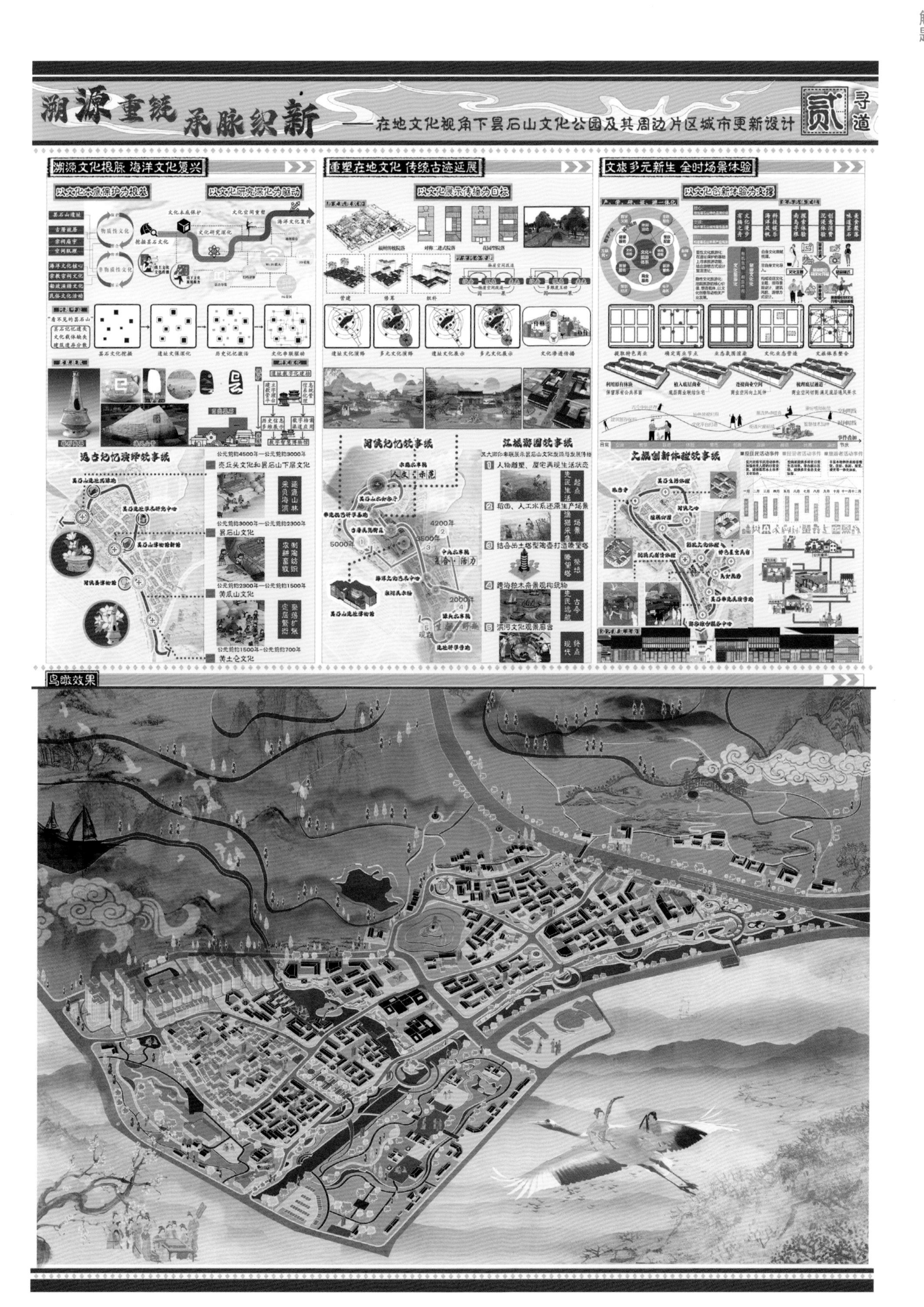
溯源重筑 承脉织新
——在地文化视角下昙石山文化公园及其周边片区城市更新设计
贰
寻道
溯源文化根脉 海洋文化复兴
以文化本底保护为根基
以文化研究深化为驱动
重塑在地文化 传统古迹延展
以文化展示传播为目标
文旅多元新生 全时场景体验
以文化创新体验为支撑
壳丘头文化和昙石山下层文化
公元前约4500年—公元前约3000年
昙石山文化
公元前约3000年—公元前约2300年
黄瓜山文化
公元前约2300年—公元前约1500年
黄土仑文化
公元前约1500年—公元前约700年
闽侯记忆叙事线
江城游园叙事线
1 人物雕塑、屋宅再现生活状态
2 稻田、人工水系还原生产场景
3 结合出土塔型陶壶打造陶壶塔
文旅创新体验叙事线
鸟瞰效果

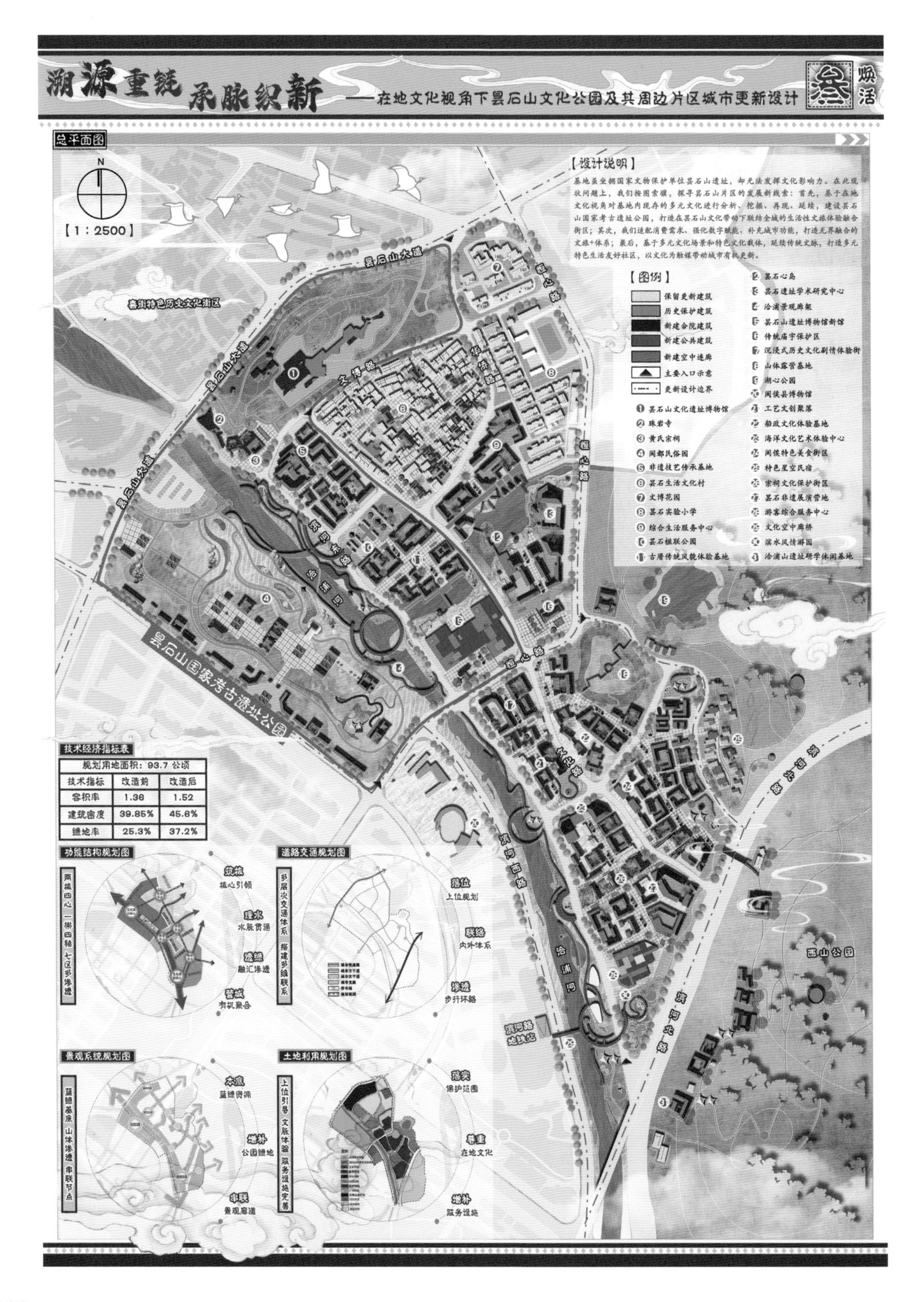

规划用地面积：93.7 公顷		
技术指标	改造前	改造后
容积率	1.36	1.52
建筑密度	39.85%	45.6%
绿地率	25.3%	37.2%

溯源重链 承脉织新
——在地文化视角下昙石山文化公园及其周边片区城市更新设计
肆 新生
正想周末没地方玩呢，
那就和朋友们去city walk，
我们先在小程序上制定好线路。
通过浏览小程序上推荐的旅游路线和景点，确定日程安排。根据您的需求结合虚拟导航，为您定制独一无二的文化体验路线。
闽侯历史悠久，至今还有多个文化遗产，如喜娘习俗、传统剪纸工艺、青红酒传统酿造技艺等一系列非物质文化遗产。
通过还原历史场景、邀请当地手艺人现场演示、在主题街区设置小谜题互动等交互场景，打造沉浸式闽东文化剧情体验街区。
“喜娘”在福州方言中又被称作“伴房嬷”，有着2000多年的历史，是福州民间传统婚礼中不可或缺的婚礼司仪。在福州的传统婚礼上，喜娘带领着新人完成烦琐的婚俗礼仪，并押韵地唱出吉祥话，为新人送去祝福。
结合地形与沉浸式闽侯非遗体验街区流线组织，每周末由NPC展示传统婚俗嫁娶仪式，让游客感受闽侯古时的喜娘文化与古时的浪漫。
今天周末，
有好多游客来玩呢
昙石山是闽台两岸南岛语族的发源地，通过梳理现状水系肌理，植入海洋文明标志节点等，为游客讲解海洋文明历史。与返程乘船游线结合，打造寓游憩、学习、赏景于一体的船游路线。
春．寻古学游
夏．游船观景
秋．赏景观展
冬．年货市集

以源势，营新石——基于文化基因的昙石山文化公园及其周边片区城市更新设计

壹 取势

发展背景

区位分析

总体区位

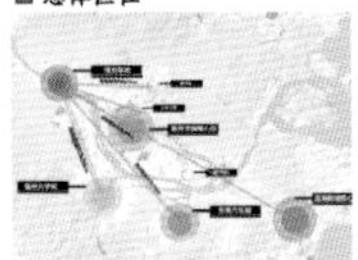

宏观上，基地地处福州市域范围的中心位置，可在两小时内到达福州市域范围的几乎各个地区，且处于沿江发展轴的中心位置，区位优良。

中观上，基地距离福州市各个主要节点均较近，且有多条直达各个节点的主要交通干道，与市中心联系紧密，在未来有较大的发展潜力。

功能区位

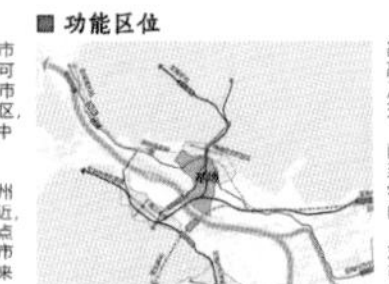

基地对外交通便利，有一条高速公路、一条快速路以及一条主干路等多条主要交通干道穿越基地。

南北向为京台高速，向北至南平市、向南至福州大学城；东西向为绕城高速，向东至福州站。

东西向的211省道，向东可至福州市中心，至福州市区驱车仅半小时。

生态区位

基地生态区位优越，其主要自然资源有山水两要素，基地四面环山、三面靠水。

基地北边为鹤山、土堂山以及大脚山三座山，对基地形成包围之势。

基地南侧临闽江，同时闽江的两条支流洽浦河、荆溪河分别流过基地的西侧和东侧。

交通区位

基地功能区位优越，地处闽侯县中心位置。

基地以北主要为闽侯县经济开发区，分布有多种工厂，发展潜力大。

基地以西及南部以生活服务为主，跨闽江可达福州大学城，生活便利。

基地以东分布有多个生活服务节点，丰富居民生活。

政策背景

国家层面——文脉赓续中华，铸就文化辉煌

文化遗产是国家的瑰宝，是历史的见证，也是人民智慧的结晶。习近平总书记在《加强文化遗产保护传承 弘扬中华优秀传统文化》中阐述了文化遗产保护的重要性、文化遗产的丰富内涵，强调了"要把历史文化遗产保护放在第一位"。我们要赓续中华历史文脉、讲好文化传承故事，使中华优秀传统文化不断发扬光大，让历史文化遗产绽放新光彩。

福州层面——持续传承保护，彰显文化魅力

福州作为国家级历史文化名城，拥有众多历史文化名镇名村、传统村落以及历史建筑。2022年9月，福建省出台了《关于加强历史文化名城名镇名村传统村落和文物建筑历史建筑传统风貌建筑保护利用九条措施的通知》，构建全市域、全体系、全要素的历史文化遗产保护格局，持续推进历史文化村落的保护利用。

闽侯层面——融合历史文化，赋能传统村落

闽侯县历史悠久、文化底蕴深厚，素有"八闽首邑"的美称，是福建省文化遗产的重要组成部分。闽侯县坚持"以保促用、保用结合"，将文物和历史建筑保护图则、历史文化资源评估成果及名镇名村等保护规划全面纳入"多规合一"平台管控，全面推进文物保护、传统村落风貌区建设、古厝修缮等保护性开发。

发展方向

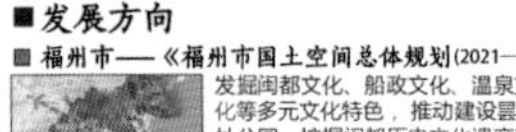

福州市——《福州市国土空间总体规划(2021—2035年)》

发掘闽都文化、船政文化、温泉文化、昙石山文化等多元文化特色，推动建设昙石山国家考古遗址公园。挖掘闽都历史文化遗产和山水、温泉资源禀赋，推进城市周边休闲、养生、度假产业发展，建设闽都文化魅力景观核。

闽侯县——《闽侯县国土空间总体规划(2021—2035年)》

提出重点保护昙石山特色历史文化街区，将闽侯县打造成为闽越风情生态文化旅游目的地，山江协作，塑造全域旅游品牌。以闽江为轴线，串联金水湖、闽越水镇、昙石山等旅游节点，构建滨江都市旅游风情带。

昙石山片区——《福建省闽侯县昙石山遗址保护规划》

在突出对文物本体及载体的合理保护前提下，根据文物保护范围内文物遗存及环境的特点和功能要求，划分五个区域，即遗址展示区、未发掘遗址保护区、遗址博物馆展示区、入口景区、综合服务区。

现状研判

历史文脉

历史悠久，人文厚重

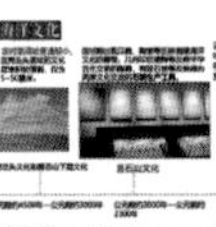

基地内有着丰富的历史资源，主要有物质文化遗产和非物质文化遗产两大类。物质文化遗产：基地中有着丰富的百年建筑遗存，如清末穿斗木构古厝建筑、福州传统柴栏厝民居形式以及祠堂等。

基地内的非物质文化遗产也十分丰富，以昙石山文化为代表的海洋文化纵横千年、底蕴深厚。基地内还有丰富的民俗文化，传承千年且极具代表性。基地内的大量宗教场所也承载了延续已久的宗教文化，是当地人的精神寄托。

价值埋没，丰而未展

影响力不足

昙石山文化目前面临影响力、知名度不足的问题，主要与其系统过于封闭、政府宣传手段不足以及所处地段较偏僻有关。

缺乏空间载体

民俗文化、宗教文化作为非物质文化遗产，承载其功能的空间载体尤为重要，目前基地内并无足够的空间载体以承载其功能。

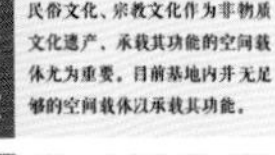

缺乏互动

目前基地内的各个文化要素均单独存在，宗教建筑独自建造包围，博物馆封闭程度过高等，使得三者并无任何联动效益。

生态格局

生态中脊，水脉渗透

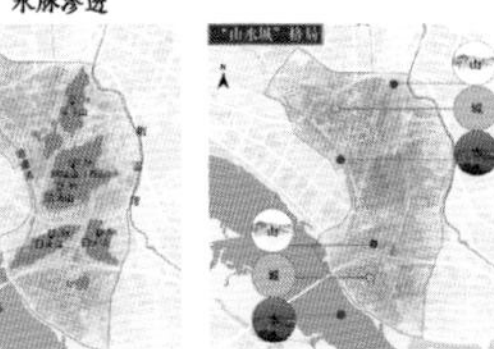

基地内共有一江两河四山，生态资源十分丰富，生态本底优良。

基地的最初选址具有明显的"背山面水"的思想观念，是对传统"风水"观念的继承。

西北侧自北向南由溪南山、洽浦山、西山、白头山至闽江，水系包括一江（闽江）两河（洽浦河、荆溪河），山水本底条件优良。

基地内村庄都选址于背山面水的地理位置，顺应自然的有利条件和地形地势，选在背山坡可阻挡冬季北下的冷空气，获得足够的太阳辐射；靠近水源，能够满足人们生产生活需求。

格局破碎，功能单一

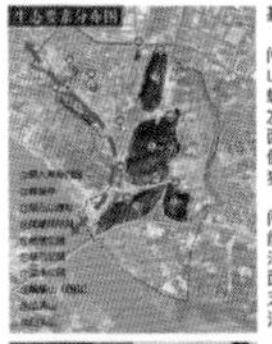

基地主要面临三大生态问题。

问题一：山水格局——山水视廊受阻，山水城关联性不强。

问题二：山水功能——山水价值未能挖掘，功能单一，活力不足。

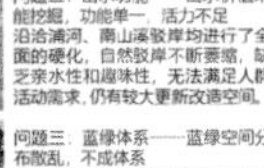

问题三：蓝绿体系——蓝绿空间分布散乱，不成体系。

初步构思

现状总结

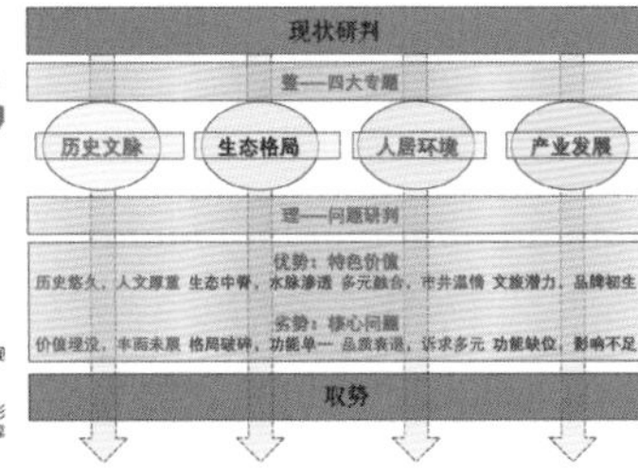

目标定位

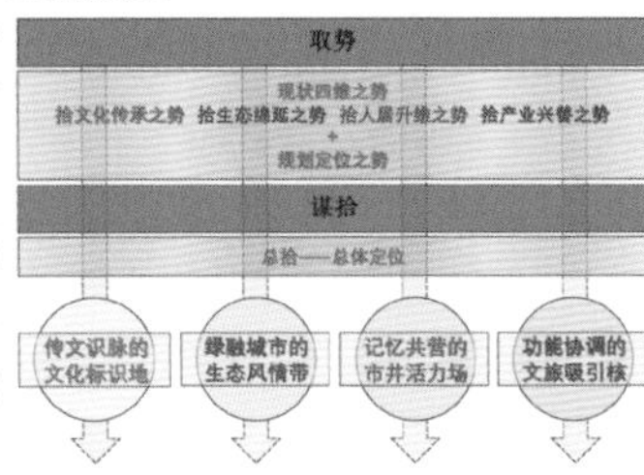

人居环境

多元交融，市井温情

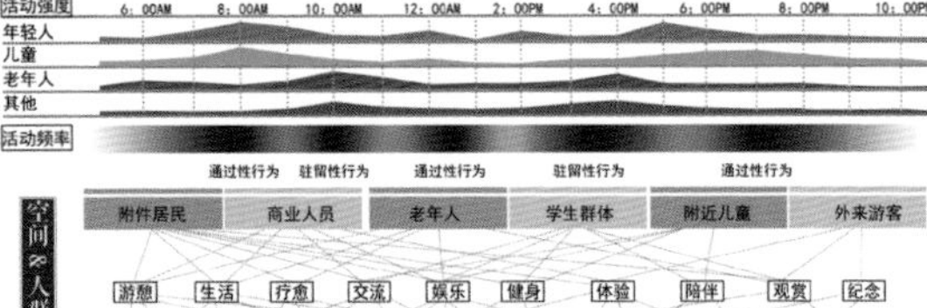

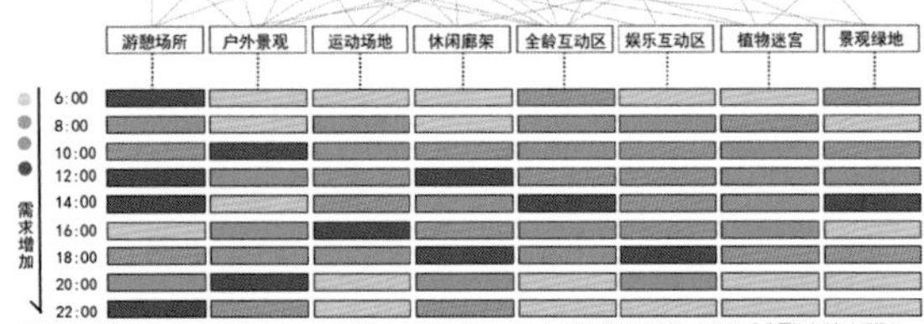

基地内人居有三大优势，分别为社会结构多元、承载独特记忆、市井氛围浓厚。其中，研究范围周边功能多样，人居空间在为周边产业与人群带来落脚与支撑的同时，周边产业也为研究范围内带来了生机与活力，形成多元化的社会结构，人群、文化、产业交融发展；城中村拥有其独特的社会、经济和文化价值，可承载外来的各种要素为其提供生长支撑，浓郁的烟火气为漂泊的游子带去市井而又温情的生活气息，宗族观念深入人心，祖宅、祠堂等都是游子在外漂泊的挂念，承载了他们对自己家乡的独特情感；本地人群有着自己独特的交往方式，有浓厚的民间生活气息和市井文化特色，不仅为居民提供了丰富多彩的生活体验，也为游客带来了独特的文化感受，同时也有利于和谐发展。

品质衰退，诉求多元

基地内用地混杂，土地集约节约利用效率有待提高。

基地内现状用地以城镇居住用地、农村居住用地、教育用地为主，并伴有其他各类用地。基地缺乏公共绿地，用地分布较为不均匀，亟待改善。

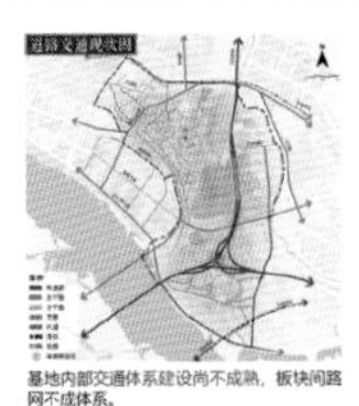

基地内部交通体系建设尚不成熟，板块间路网不成体系。

西侧甘蔗片区与东侧徐家村—溪下片区间，两条道路南北间距2千米，联系不紧密。

内部道路存在三岔路口、五岔路口以及断头路，有待优化。

公服设施多样丰富，文化、行政、医疗设施齐全，西侧的公服设施主要集中服务居民，东侧的公服设施侧重服务城市。

但公服设施现状覆盖率较低，且整体品质需要提升，无法满足多元人群的多重诉求，亟待优化。

产业发展

文旅潜力，品牌初生

研究范围内的特色品牌已经初具规模，以闽越文化品牌、海丝文化品牌、昙石山文化品牌与言娘文化品牌为代表，构成闽侯特色的"首邑文化"核心品牌。

福州"十四五"规划促进文旅产业发展，要打响"闽都文化"国际品牌。基地位于闽越风情旅游区的闽江风情带上，注重文旅资源利用与重点项目打造。

服务业提质增效，发展平台经济，持续开展系列文旅活动，打响闽侯县"福州周末旅游打卡地"品牌，打造文旅大产业。

功能缺位，影响不足

产业主要存在三个方面的问题。

问题一：文化消费体验差，游客群规模小，消费动力不足。昙石山及其周边旅游业态丰富程度与周边存在一定差距。周边发达的古镇旅游对昙石山片区同类旅游产品产生"阴影屏蔽"效应。

问题二：旅游产业发展基础薄弱，文旅产业体系建设尚未成形。由于缺乏优质运营商等原因，无法充分利用在地资源，未形成一定规模的旅游产业链。

问题三：业态功能配比不完善，未形成集聚效应，街区特色IP打造不成功。基地内相关文旅功能缺失，配套不完善，文化展示功能业态不足5%；闽侯主要商业项目分布于闽江两岸，未形成集聚效应。特色街区IP打造不成功，对青年群体的吸引力不足，招商引资能力弱，未体现特色历史街区魅力。

规划结构

空间结构图

规划形成一核双脊两带五廊多组团的结构。以昙石山文化公园为核心，以四座山体、闽江为脊，以洽浦河、荆溪河为发展轴，串联基地内不同功能的组团，形成联动效应，促进共同发展。

功能分区图

依据用地现状与历史遗产遗存，以问题与需求为导向，对空间功能进行织补，塑造昙石文化村、特色历史文化街区、非遗民俗展示街区、特色文化体验街区、山体公园休闲区等功能空间，优化业态结构，提升整体活力。

景观系统图

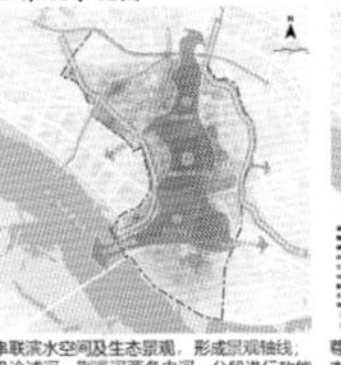

串联滨水空间及生态景观，形成景观轴线；

沿洽浦河、荆溪河两条内河，分段进行功能规划，打造多样沿河功能带；

发挥生态中脊的对外辐射作用，形成多向景观视廊；

以蓝绿空间为底，联系研究范围内外景观体系。

道路系统图

尊重原有道路空间，依据功能分布与城市生态空间肌底，织补片区路网，增加路网密度，分层分级规划道路体系。

对原有昙石山大道的五岔口进行了优化；

加强了基地东西两侧的联系；

优化内部道路，避免断头路与丁字路。

范围划定

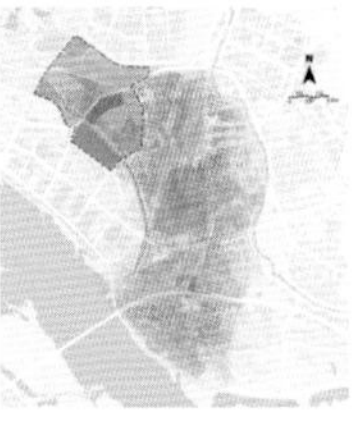

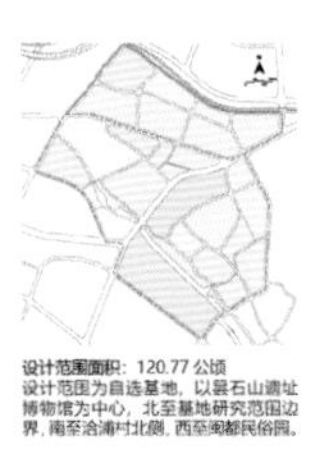

设计范围面积：120.77公顷

设计范围为自选基地，以昙石山遗址博物馆为中心，北至基地研究范围边界，南至洽浦村北侧，西至闽都民俗园。

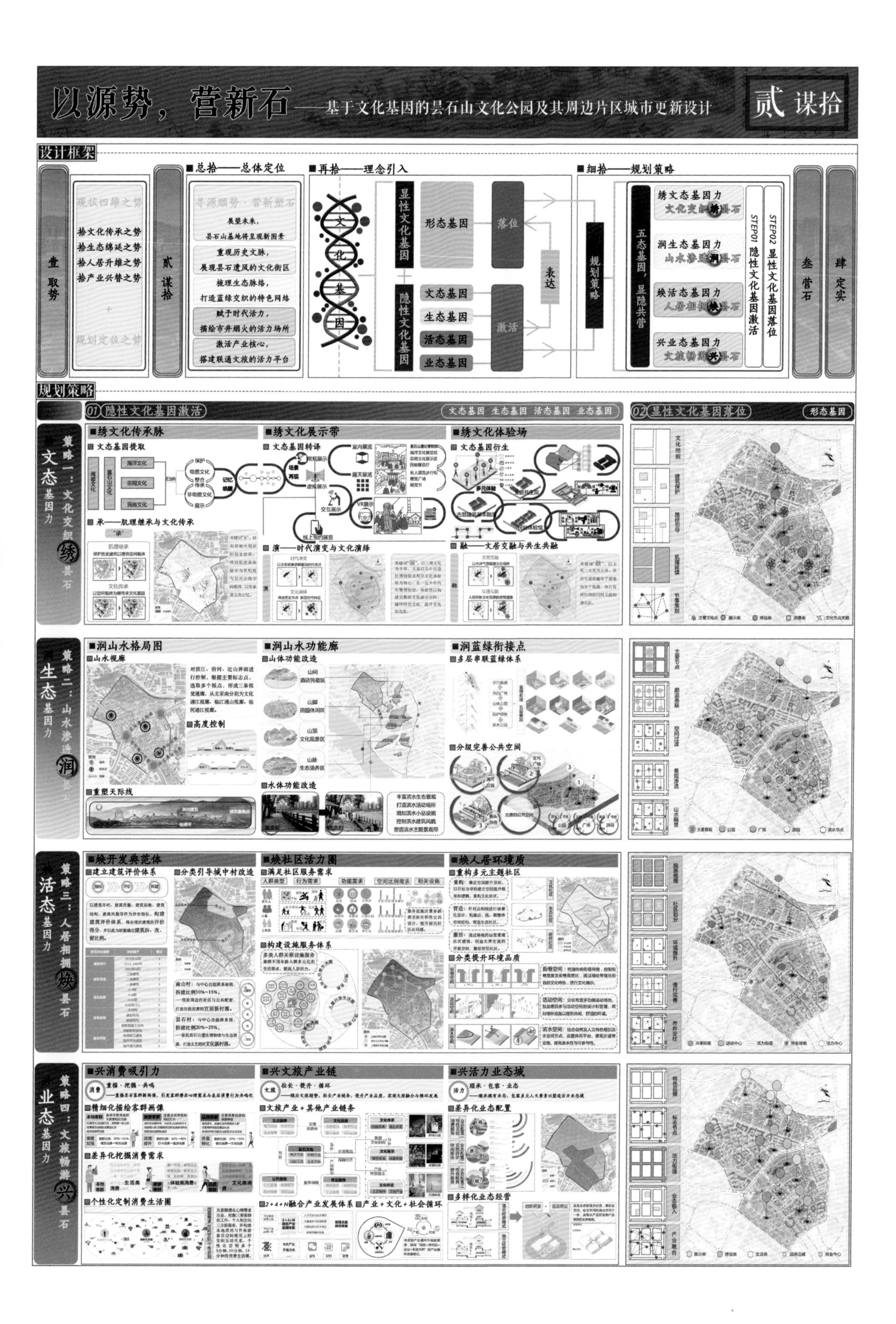
以源势，营新石——基于文化基因的昙石山文化公园及其周边片区城市更新设计
贰 谋拾
设计框架
壹 取势
现状四维之势
拾文化传承之势
拾生态绵延之势
拾人居升维之势
拾产业兴替之势
规划定位之势
贰 谋拾
■总拾——总体定位
寻源顺势·营新塑石
展望未来，昙石山基地将呈现新图景
重现历史文脉，展现昙石遗风的文化街区
梳理生态脉络，打造蓝绿交织的特色网络
赋予时代活力，描绘市井烟火的活力场所
激活产业核心，搭建联通文旅的活力平台
■再拾——理念引入
文化基因
显性文化基因
形态基因
落位
隐性文化基因
文态基因
生态基因
活态基因
业态基因
激活
表达
■细拾——规划策略
规划策略
五态基因，显隐共营
绣文态基因力 文化交织绣昙石
润生态基因力 山水渗透润昙石
焕活态基因力 人居相拥焕昙石
兴业态基因力 文旅畅游兴昙石
STEP01 隐性文化基因激活
STEP02 显性文化基因落位
叁 营石
肆 定实
规划策略
01 隐性文化基因激活
文态基因 生态基因 活态基因 业态基因
02 显性文化基因落位
形态基因
策略一：文化交织绣昙石 文态基因力
■绣文化传承脉
■文态基因提取
■承——肌理继承与文化传承
■绣文化展示带
■文态基因转译
■演——时代演变与文化演绎
■绣文化体验场
■文态基因衍生
■融——文居交融与共生共融
策略二：山水渗透润昙石 生态基因力
■润山水格局图
■山水视廊
■高度控制
■重塑天际线
■润山水功能廊
■山体功能改造
■水体功能改造
■润蓝绿街接点
■多层串联蓝绿体系
■分级完善公共空间
策略三：人居相拥焕昙石 活态基因力
■焕开发典范体
■建立建筑评价体系
■分类引导城中村改造
■焕社区活力圈
■满足社区服务需求
■构建设施服务体系
■焕人居环境质
■重构多元主题社区
■分类提升环境品质
策略四：文旅畅游兴昙石 业态基因力
■兴消费吸引力
■精细化描绘客群画像
■差异化挖掘消费需求
■个性化定制消费生活圈
■兴文旅产业链
■文旅产业+其他产业链条
■2+4+N融合产业发展体系
■产业+文化+社会循环
■兴活力业态城
■差异化业态配置
■多样化业态经营

以源势，营新石——基于文化基因的昙石山文化公园及其周边片区城市更新设计

叁 营石

总平面图

总平面标注

01 昙石山遗址博物馆
02 人才公寓
03 名人展览步行街
04 爱心楼
05 中国邮政储蓄银行
06 三福小区
07 三福商贸市场
08 体育运动中心
09 南山村
10 闽侯县税务局甘蔗税务分局
11 南山安置房
12 三福花园
13 象屿美的·公园天下
14 文化活动中心
15 民俗展览厅
16 特色民俗风情街
17 横屿花园
18 青年创业基地
19 滨河景观公园
20 阳光幼儿园
21 社区服务中心
22 横屿邮电新村
23 海洋文化展览馆
24 昙石山特色历史文化街区
25 新城丽景
26 公共停车场
27 珠岩寺
28 黄氏宗祠
29 文博花园
30 闽侯县实验小学
31 昙石村安置房
32 昙石村
33 村民活动中心
34 民俗文化体验街区
35 滨河文化公园
36 昙石山文化公园
37 文创商业街区
38 宗祠文化展览区
39 闽都民俗园
40 游客服务中心
41 宗祠文化展览馆
42 活力环桥

技术经济指标

总用地面积：120.77 hm²
总建筑面积：161.83m²
其中，
保留：51.3%
改建：18.6%
新建：30.1%
建筑密度：34.52%
容积率：1.34
绿地率：37.22%

图例

历史保护建筑
保留传统民居
保留传统建筑
保留一般建筑
改建传统建筑
新建公共建筑
道路中心线
遗址公园范围线
重点片区范围线

规划分析图

规划结构分析图

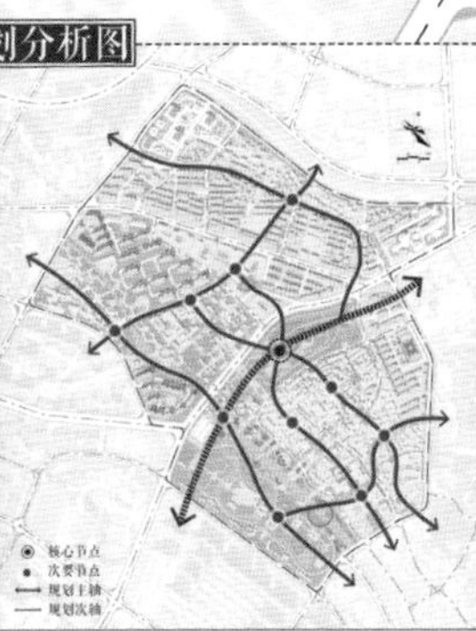

功能布局规划图

道路系统规划图

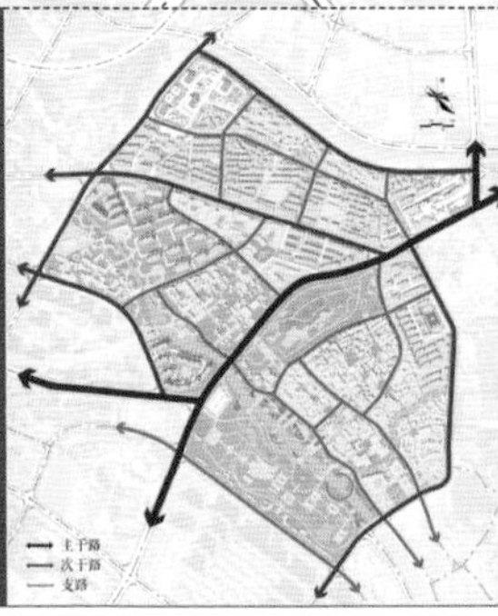

游览路线规划图

以源势，营新石——基于文化基因的昙石山文化公园及其周边片区城市更新设计 肆 定实

全局鸟瞰图

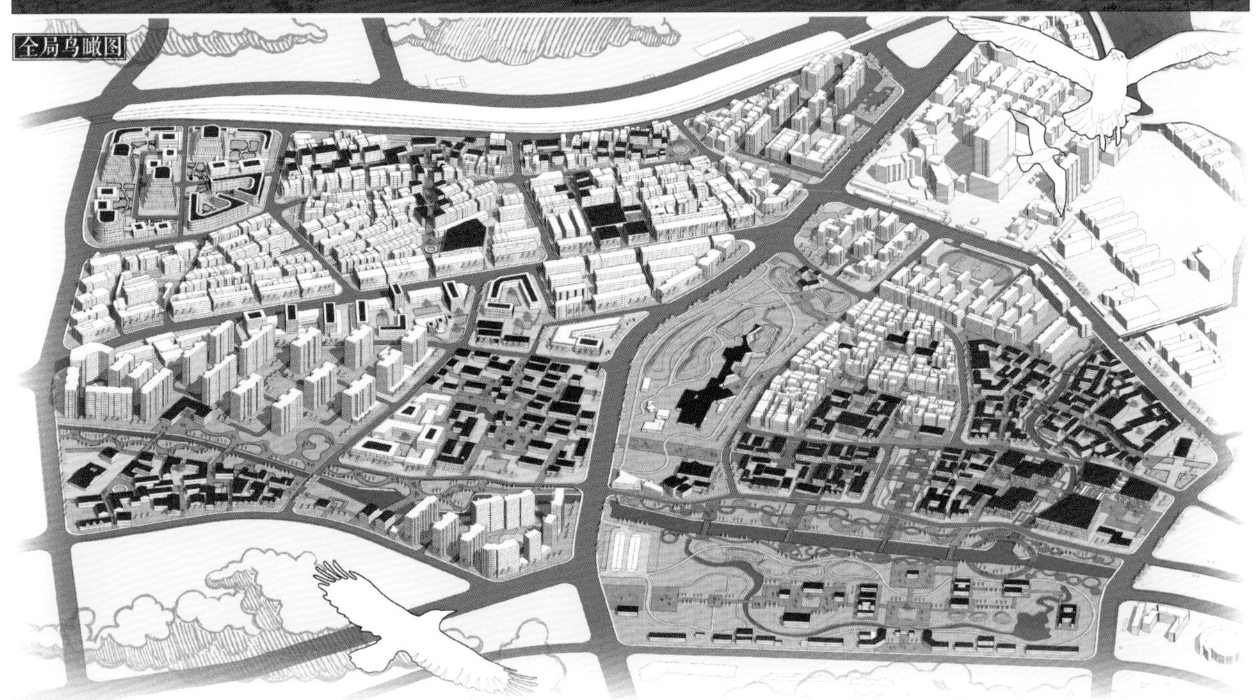

重点地段一

■范围示意图

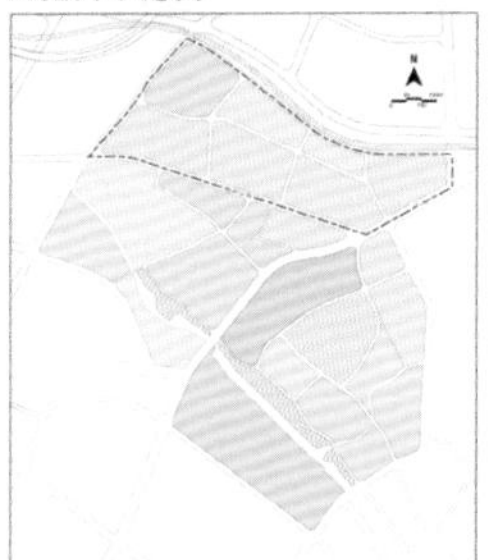

■用地规划图

本规划地块以 R 类用地为主，B 类用地为辅。R 类用地主要用于居住，旨在提供高质量的居住环境和社区设施，满足人们的生活需求。B 类用地则侧重于商业和服务业的发展，以提供便利的购物、餐饮和娱乐等服务设施。

■空间结构图

规划形成了“一脊两轴多节点”的空间结构。
一脊：步行主街道，以人才公寓为起点，至闽侯县税务局结束。
两轴：步行副街道，与主街汇聚后形成 T 字形公共空间。
多节点：基地内部保留的历史建筑、街角绿地等节点。

■效果图

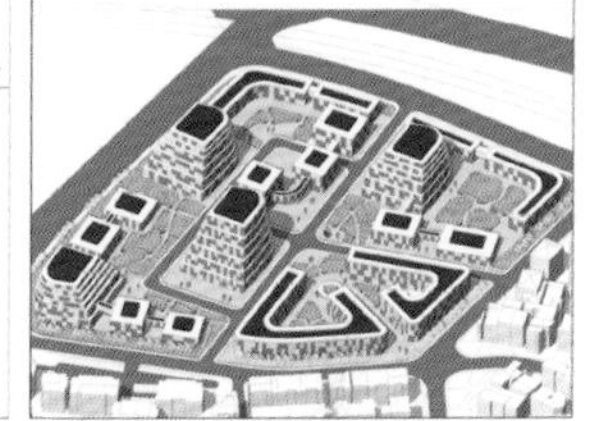

图中展示了该地段最北侧的 B1、B2 用地片区。其主要功能为创新创业、商业服务等，主要起到吸引青年群体的作用，在为基地未来的发展注入新鲜血液的同时，完善社区生活服务圈等级，丰富其圈层。

重点地段二

■范围示意图

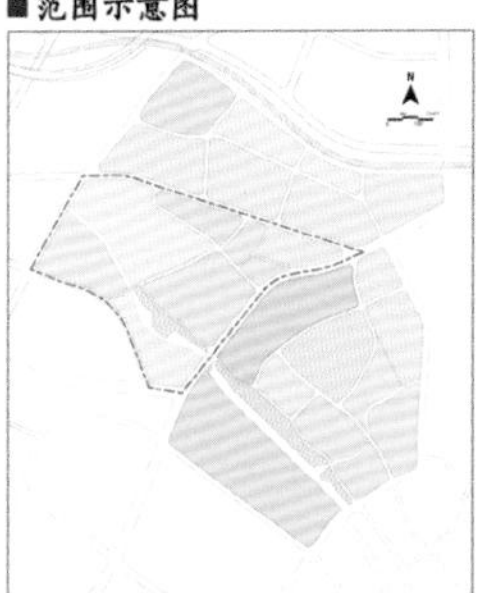

■用地规划图

本规划地块以 B 类用地为主，R 类用地为辅。B 类用地主要为与历史文化相关的商业区，旨在完善基地文旅发展体系；R 类用地主要为保留的高层、多层住区。同时基地内有自然水域，并在其两侧设置了相应的公园绿地以增强驳岸的亲水性。

■空间结构图

将沿浦河水系作为地段内部主要景观带，在保留原有景观的基础上向外延伸，在各功能区设置景观节点，形成丰富的景观系统，充分发挥该地段的生态资源优势。景观节点：特色的景观设计公共空间形成节点。景观轴线：串联滨水及公共空间形成景观轴线。

■效果图

图中展示了该地段中部北侧的 B2 片区。其主要功能为商务办公、文化创新等，其东南角还有一处幼儿园，用于满足周围原住民的需求。其与其他历史文化街区相互影响，带动基地文旅产业发展。

重点地段三

■范围示意图

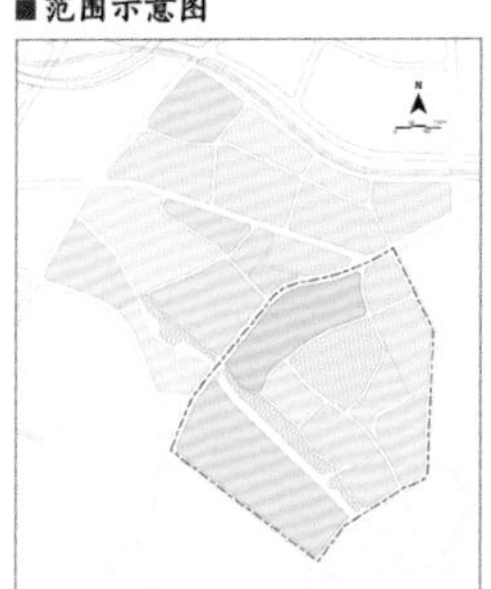

■开发时序图

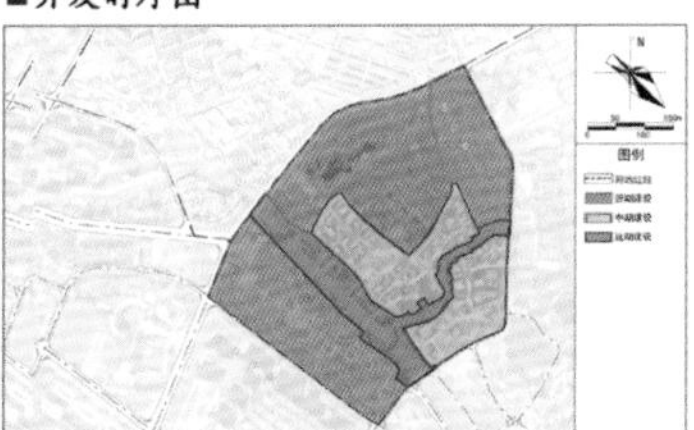

近期建设的地块更新难度较低，应优先完善公共服务设施和道路网络，拓展第三产业发展空间，从而提高整体改造潜力。
中期建设的地块多为建筑较好但土地价值较低或用地与片区未来发展目标不相符的地块，同时进行产业升级和优化布局。

■空间结构图

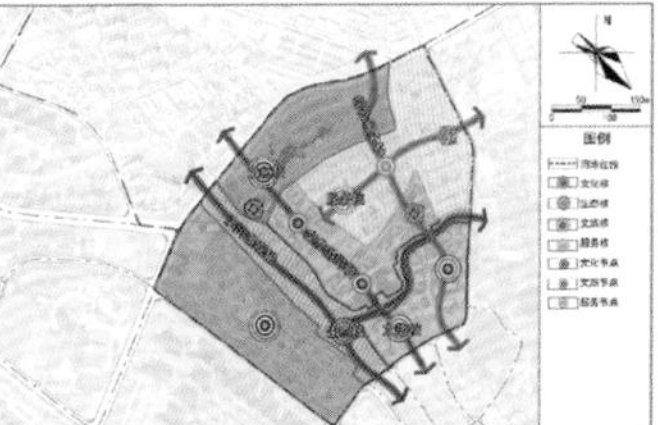

依托重点地段现有功能和更新目标布局功能分区，顺承基地层面的规划结构，注重以昙石山文化公园为核心的文化功能，沿沿浦河塑造滨河景观轴，打造以文、绿、居、业为引领的四大分区。规划形成“两横三纵四核多点四分区”的功能结构。

■效果图

安徽建筑大学

寻根溯源

——昙石山文化公园及其周边片区城市更新设计 / 王黎旭 王骞

塑文心绿脉　慢连昙石新境

——“慢城共享”理念下的福州市昙石山文化公园及其周边片区城市更新设计

/ 高浩然 王聪

古今文脉藏烟火，山水悠游绕家园

——昙石山文化公园及其周边片区城市更新设计 / 李羽玉 王樾

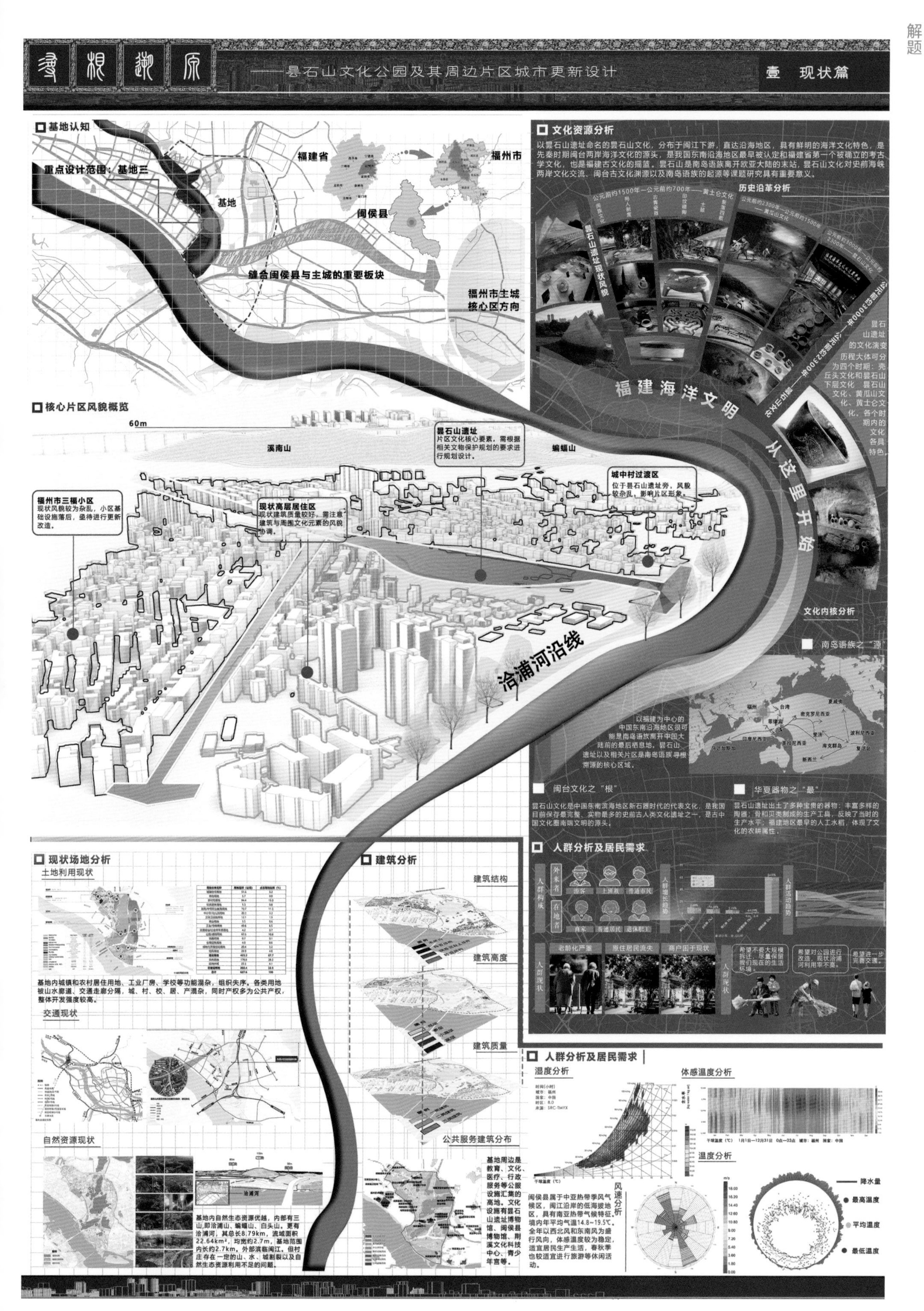

寻根溯原
——昙石山文化公园及其周边片区城市更新设计
壹 现状篇
基地认知
重点设计范围：基地三
福建省
福州市
基地
闽侯县
缝合闽侯县与主城的重要板块
福州市主城核心区方向
文化资源分析
以昙石山遗址命名的昙石山文化，分布于闽江下游，直达沿海地区，具有鲜明的海洋文化特色，是先秦时期闽台两岸海洋文化的源头，是我国东南沿海地区最早被认定和福建省第一个被确立的考古学文化，也是福建古文化的摇篮。昙石山是南岛语族离开欧亚大陆的末站，昙石山文化对史前海峡两岸文化交流、闽台古文化渊源以及南岛语族的起源等课题研究具有重要意义。
历史沿革分析
昙石山遗址现状风貌
福建海洋文明 从这里开始
昙石山遗址的文化演变历程大体可分为四个时期：壳丘头文化和昙石山下层文化、昙石山文化、黄瓜山文化、黄土仑文化，各个时期内的文化各具特色。
核心片区风貌概览
60m
溪南山
蝙蝠山
昙石山遗址
片区文化核心要素，需根据相关文物保护规划的要求进行规划设计。
城中村过渡区
位于昙石山遗址旁，风貌较杂乱，影响片区形象。
福州市三福小区
现状风貌较为杂乱，小区基础设施落后，亟待进行更新改造。
现状高层居住区
现状建筑质量较好，需注意建筑与周围文化元素的风貌协调。
浯浦河沿线
文化内核分析
南岛语族之“源”
以福建为中心的中国东南沿海地区很可能是南岛语族离开中国大陆前的最后栖息地。昙石山遗址以及相关片区是南岛语族寻根溯源的核心区域。
福州
台湾
闽台文化之“根”
昙石山文化是中国东南滨海地区新石器时代的代表文化，是我国目前保存最完整、实物最多的史前古人类文化遗址之一，是古中国文化圈南端文明的源头。
华夏器物之“最”
昙石山遗址出土了多种宝贵的器物：丰富多样的陶器，骨和贝类制成的生产工具，反映了当时的生产水平。福建地区最早的人工水稻，体现了文化的农耕属性。
人群分析及居民需求
人群构成
外来者
游客
上班族
普通市民
在地者
商家
普通居民
退休职工
人群活动趋势
人群现状
老龄化严重
原住居民流失
商户困于现状
希望不要大规模拆迁，尽量保留我们现在的生活环境。
希望对公园进行改造，现状浯浦河利用率不高。
希望进一步完善交通。
现状场地分析
土地利用现状
基地内城镇和农村居住用地、工业厂房、学校等功能混杂，组织失序。各类用地被山水廊道、交通走廊分隔，城、村、校、居、产混杂，同时产权多为公共产权，整体开发强度较高。
交通现状
自然资源现状
浯浦河
基地内自然生态资源优越，内部有三山，即浯浦山、蝙蝠山、白头山，更有浯浦河，其总长8.79km，流域面积22.64km²，均宽约2.7m，基地范围内长约2.7km，外部濒临闽江，但村庄存在一定的山、水、城割裂以及自然生态资源利用不足的问题。
建筑分析
建筑结构
建筑高度
建筑质量
公共服务建筑分布
基地周边是教育、文化、医疗、行政服务等公服设施汇集的高地。文化设施有昙石山遗址博物馆、闽侯县博物馆、荆溪文化科技中心、青少年宫等。
人群分析及居民需求
湿度分析
体感温度分析
温度分析
风速分析
闽侯县属于中亚热带季风气候区，闽江沿岸的低海拔地区，具有南亚热带气候特征，境内年平均气温14.8~19.5℃。全年以西北风和东南风为盛行风向，体感温度较为稳定，适宜居民生产生活，春秋季也较适宜进行旅游等休闲活动。
降水量
最高温度
平均温度
最低温度

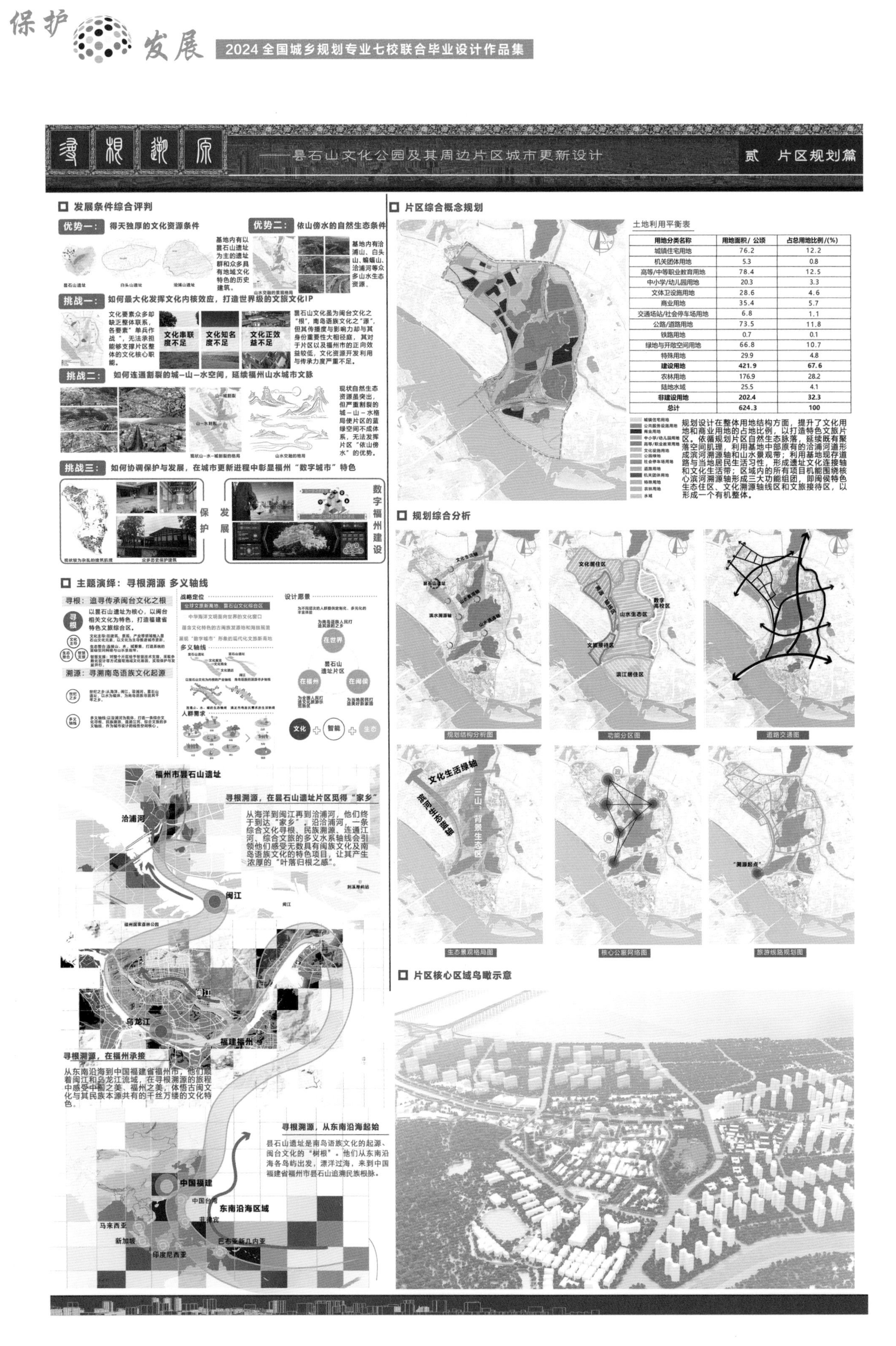

土地利用平衡表

用地分类名称	用地面积/ 公顷	占总用地比例/(%)
城镇住宅用地	76.2	12.2
机关团体用地	5.3	0.8
高等/中等职业教育用地	78.4	12.5
中小学/幼儿园用地	20.3	3.3
文体卫设施用地	28.6	4.6
商业用地	35.4	5.7
交通场站/社会停车场用地	6.8	1.1
公路/道路用地	73.5	11.8
铁路用地	0.7	0.1
绿地与开敞空间用地	66.8	10.7
特殊用地	29.9	4.8
建设用地	**421.9**	**67.6**
农林用地	176.9	28.2
陆地水域	25.5	4.1
非建设用地	**202.4**	**32.3**
总计	**624.3**	**100**

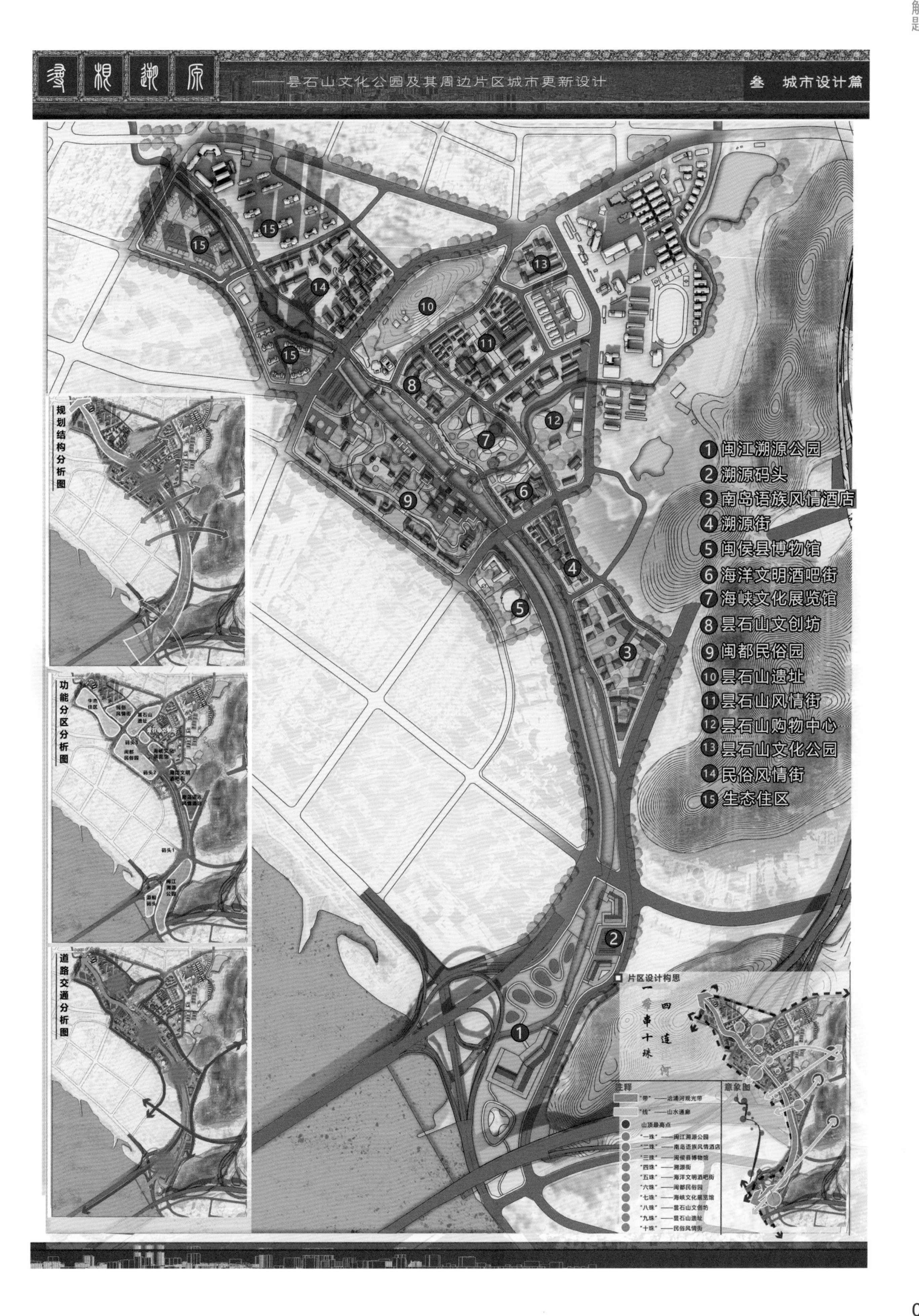

寻根溯源
——昙石山文化公园及其周边片区城市更新设计
叁 城市设计篇
1 闽江溯源公园
2 溯源码头
3 南岛语族风情酒店
4 溯源街
5 闽侯县博物馆
6 海洋文明酒吧街
7 海峡文化展览馆
8 昙石山文创坊
9 闽都民俗园
10 昙石山遗址
11 昙石山风情街
12 昙石山购物中心
13 昙石山文化公园
14 民俗风情街
15 生态住区
规划结构分析图
功能分区分析图
道路交通分析图
片区设计构思
一带串十珠 四莲河
注释
意象图

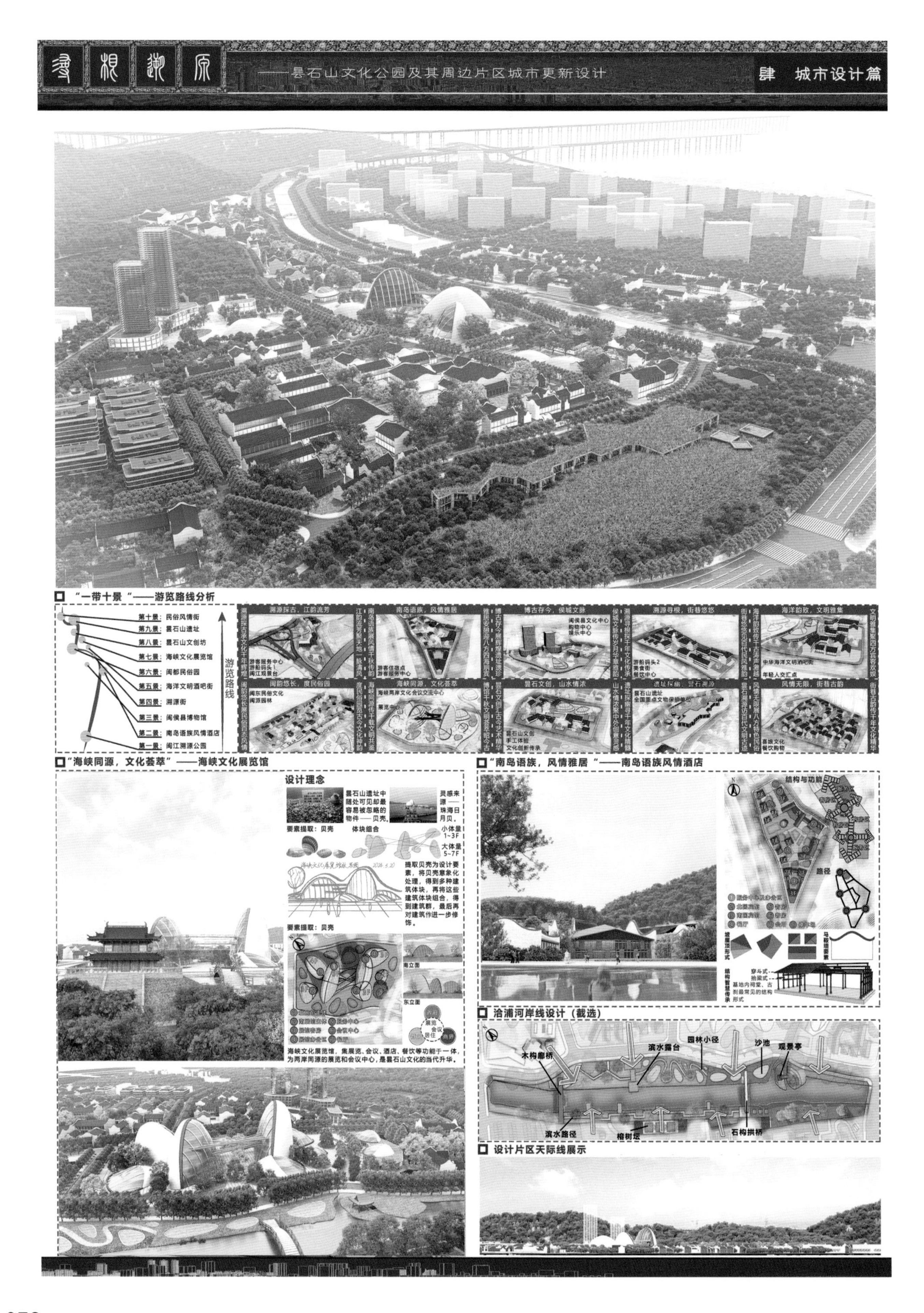

寻根溯源
——昙石山文化公园及其周边片区城市更新设计
肆 城市设计篇
"一带十景"——游览路线分析
第十景：民俗风情街
第九景：昙石山遗址
第八景：昙石山文创坊
第七景：海峡文化展览馆
第六景：闽都民俗园
第五景：海洋文明酒吧街
第四景：溯源街
第三景：闽侯县博物馆
第二景：南岛语族风情酒店
第一景：闽江溯源公园
游览路线
溯源探古，江韵流芳
游客服务中心
游船码头1
闽江观景台
南岛语族，风情雅居
游客住宿点
游客服务中心
博古存今，侯城文脉
闽侯县文化中心
购物中心
娱乐中心
溯源寻根，街巷悠悠
游船码头2
美食街
餐饮中心
海洋韵致，文明雅集
中华海洋文明酒吧街
年轻人交汇点
闽韵悠长，度民俗园
闽东民俗文化
闽派园林
海峡同源，文化荟萃
海峡两岸文化会议交流中心
展览中心
昙石文创，山水情浓
昙石山文创
手工体验
文化创新传承
遗址探幽，昙石溯源
昙石山遗址
全国重点文物保护单位
风情无限，街巷古韵
畲族文化
餐饮购物
"海峡同源，文化荟萃"——海峡文化展览馆
设计理念
昙石山遗址中随处可见却最容易被忽略的物件——贝壳。
灵感来源——珠海日月贝。
要素提取：贝壳
体块组合
小体量 1~3F
大体量 5~7F
提取贝壳为设计要素，将贝壳意象化处理，得到多种建筑体块，再将这些建筑体块组合，得到建筑群，最后再对建筑作进一步修饰。
要素提取：贝壳
南立面
东立面
海峡文化展览馆，集展览、会议、酒店、餐饮等功能于一体，为两岸同源的展览和会议中心，是昙石山文化的当代升华。
"南岛语族，风情雅居"——南岛语族风情酒店
结构与功能
路径
洽浦河岸线设计（截选）
木构廊桥
滨水露台
园林小径
沙池
观景亭
滨水路径
榕树坛
石构拱桥
设计片区天际线展示

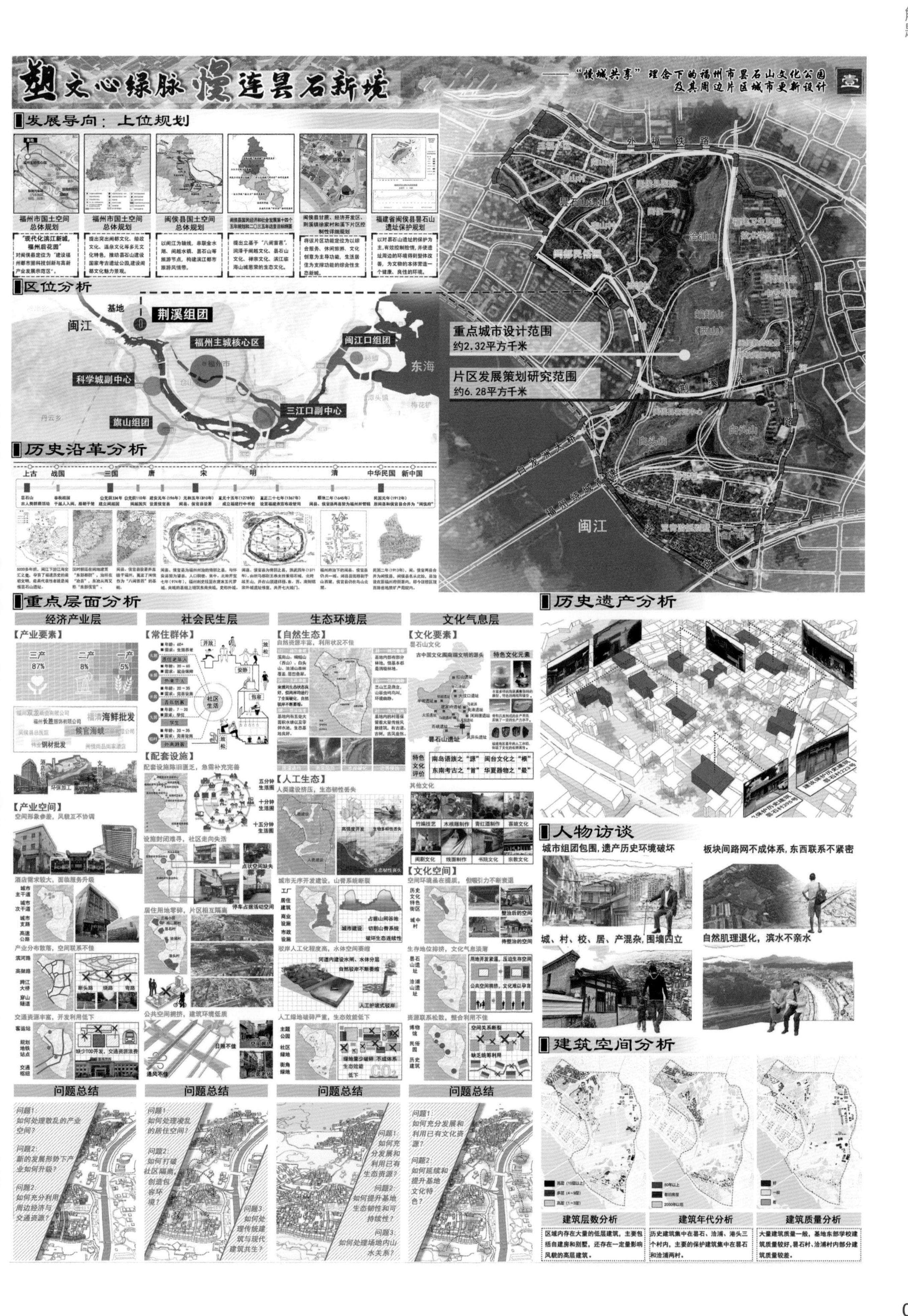

塑文心绿脉 慢连昙石新境
——"慢城共享"理念下的福州市昙石山文化公园及其周边片区城市更新设计
壹
发展导向：上位规划
区位分析
历史沿革分析
重点层面分析
历史遗产分析
人物访谈
建筑空间分析
重点城市设计范围 约2.32平方千米
片区发展策划研究范围 约6.28平方千米
经济产业层
社会民生层
生态环境层
文化气息层
问题总结
建筑层数分析
建筑年代分析
建筑质量分析

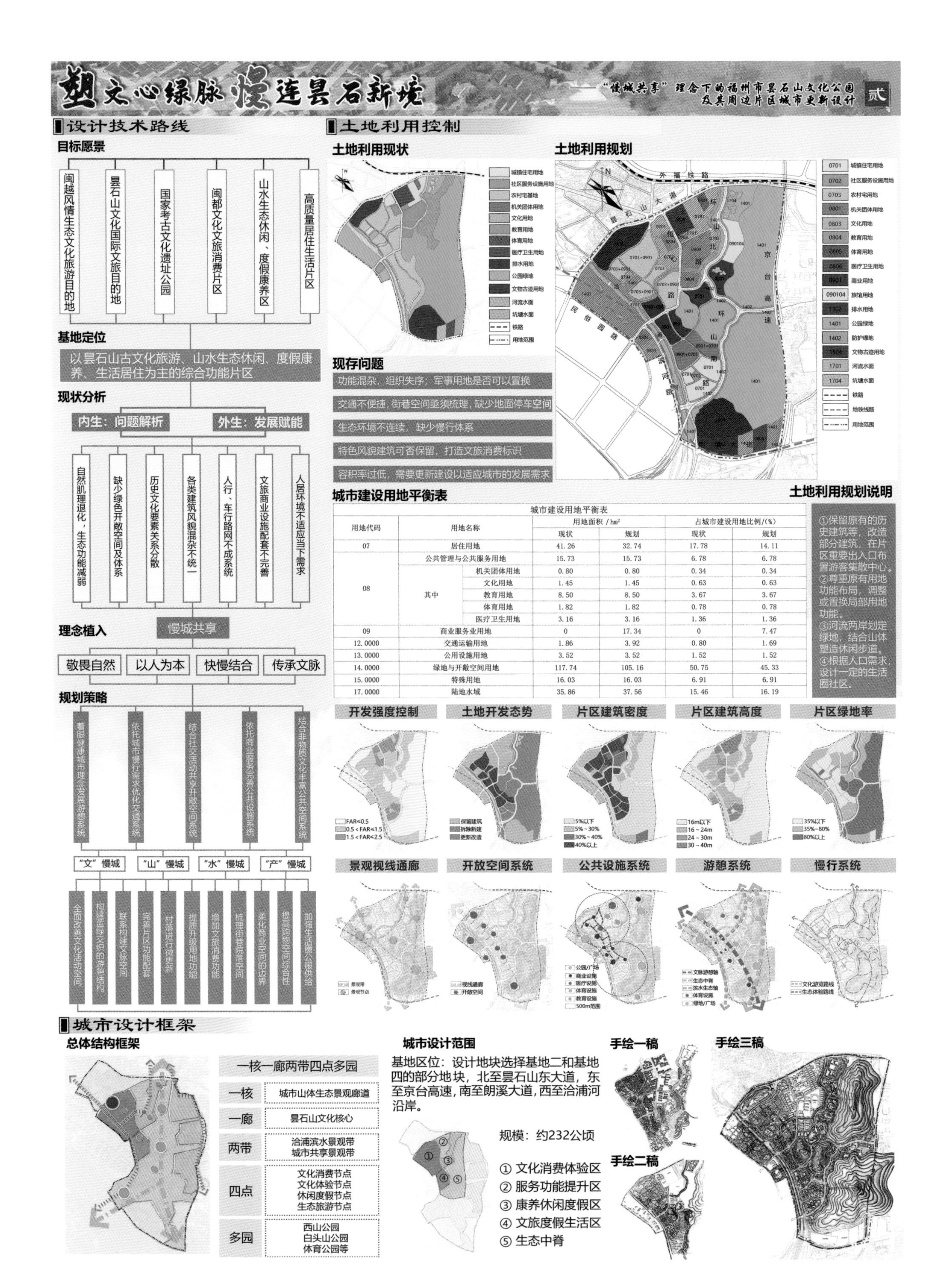

城市建设用地平衡表

用地代码	用地名称		用地面积 / hm²		占城市建设用地比例/(%)	
			现状	规划	现状	规划
07	居住用地		41.26	32.74	17.78	14.11
08	公共管理与公共服务用地		15.73	15.73	6.78	6.78
	其中	机关团体用地	0.80	0.80	0.34	0.34
		文化用地	1.45	1.45	0.63	0.63
		教育用地	8.50	8.50	3.67	3.67
		体育用地	1.82	1.82	0.78	0.78
		医疗卫生用地	3.16	3.16	1.36	1.36
09	商业服务业用地		0	17.34	0	7.47
12.0000	交通运输用地		1.86	3.92	0.80	1.69
13.0000	公用设施用地		3.52	3.52	1.52	1.52
14.0000	绿地与开敞空间用地		117.74	105.16	50.75	45.33
15.0000	特殊用地		16.03	16.03	6.91	6.91
17.0000	陆地水域		35.86	37.56	15.46	16.19

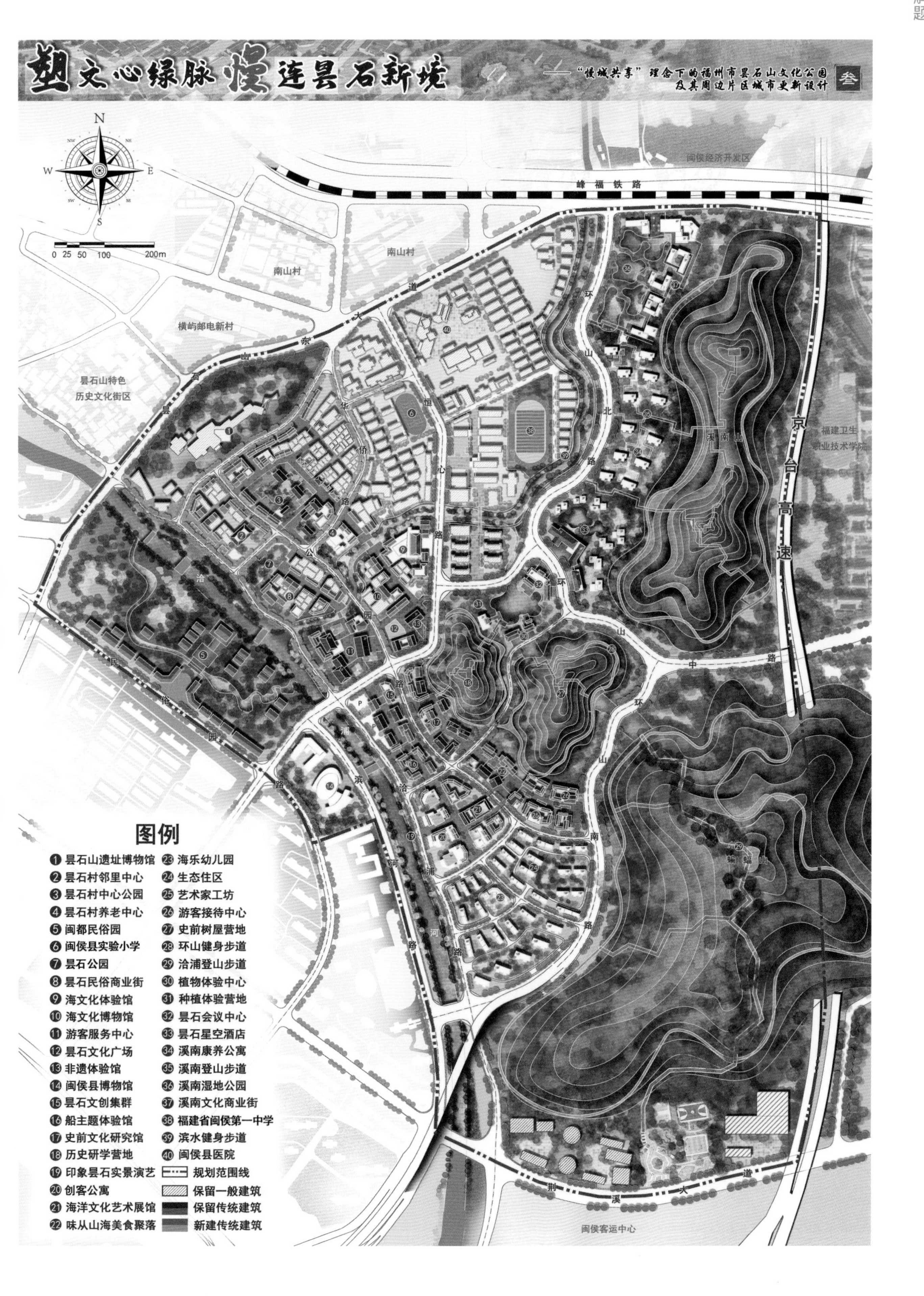

塑文心绿脉 慢连昙石新境
——"慢城共享"理念下的福州市昙石山文化公园
及其周边片区城市更新设计
叁
N
S
W
E
0 25 50 100 200m
闽侯经济开发区
峰福铁路
南山村
横屿邮电新村
昙石山特色
历史文化街区
福建卫生
职业技术学院
京台高速
溪南山
山中路
闽侯客运中心
荆溪大道
图例
❶ 昙石山遗址博物馆
❷ 昙石村邻里中心
❸ 昙石村中心公园
❹ 昙石村养老中心
❺ 闽都民俗园
❻ 闽侯县实验小学
❼ 昙石公园
❽ 昙石民俗商业街
❾ 海文化体验馆
❿ 海文化博物馆
⓫ 游客服务中心
⓬ 昙石文化广场
⓭ 非遗体验馆
⓮ 闽侯县博物馆
⓯ 昙石文创集群
⓰ 船主题体验馆
⓱ 史前文化研究馆
⓲ 历史研学营地
⓳ 印象昙石实景演艺
⓴ 创客公寓
㉑ 海洋文化艺术展馆
㉒ 味从山海美食聚落
㉓ 海乐幼儿园
㉔ 生态住区
㉕ 艺术家工坊
㉖ 游客接待中心
㉗ 史前树屋营地
㉘ 环山健身步道
㉙ 洽浦登山步道
㉚ 植物体验中心
㉛ 种植体验营地
㉜ 昙石会议中心
㉝ 昙石星空酒店
㉞ 溪南康养公寓
㉟ 溪南登山步道
㊱ 溪南湿地公园
㊲ 溪南文化商业街
㊳ 福建省闽侯第一中学
㊴ 滨水健身步道
㊵ 闽侯县医院
规划范围线
保留一般建筑
保留传统建筑
新建传统建筑

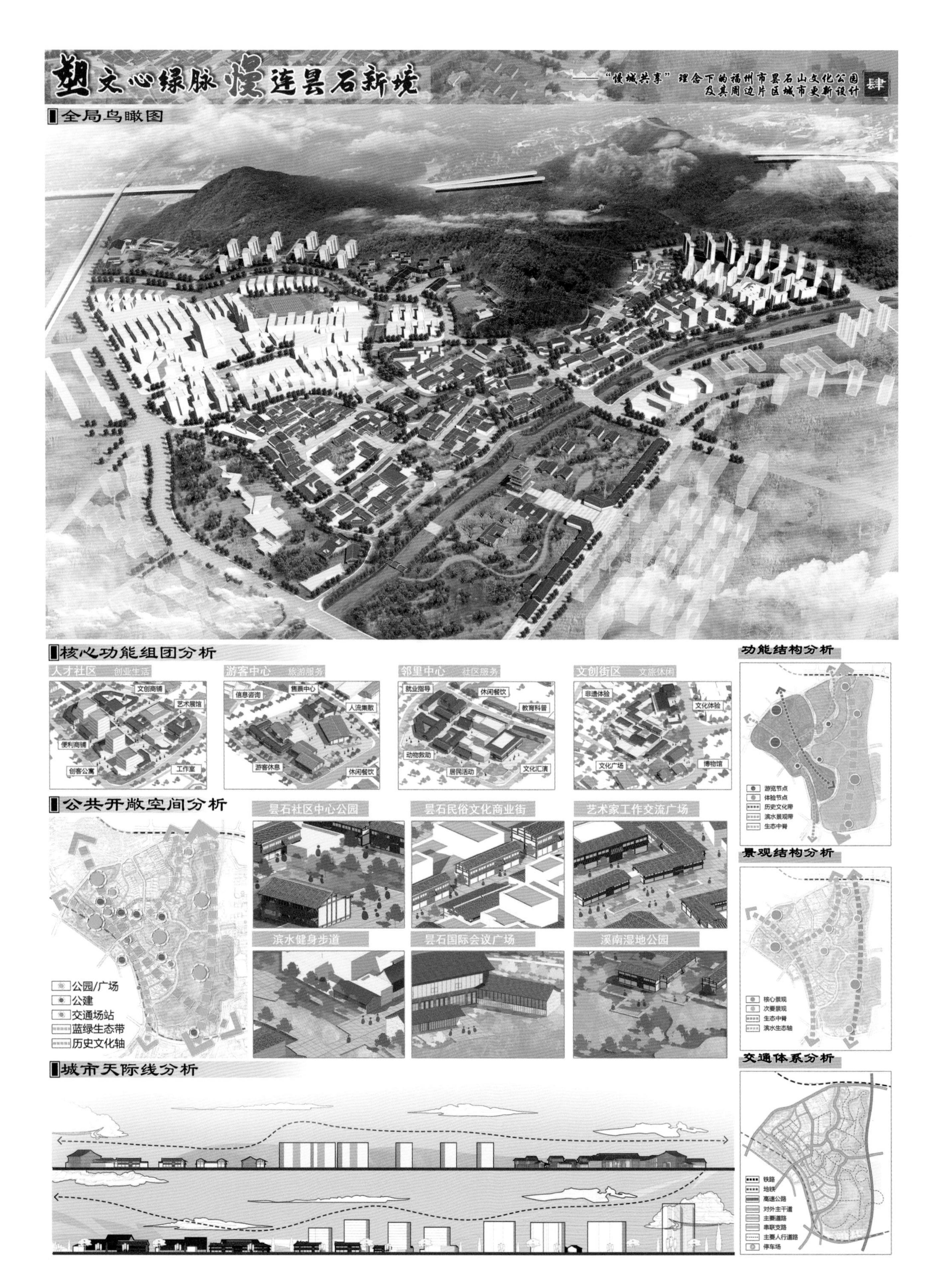
塑文心绿脉 慢连昙石新境
——"慢城共享"理念下的福州市昙石山文化公园及其周边片区城市更新设计
肆
全局鸟瞰图
核心功能组团分析
人才社区 创业生活
文创商铺
艺术展馆
便利商铺
创客公寓
工作室
游客中心 旅游服务
信息咨询
售票中心
人流集散
游客休息
休闲餐饮
邻里中心 社区服务
就业指导
休闲餐饮
教育科普
动物救助
居民活动
文化汇演
文创街区 文旅休闲
非遗体验
文化体验
文化广场
博物馆
功能结构分析
游览节点
体验节点
历史文化带
滨水景观带
生态中脊
公共开敞空间分析
公园/广场
公建
交通场站
蓝绿生态带
历史文化轴
昙石社区中心公园
昙石民俗文化商业街
艺术家工作交流广场
滨水健身步道
昙石国际会议广场
溪南湿地公园
景观结构分析
核心景观
次要景观
生态中脊
滨水生态轴
城市天际线分析
交通体系分析
铁路
地铁
高速公路
对外主干道
主要道路
串联支路
主要人行道路
停车场

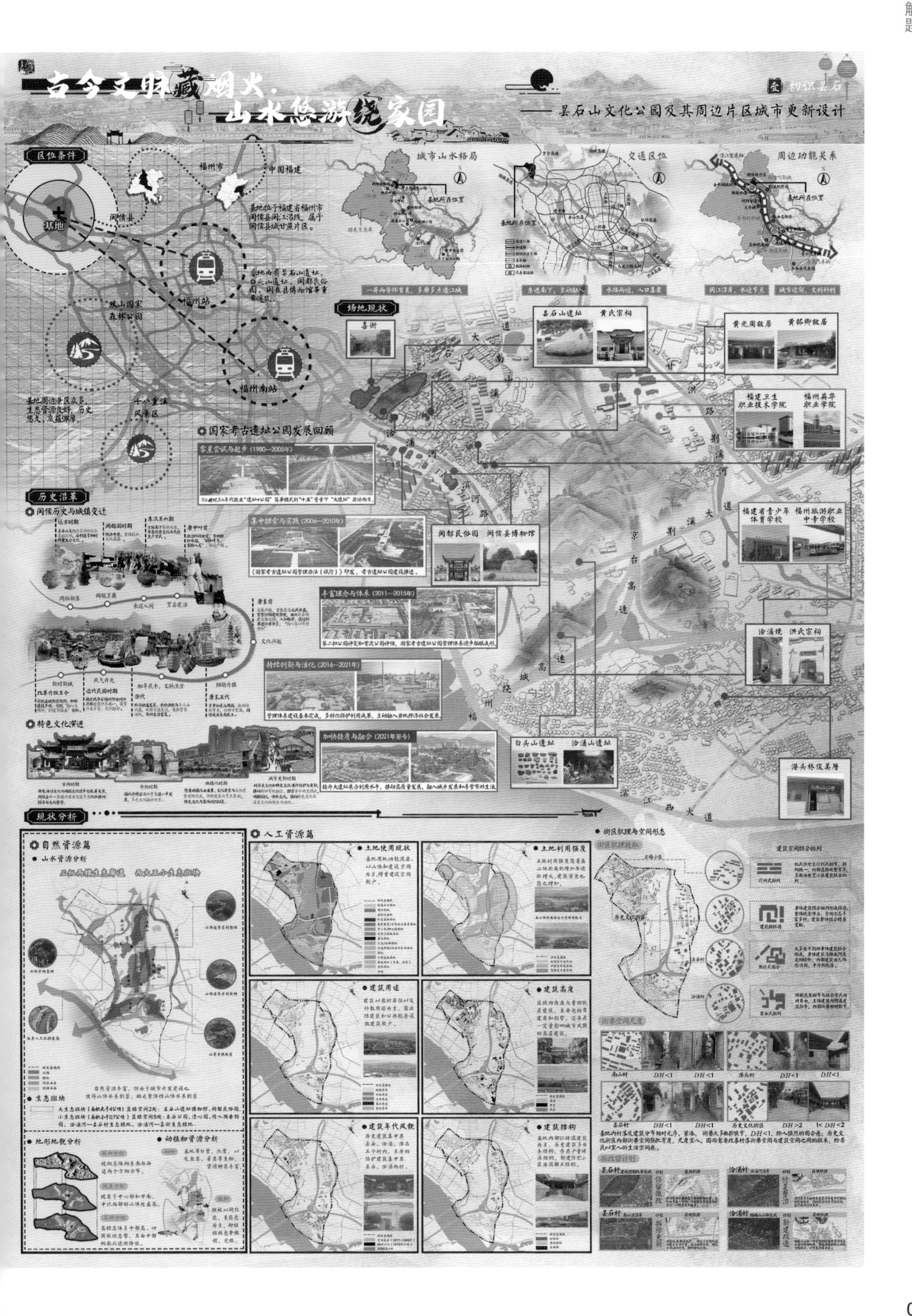
古今文脉藏烟火，山水悠游绕家园
——昙石山文化公园及其周边片区城市更新设计
初识昙石
区位条件
城市山水格局
交通区位
周边功能关系
场地现状
国家考古遗址公园发展回顾
历史沿革
闽侯历史与城镇变迁
特色文化演进
现状分析
自然资源篇
山水资源分析
生态斑块
地形地貌分析
动植物资源分析
人工资源篇
土地使用现状
土地利用强度
建筑用途
建筑高度
建筑年代风貌
建筑结构
街区肌理与空间形态
昙石山遗址
黄氏宗祠
黄兆周故居
黄邹御故居
福建卫生职业技术学院
福建英华职业学院
福建省青少年体育学校
福州旅游职业中专学校
闽都民俗园
闽侯县博物馆
洽浦境
洪氏宗祠
白头山遗址
洽涌山遗址
港头林俊英厝
福州站
福州南站
福州市
中国福建
闽侯县
基地

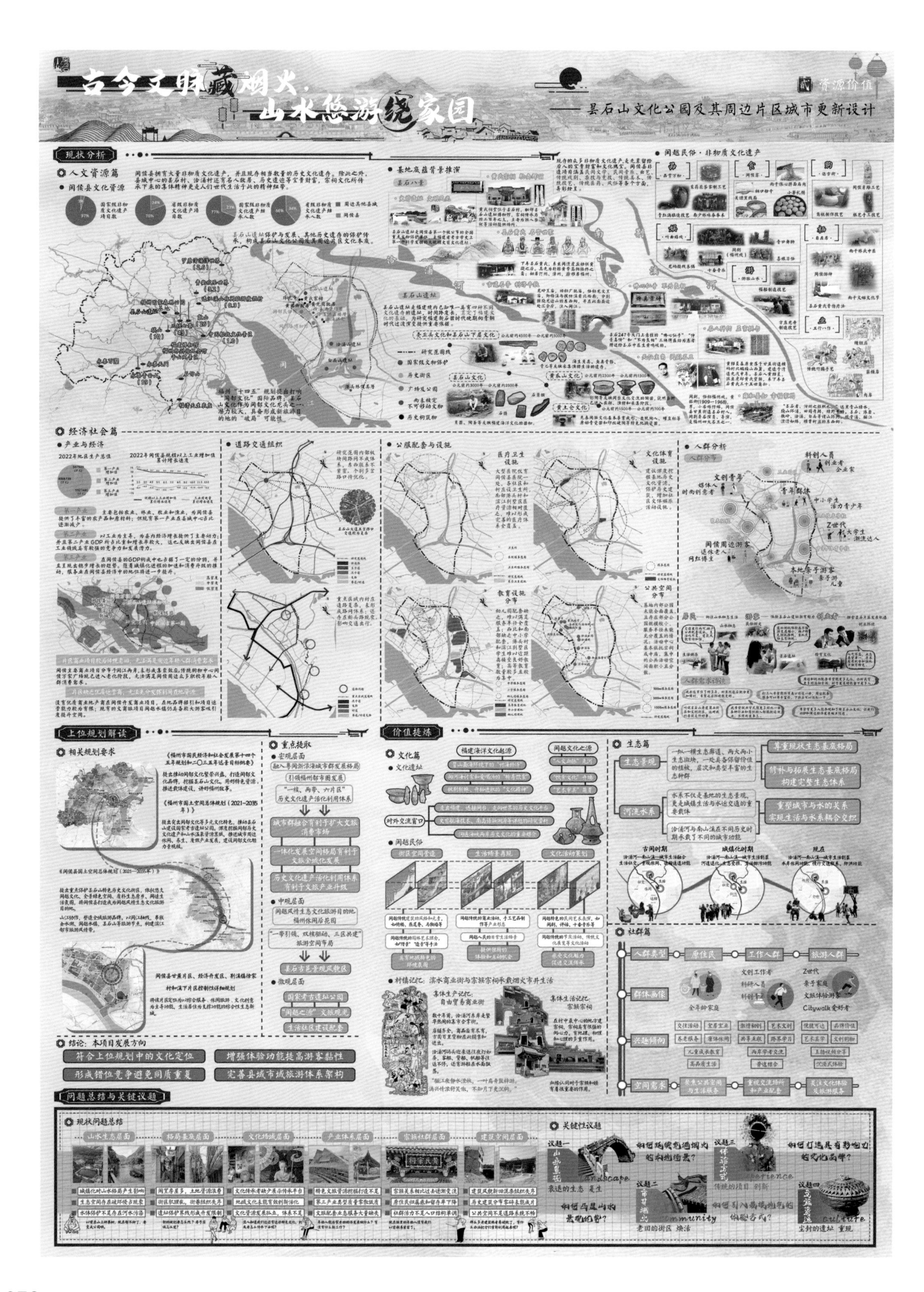
古今文脉藏烟火，山水悠游绕家园
——昙石山文化公园及其周边片区城市更新设计
资源价值
现状分析
人文资源篇
闽侯县文化资源
县地底蕴背景推演
闽越民俗·非物质文化遗产
经济社会篇
产业与经济
道路交通组织
公服配套与设施
医疗卫生设施
文化体育设施
教育设施分布
公共空间分布
人群分析
文创青年
青年群体
中小学生
Z世代
闽侯周边游客
本地亲子游客
上位规划解读
相关规划要求
重点提取
宏观层面
中观层面
微观层面
价值提炼
文化篇
文化遗址
闽越民俗
福建海洋文化起源
闽越文化之源
对外交流窗口
村镇记忆：滨水商业街与宗族宗祠承载烟火市井生活
生态篇
生态景观
河流水系
尊重现状生态基底格局
修补与拓展生态基底格局
构建完整生态体系
重塑城市与水的关系
实现生活与水系耦合交织
古河时期
城镇化时期
现在
社群篇
人群类型
原住民
工作人群
旅游人群
群体画像
兴趣倾向
空间需求
结论：本项目发展方向
符合上位规划中的文化定位
增强体验功能提高游客黏性
形成错位竞争避免同质重复
完善县域市域旅游体系架构
问题总结与关键议题
现状问题总结
山水生态层面
格局肌理层面
文化场域层面
产业体系层面
宗族社群层面
建筑空间层面
关键性议题
议题一
议题二
议题三
议题四
衰退的生态 复生
老旧的街区 焕活
传统的项目 创新
尘封的遗址 重现
如何再显山水故郭的？
如何打造具有影响力的文化品牌？

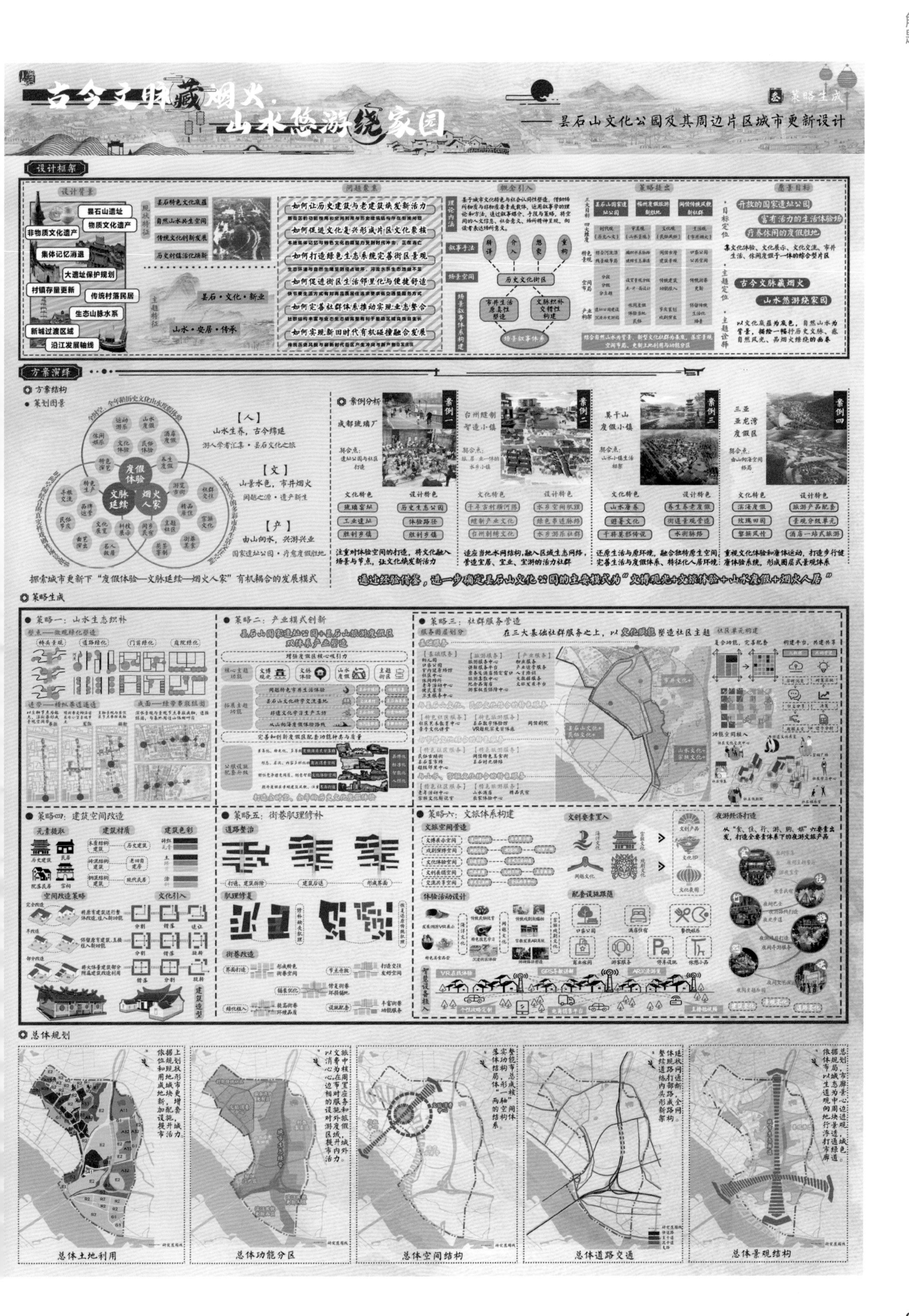

古今文脉藏烟火 山水悠游绕家园
——昙石山文化公园及其周边片区城市更新设计
策略生成
设计框架
设计背景
昙石山遗址
物质文化遗产
非物质文化遗产
集体记忆消退
大遗址保护规划
村镇存量更新
传统村落民居
生态山脉水系
新城过渡区域
沿江发展轴线
现状特征
昙石特色文化底蕴
自然山水共生空间
传统文化创新发展
历史村镇活化焕新
主题特征
昙石·文化·新业
山水·安居·传承
问题聚焦
如何让历史建筑与老建筑焕发新活力
如何促进文化走兴形成片区文化象征
如何打造绿色生态系统完善街区景观
如何促进街区生活邻里化与便捷舒适
如何完善社群体系推动实现生态整合
如何实现新旧时代有机碰撞融合发展
概念引入
理论内涵
叙事手法
场景空间
历史文化街区
市井生活质真性塑造
文脉积淀文化性构建
场景叙事体系
场景叙事体系构建
策略提出
愿景目标
目标定位
开放的国家遗址公园
富有活力的生活体验场
疗养休闲的度假胜地
集文化体验、文化展示、文化交流、市井生活、休闲度假于一体的综合型片区
主题定位
古今文脉藏烟火
山水悠游绕家园
主题诠释
以文化底蕴为底色，自然山水为背景，描绘一幅行历史文脉、承自然风光、品烟火烧绕的画卷
方案演绎
方案结构
策划图景
度假体验
文脉延续
烟火人家
【人】
山水生养，古今缔廷
游人学者汇集·昙石文化之旅
【文】
山景水色，市井烟火
问题之源·遗产新生
【产】
由山而水，兴游兴业
国家遗址公园·疗愈度假胜地
探索城市更新下“度假体验—文脉延续—烟火人家”有机耦合的发展模式
案例分析
案例一 成都琉璃厂
案例二 台州缙制智造小镇
案例三 莫干山度假小镇
案例四 三亚亚龙湾度假区
文化特色
设计特色
注重对体验空间的打造，将文化融入场景与节点，让文化焕发新活力
适应当地水网结构，融入区域生态网络，营造宜居、宜业、宜游的活力社群
还原生活与原环境，融合独特原生空间，完善生活与度假体系，特征化人居环境
重视文化体验和康体运动，打造步行健康体验系统，形成圈层式景观体系
通过经验借鉴，进一步确定昙石山文化公园的主要模式为“文博观光+文旅体验+山水度假+烟火人居”
策略生成
策略一：山水生态织补
策略二：产业模式创新
昙石山国家遗址公园+昙石山旅游度假区双体系产业塑造
策略三：社群服务营造
在三大基础社群服务之上，以文化要素塑造社区主题
社区单元构建
策略四：建筑空间改造
元素提取
建筑材质
建筑色彩
空间改造策略
文化引入
策略五：街巷肌理修补
道路整治
肌理修复
街巷改造
策略六：文旅体系构建
文旅空间营造
文创要素置入
夜游经济打造
体验活动设计
配套设施跟随
总体规划
依据上位规划和现状用地形成城市更新，增加配套设施，提升城市活力。
以文脉为核心，在周边布置相对应的服务设施，提升片区对外服务能力。
整体空间结构为“一心两轴”的空间结构体系。
整体道路网络形成新的路网结构。
依据总体规划布局，以城市生态节点为中心，形成景观廊道。
总体土地利用
总体功能分区
总体空间结构
总体道路交通
总体景观结构

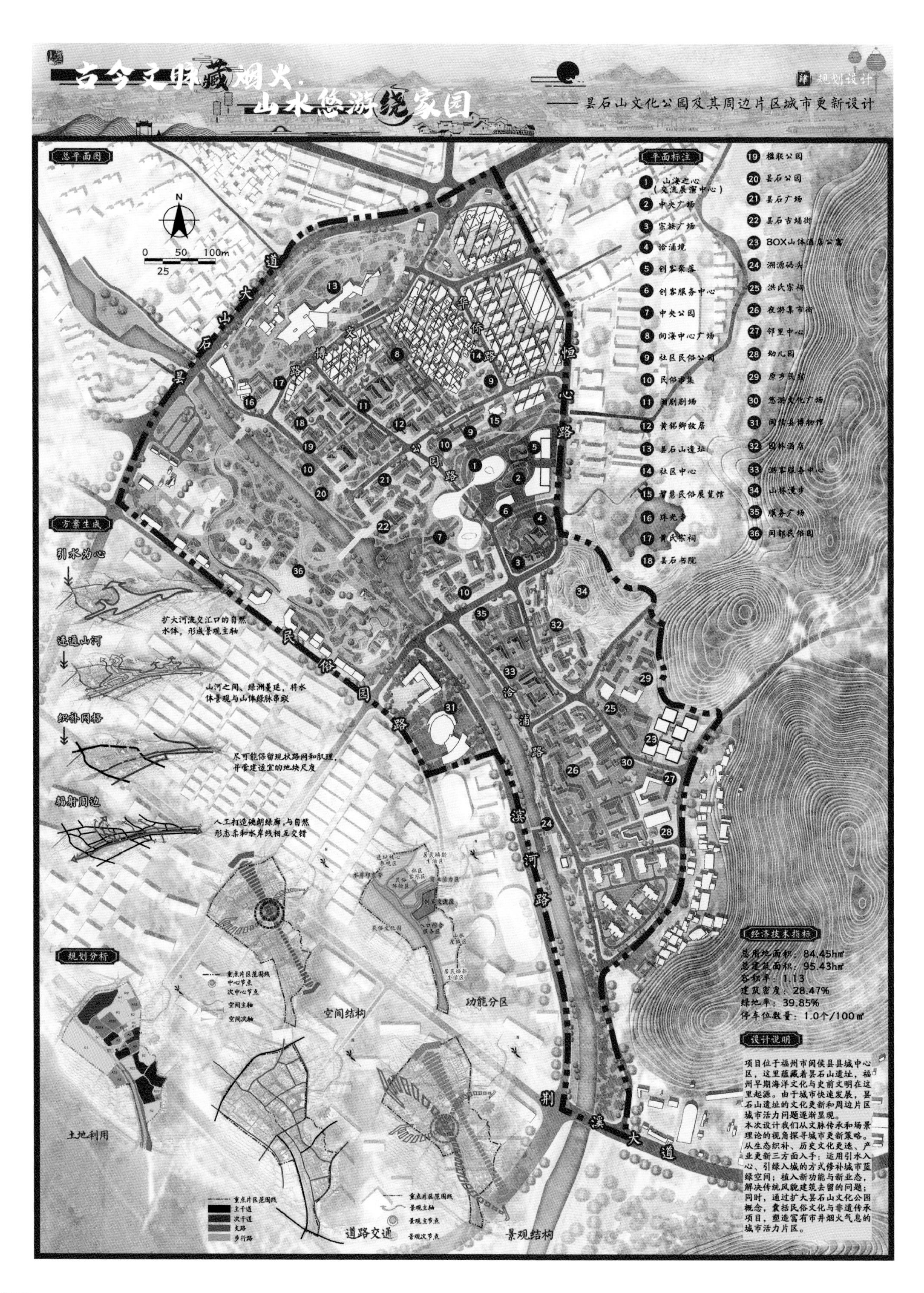
古今文脉藏烟火，山水悠游绕家园
——昙石山文化公园及其周边片区城市更新设计
肆 规划设计
总平面图
0 50 100m
25
昙石山大道
民俗园路
华侨路
文博路
公园路
恒心路
洽浦路
溪河路
荆溪大道
平面标注
1 山海之心（文流展演中心）
2 中央广场
3 宗族广场
4 洽浦境
5 创客聚落
6 创客服务中心
7 中央公园
8 向海中心广场
9 社区民俗公园
10 民俗市集
11 闽剧剧场
12 黄铭卿故居
13 昙石山遗址
14 社区中心
15 智慧民俗展览馆
16 珠光寺
17 黄氏宗祠
18 昙石书院
19 楹联公园
20 昙石公园
21 昙石广场
22 昙石古埔街
23 BOX山体酒店公寓
24 溯源码头
25 洪氏宗祠
26 夜游集市街
27 邻里中心
28 幼儿园
29 原乡民宿
30 悠游文化广场
31 闽侯县博物馆
32 园林酒店
33 游客服务中心
34 山林漫步
35 服务广场
36 闽都民俗园
方案生成
引水为心
扩大河流交汇口的自然水体，形成景观主轴
连通山河
山河之间，绿洲蔓延，将水体景观与山体绿脉串联
织补网格
尽可能保留现状路网和肌理，并营建适宜的地块尺度
辐射周边
人工打造硬朗绿廊，与自然形态柔和水岸线相互交错
规划分析
土地利用
空间结构
功能分区
道路交通
景观结构
重点片区范围线
中心节点
次中心节点
空间主轴
空间次轴
主干道
次干道
支路
步行路
景观主轴
景观主节点
景观次节点
经济技术指标
总用地面积：84.45h㎡
总建筑面积：95.43h㎡
容积率：1.13
建筑密度：28.47%
绿地率：39.85%
停车位数量：1.0个/100㎡
设计说明
项目位于福州市闽侯县县城中心区，这里蕴藏着昙石山遗址，福州早期海洋文化与史前文明在这里起源。由于城市快速发展，昙石山遗址的文化更新和周边片区城市活力问题逐渐显现。
本次设计我们从文脉传承和场景理论的视角探寻城市更新策略。从生态织补、历史文化更迭、产业更新三方面入手：运用引水入心、引绿入城的方式修补城市蓝绿空间；植入新功能与新业态，解决传统风貌建筑去留的问题；同时，通过扩大昙石山文化公园概念，囊括民俗文化与非遗传承项目，塑造富有市井烟火气息的城市活力片区。

古今文脉藏烟火 山水悠游绕家园
——昙石山文化公园及其周边片区城市更新设计
伍 重点片区
片区一 溪河水环·昙石古埔街
片区二 时光巷陌·历史文化街区·居民生活焕新区
片区三 山水家园·栖息度假
片区四 游客服务中心·悠游度假
片区五 溯源交流中心·创客集聚
立面图

古今文脉藏烟火，
山水悠游绕家园

效果展示
——昙石山文化公园及其周边片区城市更新设计
鸟瞰图
昙石32 hours
壹
听说了吗？昙石山文化公园新建了特色街区，趁着周末，我们一起去看看吧！
昙石文旅智能管家"小昙"搭载ChatGPT最新模型，定制专属于你的个人管家
好主意，让我来登录一下官方小程序，看看有没有什么推荐路线和攻略。
穿越古今，山海昙石——昙石32hours特别企划
周六：
10：00——参观昙石山遗址博物馆
12：00——穿越古代市集
13：00——非遗技艺体验
15：00——观看闽剧演出
17：00——滨河水岸晚宴
18：00——乘船游河风光
19：00——参与市集夜巡
21：00——入住山景民宿
周日：
9：00——山体康养慢行
11：00——参观两岸取景
14：00——游览民俗公园
16：00——结束旅行返程
TIPS：游客服务中心提供AR眼镜哦~
准备就绪，出发！
贰
昙石山文化公园片区提供全程AR互动技术，在每处重要空间与开放节点融入AR场景，可随时通过AR眼镜进行现实增强，也可以进入"昙藏"App的沉浸互动板块，随时举起手机感受信息叠加与场景生长。
您好！欢迎来到昙石游客服务中心，请问有什么可以帮您的吗？
您好！我想要租赁AR眼镜，麻烦帮我介绍一下怎么体验，谢谢！
您可以扫描二维码随时查看个性化企划行程哦~
叁
小园林里很舒服，感觉是个夏天乘凉的好地方。
街区里设有多处绿地与街头口袋公园，部分结合街区风貌打造中式园林景观。
肆
沉浸式街区打造时空交错之感，利用全民古风企划，带动街区活力。
沉浸街区里真的都在穿古装诶，好像回到古代了。
伍
唱的居然是我熟悉的东西，好厉害！
是呀，新的编排就是为了让你们也爱上戏剧。
闽剧舞台与戏院同时为其他类型及时间段的街区展演活动提供空间场地，戏台每月上下午各进行一次集中演出，老剧新编新唱，新时代融合闽剧，吸引更多非戏迷来与了解，促进闽剧的传播与发展。
这是什么声音啊，怎么会这么热闹？
水街让环境更好了，还能和浛满河形成一个整体。
来来来，我来给你讲讲浛满河的故事，当年啊……
浛满河游船提供各种风格、等级的服务，进一步还原浛满河多年前的水运繁荣景象，同时设计"山河游"与"河江游"，联系周边山脉与闽江，打造多元化、立体化环浛满河文旅。
游船好漂亮，据说很多年前的浛满河上各色游船比现在还多。
柒
拾
住在这就像回家一样，真舒服啊！
没想到在这还能遇见志同道合的朋友。
玖
昙藏文创专区
捌
有没有什么线上平台，回去了也能买？
文创产品也太多太好看了吧，我要挑花眼了。

浙江工业大学

山骨乘海风 · 首邑现千年

——昙石山文化公园及其周边片区城市更新设计 / 史翼洋 吴织羽 宣炀 张茜子

昙石山上叹昙史，更新城中寻更兴

——“大遗址保护 3.0 模式”下的昙石山及其周边片区城市设计 / 倪淑琳 赵家骐 王璐 单湘湘

01 山骨乘海风·首邑现千年——昙石山文化公园及其周边片区城市更新设计

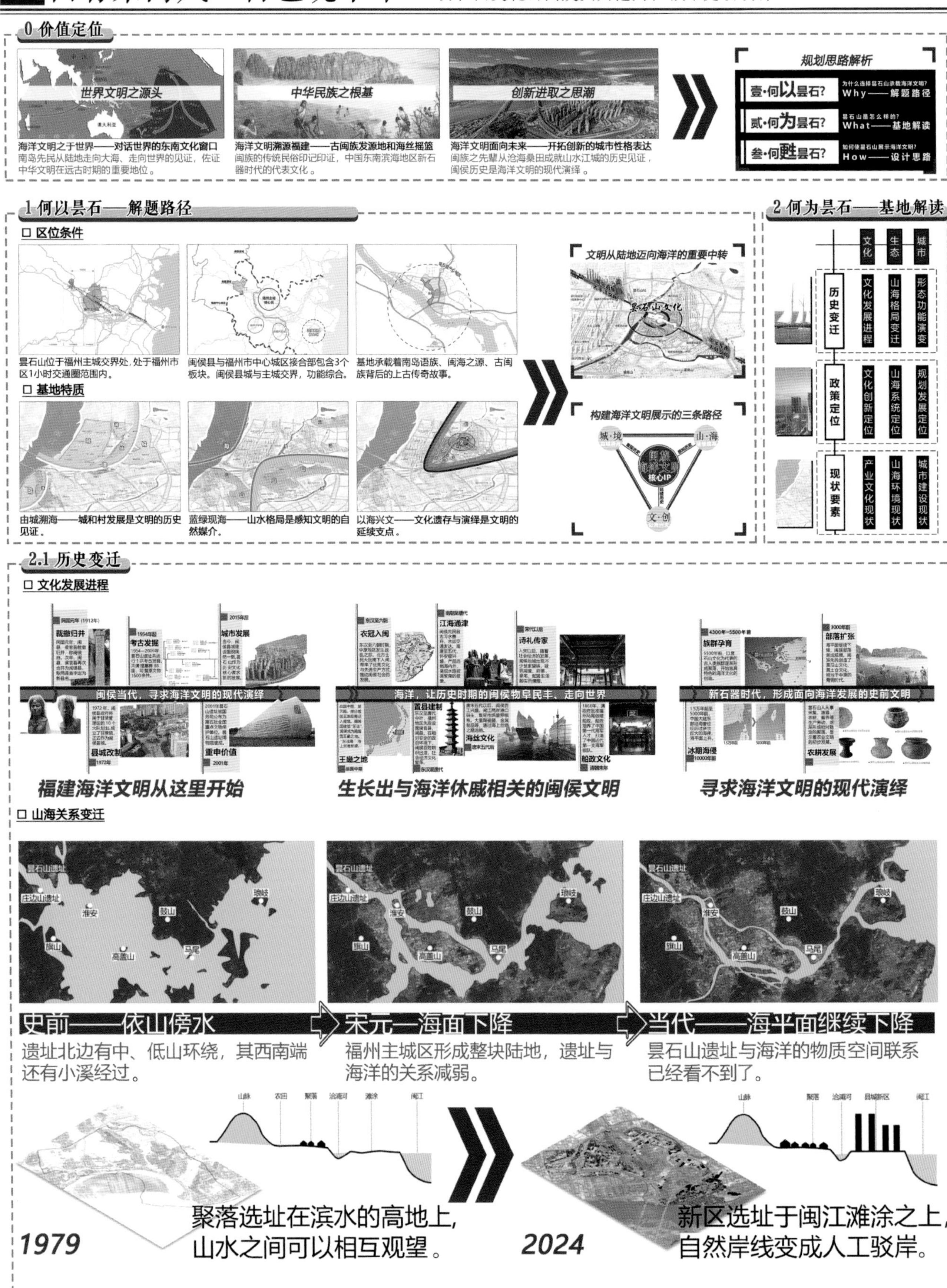

02 山骨乘海风 · 首邑现千年——昙石山文化公园及其周边片区城市更新设计

2.1 历史变迁

□ 形态格局演变

城市化尚未波及的村落与建筑形态

街巷肌理呈鱼骨式，村落中心主轴鲜明，建筑风格统一和谐。

当前的村落与建筑形态

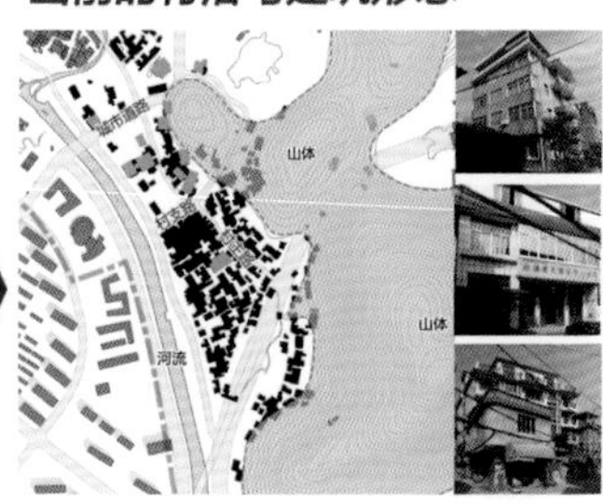

大量农田被征用，路网结构变化，传统建筑被新建筑挤占。

当前城市空间形态

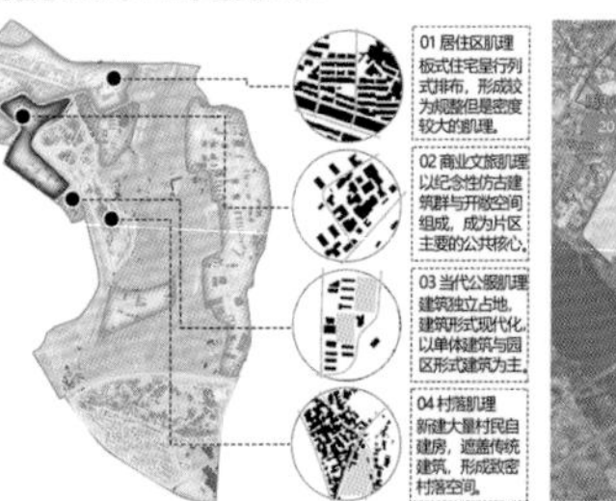

城市空间逐渐致密，闽侯县城新区建设如火如荼。新建住宅楼以多层、高层住宅为主。

2.2 政策定位

□ 文化创新定位

打响“闽都文化”国际品牌的“破局”点

景区等级	景区名称	位置
5A	三坊七巷	福州市区
4A	福州鼓山旅游景区	福州市区
	永泰青云山风景区、永泰云顶旅游区	永泰县
	福建旗山国家森林公园	闽侯县
	福州国家森林公园	福州市区
	贵安新天地休闲旅游度假区	连江县
	罗源湾海洋世界	罗源县
	中国船政文化景区	福州市区
	连江溪山休闲旅游度假村	连江县
	于山风景区	福州市区
	石竹山风景区	福清市
	福清天生农庄	福清市
	永泰百漈沟景区	永泰县

福州“十四五”要打响“闽都文化”国际品牌，昙石山文化作为闽都文化源头之一，潜力较大，具备形成新旅游目的地的“破局”可能性。

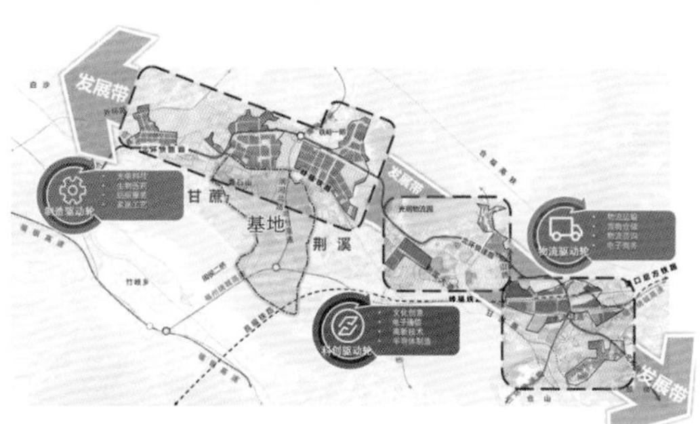

地块北部闽侯城市工业科技生产带为地块发展文化旅游提供一定的经济支撑与产业基础，但也受限于北部工业区，文化旅游产业不宜向北部延伸。

□ 山海系统定位

以昙石山历史文化街区和闽江作为重要的中心节点进行保护

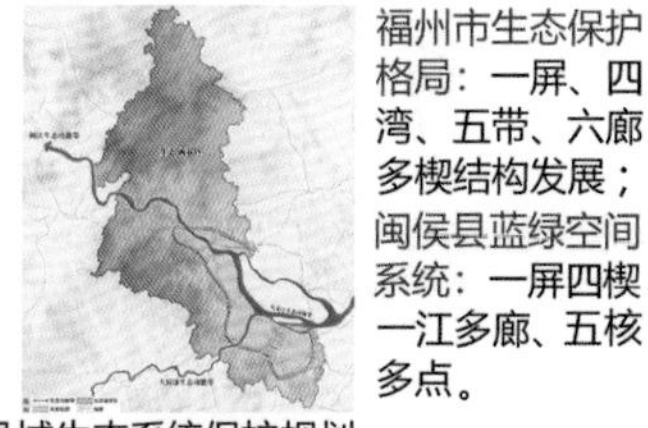

市域国土空间总体格局规划　县域生态系统保护规划

福州市生态保护格局：一屏、四湾、五带、六廊、多楔结构发展；闽侯县蓝绿空间系统：一屏四楔、一江多廊、五核多点。

甘蔗片区景观结构规划

甘蔗片区生态保护格局：一核、双带、四廊、多节点。

结合闽江及昙石山特色历史文化街区两大景观要素，有序组织视觉焦点，形成现代景观、历史文化两大特色地标区。

□ 规划发展定位

高新产业发展示范区、国际化现代新城、生态保育区、都市休闲胜地

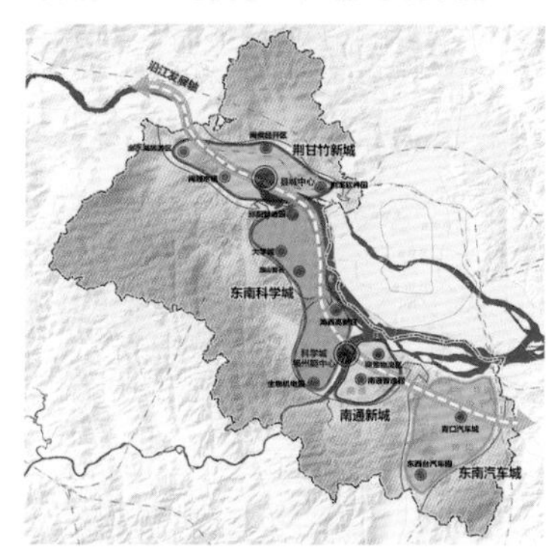

从主动加强与福州主城核心区的衔接，到全面融入福州主城核心区，最后达成全方位实现高质量发展超越。

打造闽越风情生态文化旅游目的地，重点保护昙石山特色历史文化街区

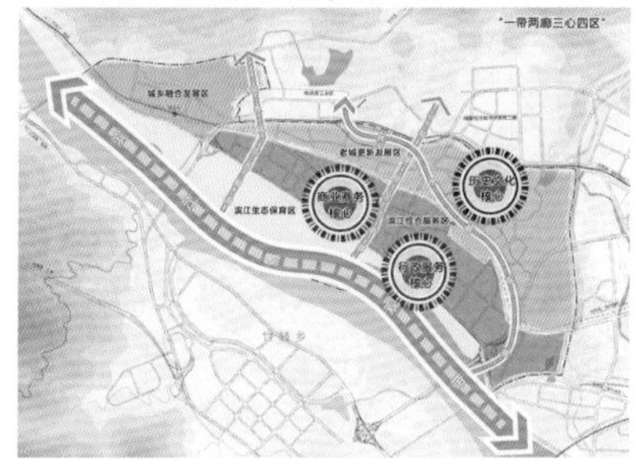

以综合服务、休闲旅游、文化创意为主导功能，生活居住为支撑功能的综合性生态新城。

有效保护遗址，打造人类早期文明的文化展示园

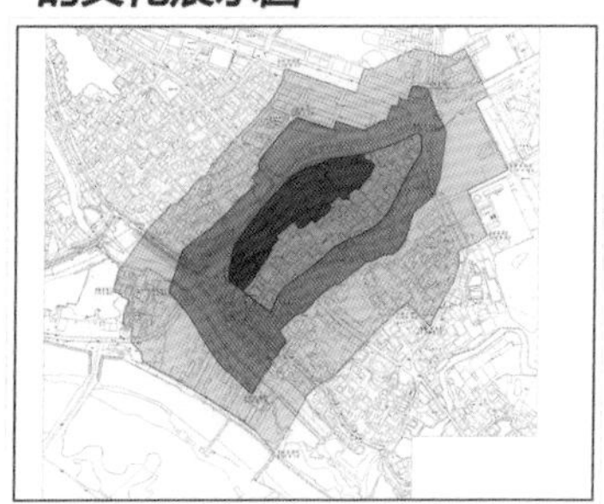

最大限度地保护文物本体及载体，将昙石山遗址建设成为集保护、研究、展示于一体的“昙石山遗址文化展示园”。

03 山骨乘海风·首邑现千年——昙石山文化公园及其周边片区城市更新设计

2.3 现状要素

□ 产业文化现状

差异化优势显著，亟待融入全市文化格局

昙石山遗址位于沿闽江文化遗产带上，拥有独特的海洋文明，若能融入以三坊七巷为核心的市区文化格局，将为片区发展带来极大机遇。

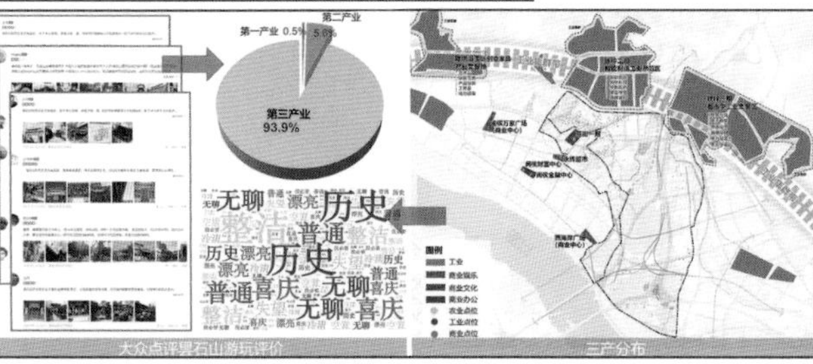

地块现状活力洼地，海洋文明核心IP难变现

现有商业设施传统老旧，配套不完善。缺少优质商业地产商，在地品牌招引和项目运营能力较为有限，北部研究范围成为区域的商业洼地，急需活力注入。

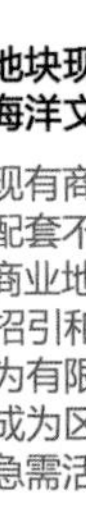

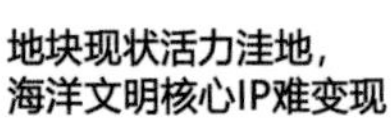

海洋文化要素格局清晰，但开发不足、活力低下、文化散布

格局：洽浦河串起片区物质文化遗产，连通昙石山与闽江下游文化。

问题：1.开发不足。洽浦山、白头山遗址尚未开发；古厝隐藏在当代农村建筑中，大多废弃。

2.活力低下。新建的喜街目前处于闲置状态，闽都民俗园缺乏活态的民俗活动。

3.文化散布。路径不畅，空间割裂。

□ 山海环境现状

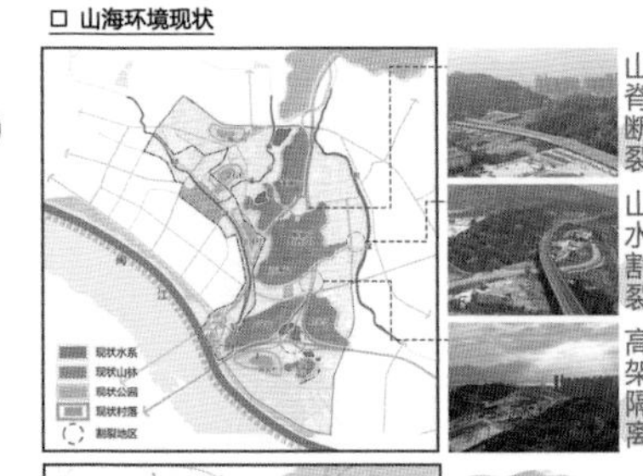

山脊断裂 山水割裂 高架隔离

山水本底条件优良，但空间格局割裂

本底：山体水系资源丰富。

格局：山水廊道叠加交通走廊分隔，山、水、城空间割裂，山水生态功能减弱，自然肌理退化，山脊系统断裂、水体空间萎缩、山水边界受到侵蚀等问题严重。

高层遮挡 壮阔江景 山景资源

可观赏资源丰富，但视角单一，山海视廊被切割

景观资源：山林茂密，三河一江提供了不同尺度的景观，风貌及文保建筑众多，景观多元。

视角开发：连续高层住宅区遮挡视线；高位观景平台有限；四山孤立，游览步道及景观资源的开发程度低；视线通廊的角度单一，赏景范围有限。

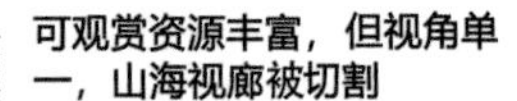

□ 城市建设现状

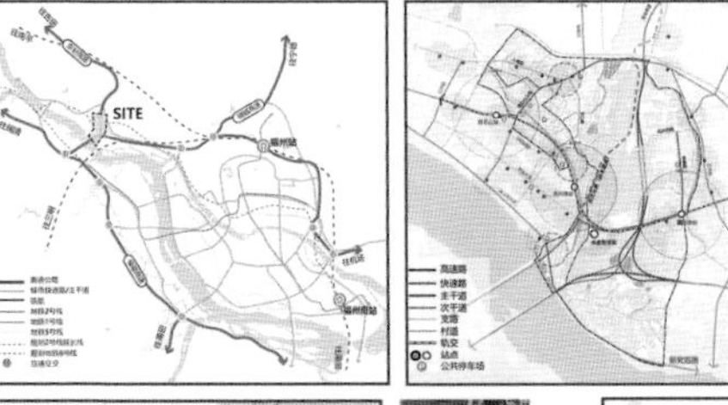

交通现状总体向好

外部——交通完善便利

内部——东西向待完善，节点待优化

公共交通——接驳不足

静态交通——规划完善

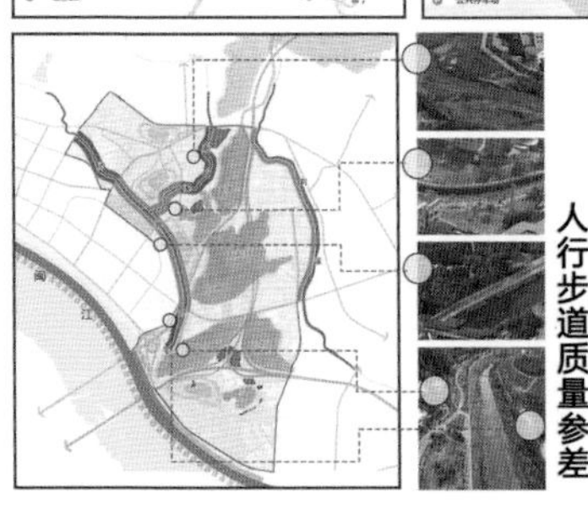

人行步道质量参差

功能混杂 用地性质混杂零碎

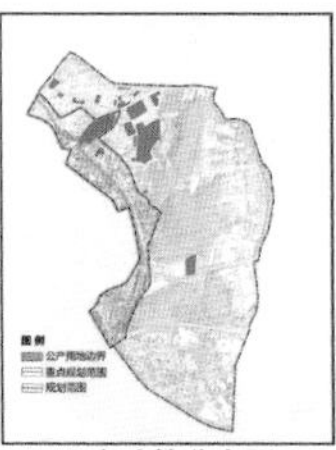

公产建筑分布图

类型完善，品质尚佳，分布不均匀，东南少。

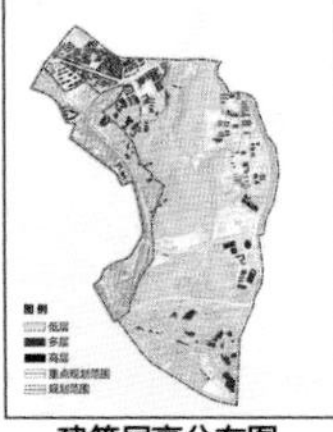

建筑层高分布图

洽浦河两岸整体风貌不协调，有大量多层建筑。

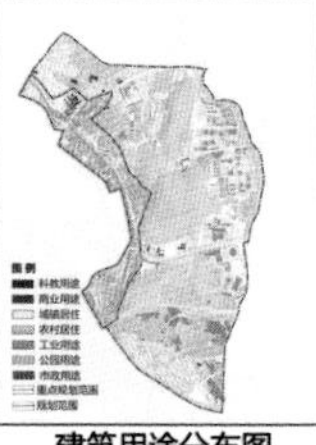

建筑用途分布图

缺乏商业性配套，宅厂混杂，拉低生活品质。

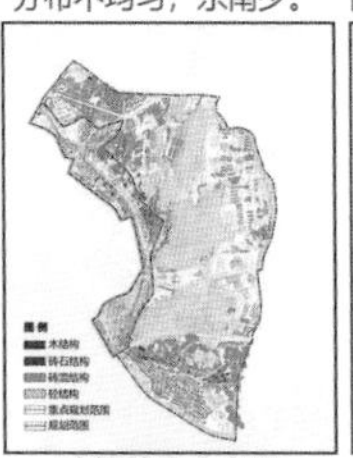

建筑结构分布图

建筑以砖混结构为主，分布大量木结构历史建筑。

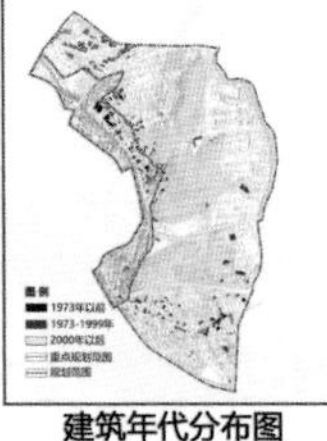

建筑年代分布图

历史建筑集中在昙石、洽浦、港头三个村内。

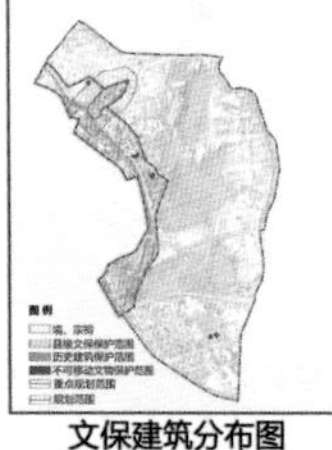

文保建筑分布图

昙石山遗址是基地内最重要的国家级文保单位。

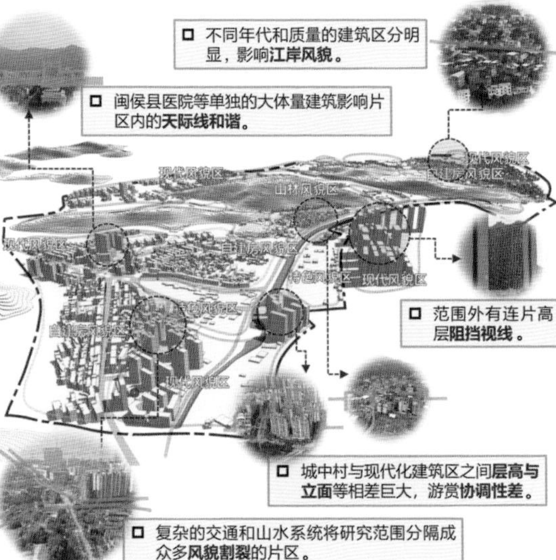

建筑混杂 路网分割 风貌割裂 协调性较弱

没有形成片区的风貌特色，定位不明；研究范围内外都有如闽侯县医院、城中村、高层住宅楼、立交桥、隧道等影响风貌协调性的建筑和交通要素，大大减弱游客的观景体验和沉浸效果，亟待后期设计给出解决方案。

04 山骨乘海风 · 首邑现千年——昙石山文化公园及其周边片区城市更新设计

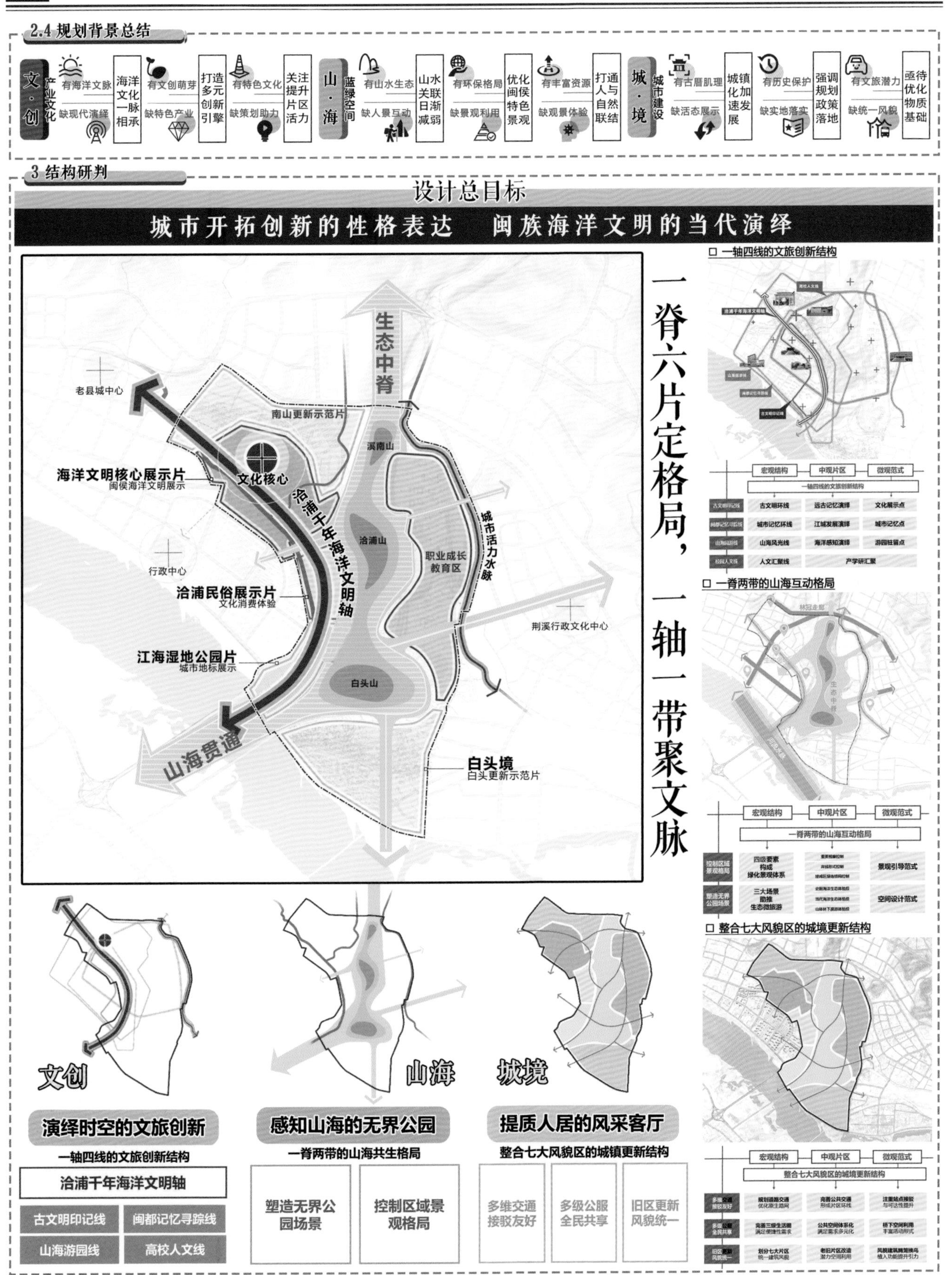

05 山骨乘海风·首邑现千年——昙石山文化公园及其周边片区城市更新设计

4.1 总平面图

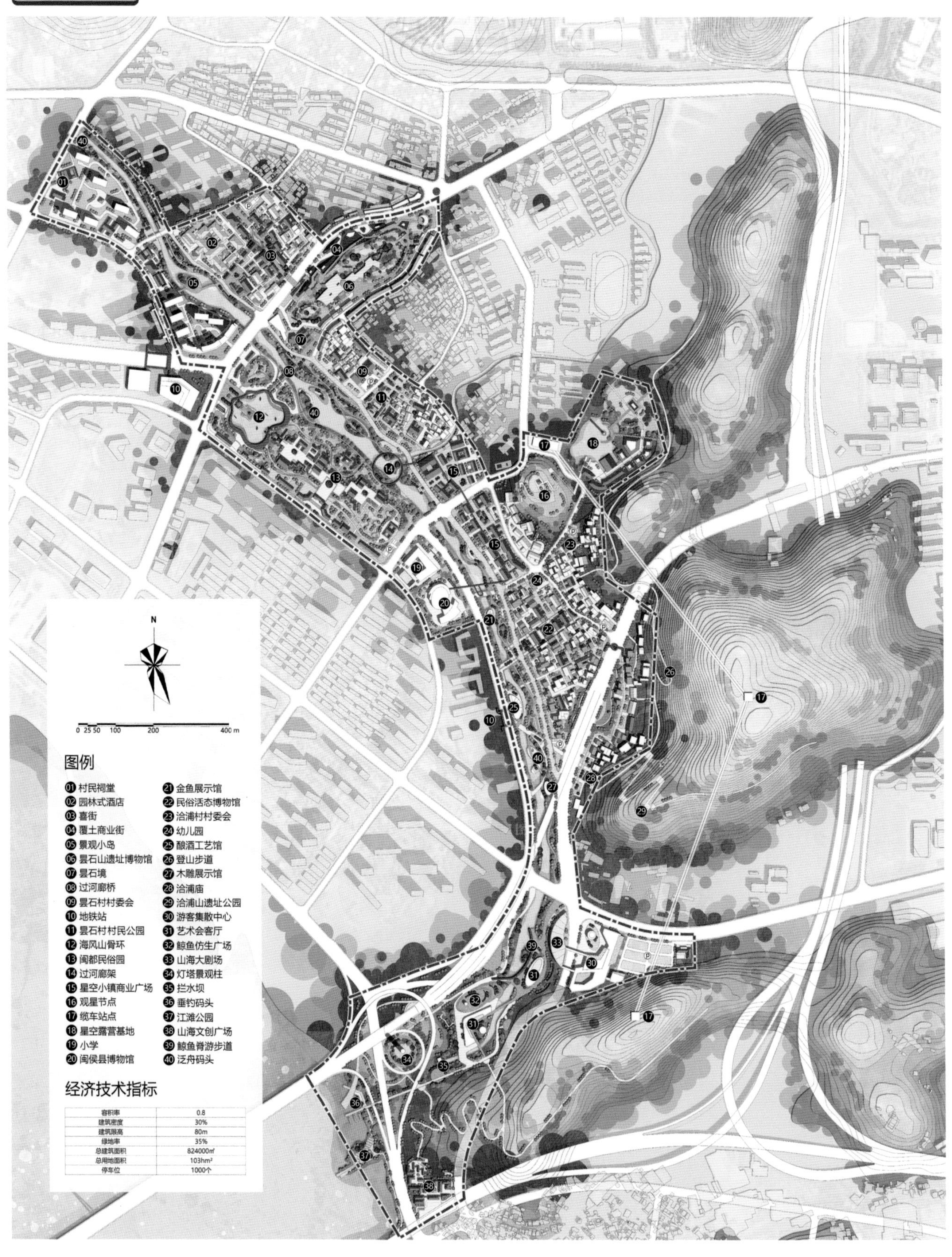

容积率	0.8
建筑密度	30%
建筑限高	80m
绿地率	35%
总建筑面积	824000㎡
总用地面积	103hm²
停车位	1000个

06 山骨乘海风 · 首邑现千年——昙石山文化公园及其周边片区城市更新设计

4.2 系统分析图

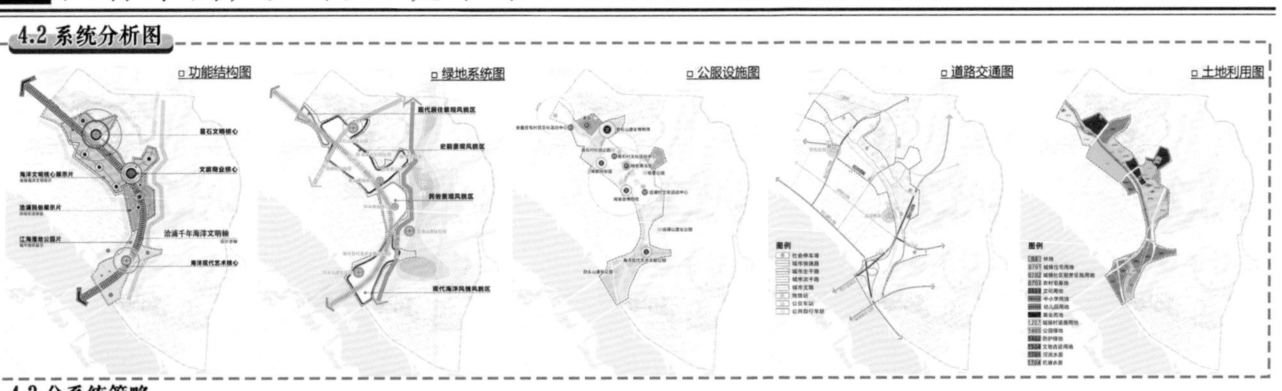

4.3 分系统策略

文·创空间策略实施

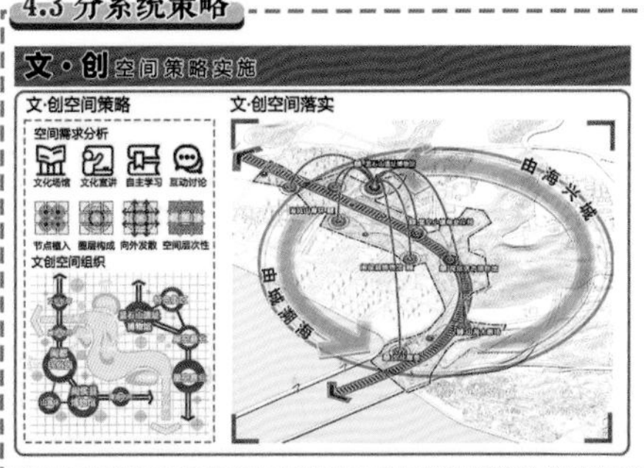

山·海空间策略实施

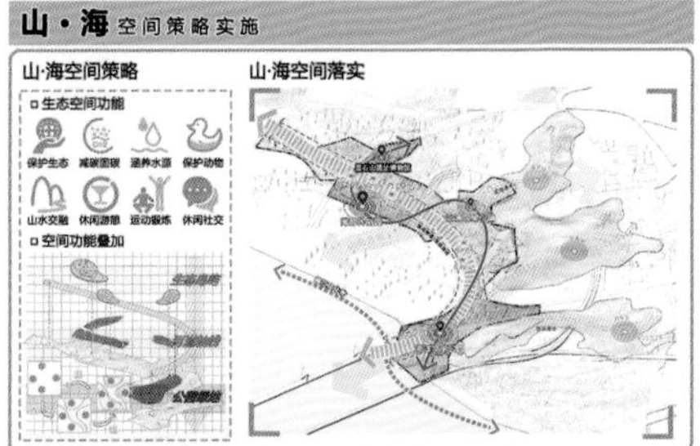

城·境空间策略实施

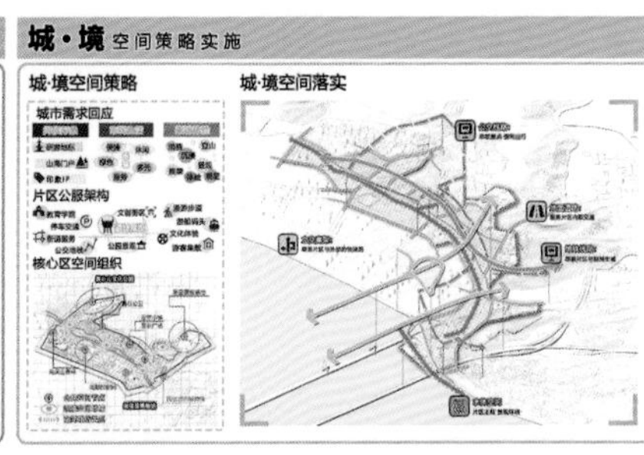

全局鸟瞰图

07 山骨乘海风·首邑现千年——昙石山文化公园及其周边片区城市更新设计

5.1 昙石山遗址博物馆及其周边片区详细设计

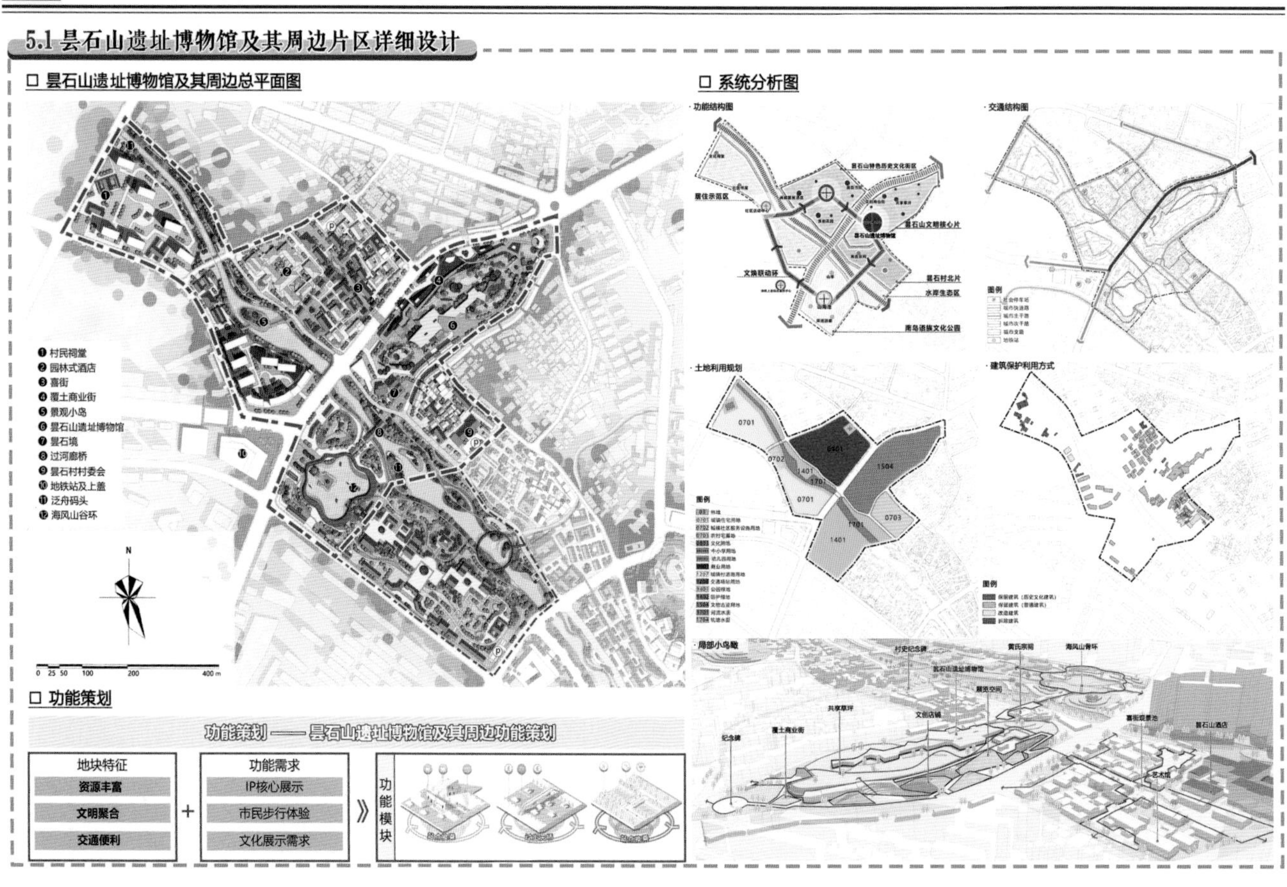

5.2 星空小镇商业街片区详细设计

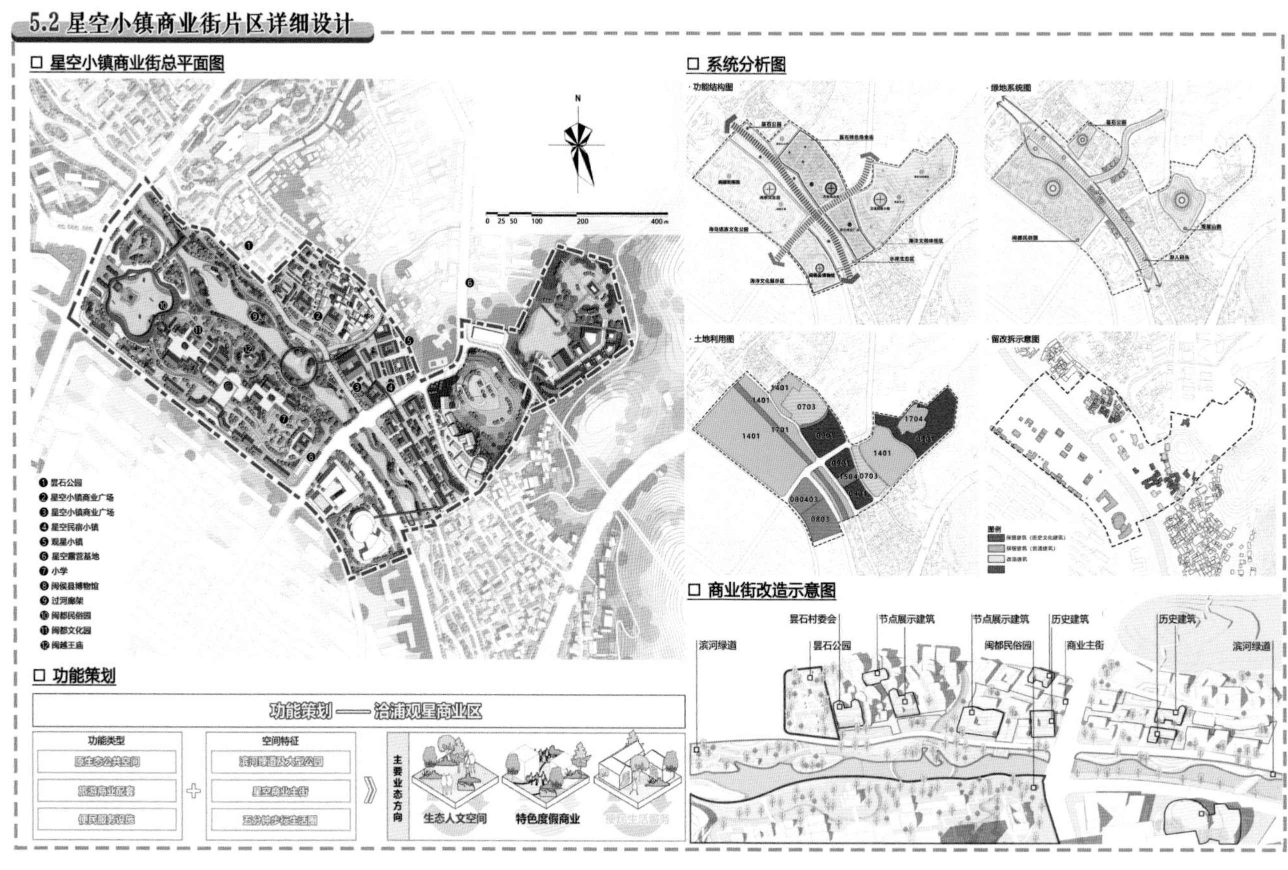

08 山骨乘海风·首邑现千年——昙石山文化公园及其周边片区城市更新设计

5.3 洽浦村民俗展示片区详细设计

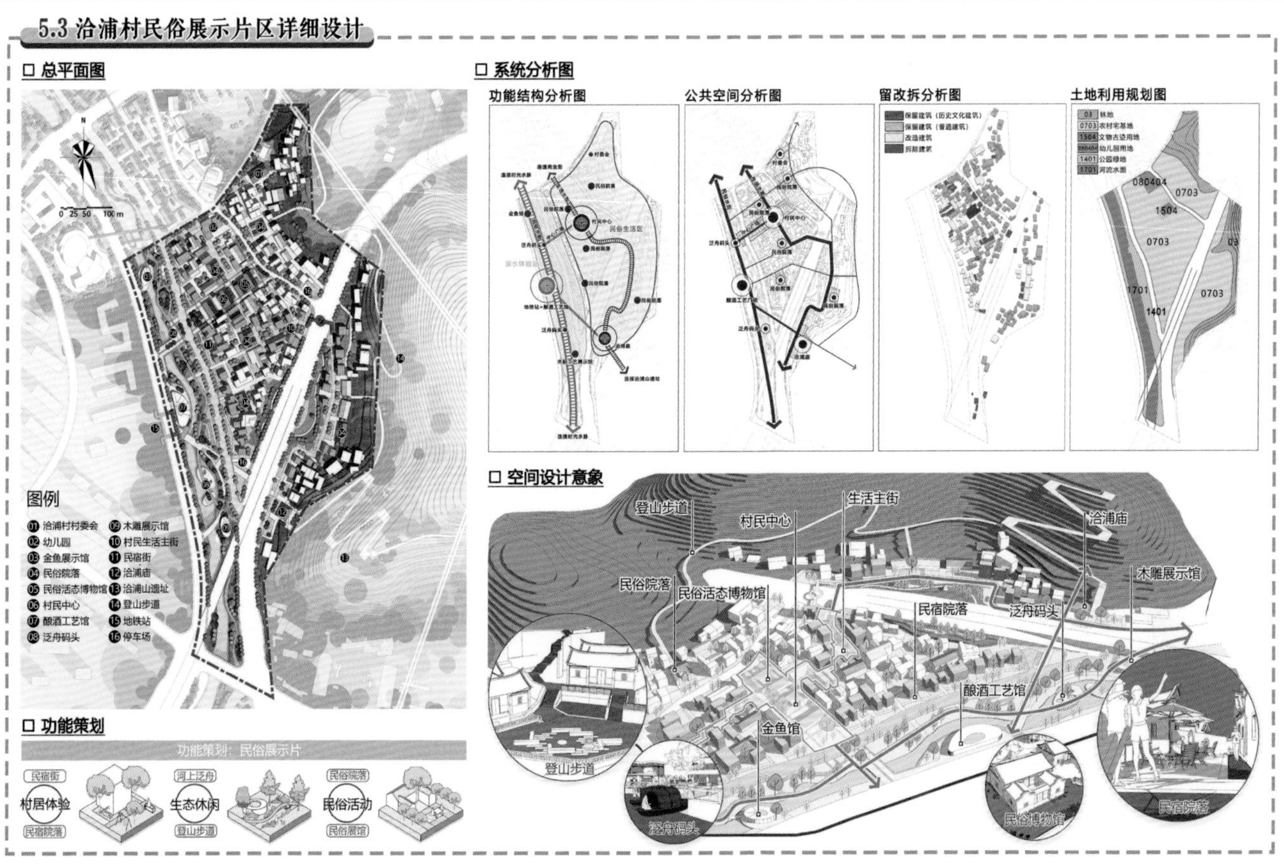

5.4 海洋艺术公园片区详细设计

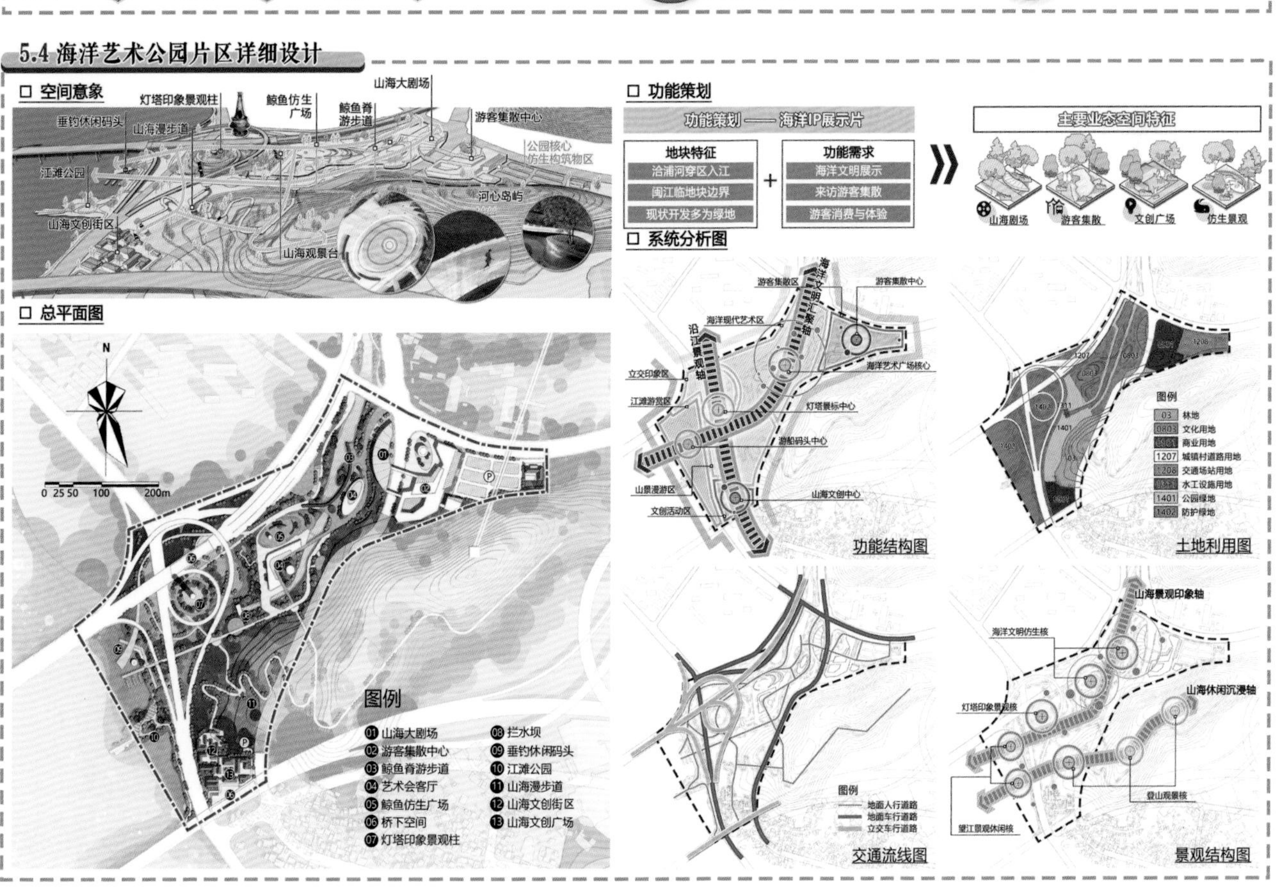

昙石山上叹昙史，更新城中寻更兴

01 识

——"大遗址保护3.0模式"下的昙石山及其周边片区城市设计

1.1 背景解读

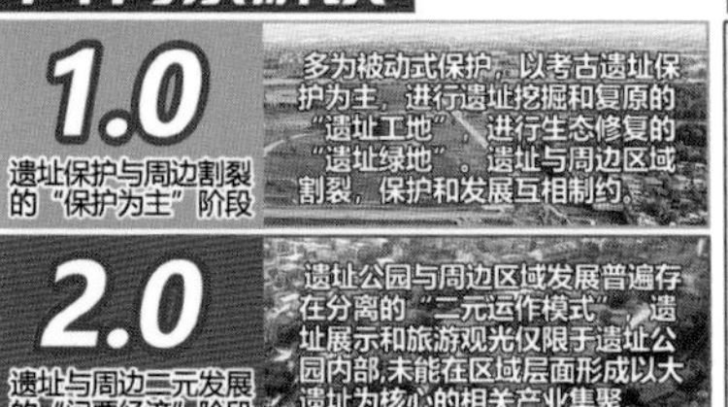

1.0 遗址保护与周边割裂的"保护为主"阶段

多为被动式保护，以考古遗址保护为主，进行遗址挖掘和复原的"遗址工地"，进行生态修复的"遗址绿地"。遗址与周边区域割裂，保护和发展互相制约。

2.0 遗址与周边二元发展的"门票经济"阶段

遗址公园与周边区域发展普遍存在分离的"二元运作模式"，遗址展示和旅游观光仅限于遗址公园内部，未能在区域层面形成以大遗址为核心的相关产业集聚。

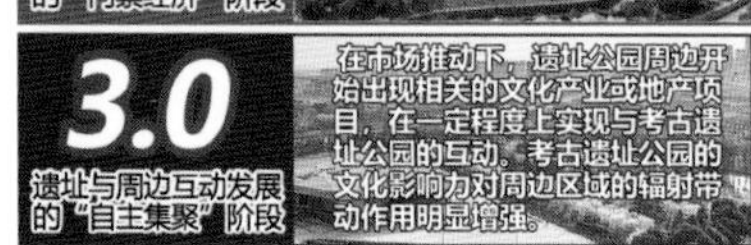

3.0 遗址与周边互动发展的"自主集聚"阶段

在市场推动下，遗址公园周边开始出现相关的文化产业或地产项目，在一定程度上实现与考古遗址公园的互动，考古遗址公园的文化影响力对周边区域的辐射带动作用明显增强。

案例分析

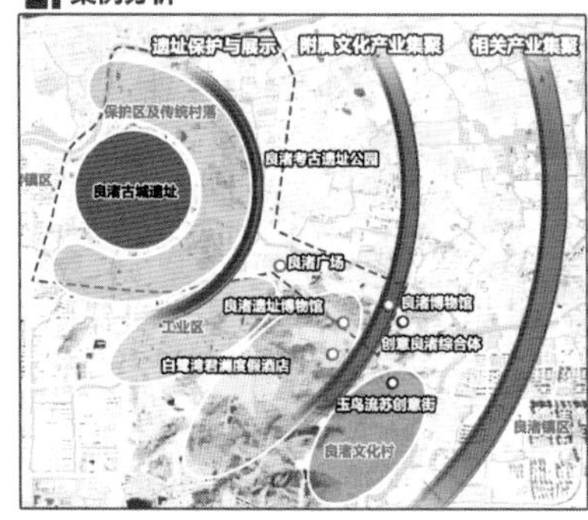

良渚大遗址：

良渚国家考古遗址公园是基于考古遗址本体及其环境的保护与展示，融合了教育、科研、游览、休闲等多项功能的遗址公园。

01 保护优先，三级圈层的布局模式

02 文化引领，旅游带动的产业集聚

03 公众参与，共建共享的管理机制

1.2 规划背景

市域规划

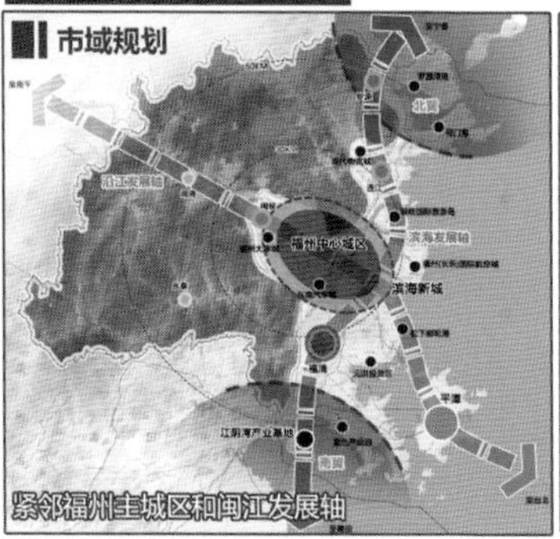

紧邻福州主城区和闽江发展轴

县域规划

福州休闲后花园，现代滨江新城

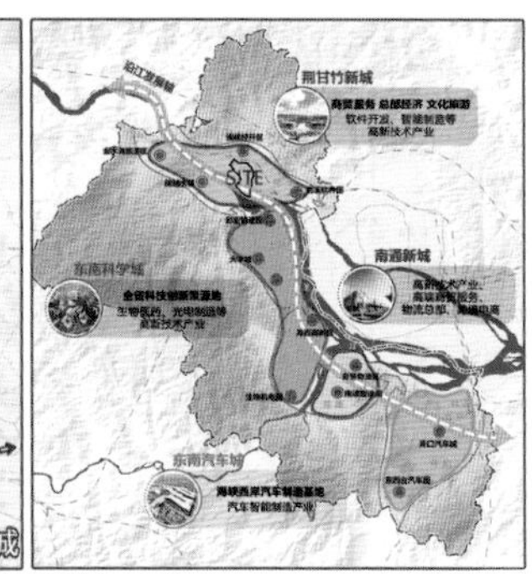

相关规划解读

昙石山遗址规划总图

遗址保护范围和建设控制地带

规划性质

本规划属于全国重点文物保护单位专项规划。

规划目标

最大限度地保护文物本体及载体，将昙石山遗址建设成为集保护、研究、展示于一体的"昙石山遗址文化展示园"。

规划重点

对保护范围内遗址现存状况、文物价值、周边环境、文物管理现状进行评估；根据规划区内遗址分布和环境状况，修订保护范围及建设控制地带，并制定相应控制要求。

1.3 区位概况

市域层面

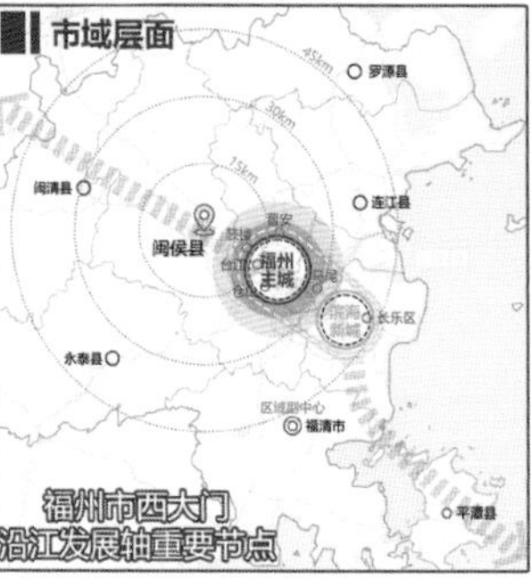

福州市西大门 沿江发展轴重要节点

县域层面

联系闽北重要枢纽 闽侯县域中心范围

片区层面

北靠猫鼻山，南望闽江 跨荆甘竹片区多边地带

2.1 历史文化

历史遗存

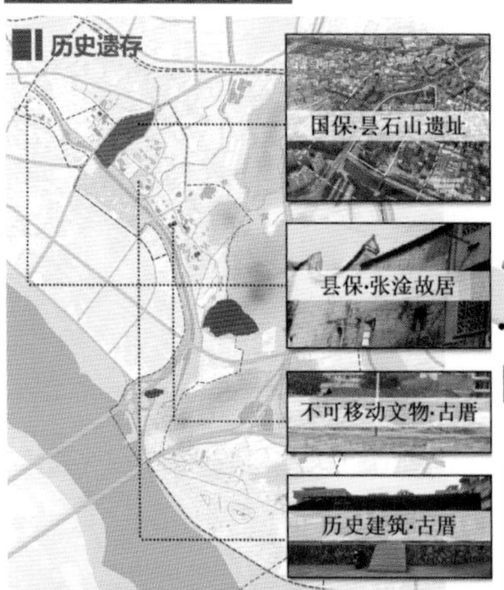

历史文化遗存空间分布

全国重点文物保护单位1处（昙石山遗址）、县级文物保护单位1处（张湴故居）、未核定公布为文物保护单位的不可移动文物14处、历史建筑17处及建议历史建筑67处。

历史文化遗存保护状况

昙石山遗址：保护良好，现状作参观展览，但游客稀少。
县级文物保护单位：保护一般，周边环境风貌保护较差。
不可移动文物/历史建筑：基本为古厝，大部分处于空置状态，少部分作为民居使用，空置古厝基本破败。

历史沿革

远古：聚落成型·文化孕育 | 古代：社会发展·海洋探索 | 近现代：市县变迁·新城建设

文化体系

海洋文化发源地

起始站

南岛语族从昙石山开启海洋征程

寻根之旅

南岛语族后人在昙石山追寻历史家园

文化交融

福建南部的东山岛与台湾岛之间曾经有一条"古陆桥"。原始时期，福建先民由此往返于闽、台两地。

闽侯文化承载地

根雕：制作与展示分离，且缺乏体验项目

橄榄：未形成相关的美食、采摘等体验

金鱼：主题融入较牵强，展示的力度不足

喜娘：有空间落位，文旅项目运营不佳

乡土文化生长地

古厝

古厝是以家族为核心的宗祠文化承载单位，基本都带具有祭祀功能的前厅。福建人留念老建筑，习惯另起新楼，古厝在右往往被现代建筑围合形成一个活动空间，可以开发为延续家风、展示乡土文化的居民活动空间及游览节点。

宗祠

宗祠是以村为单位的乡土文化承载体。宗祠以村为单位，现多改造为村民文化活动中心。

寺庙

寺庙是宗教祭祀文化与活动的承载体。昙石山片区寺庙众多，香火旺盛。

昙石山上叹昙史，更新城中寻更兴

02 识

——“大遗址保护3.0模式”下的昙石山及其周边片区城市设计

2.2 生态环境

山水格局

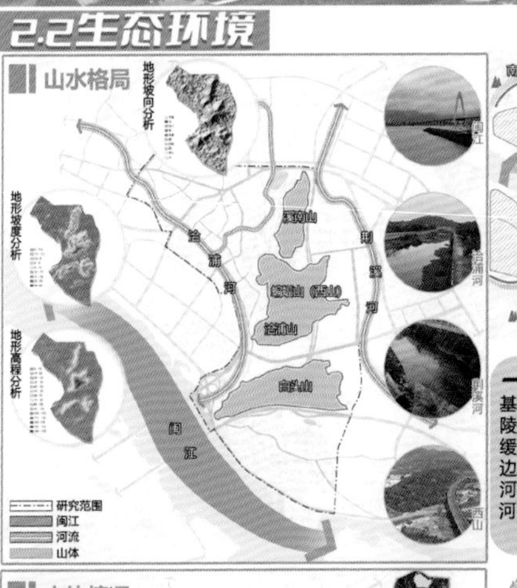

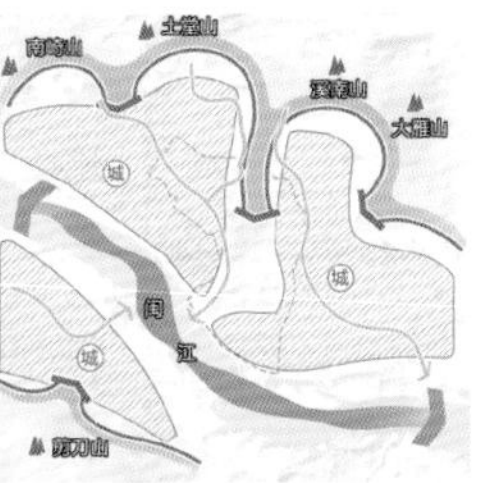

一江两水三山

基地地处闽江下游三角洲江北山地丘陵边缘，地势由北向南倾斜。东面平缓，西面陡峻，为猫鼻山余脉。其周边为闽江洪水泛滥的低洼湿地，洽浦河自基地西侧流过并汇入闽江，荆溪河自基地东侧汇入闽江。

山体情况

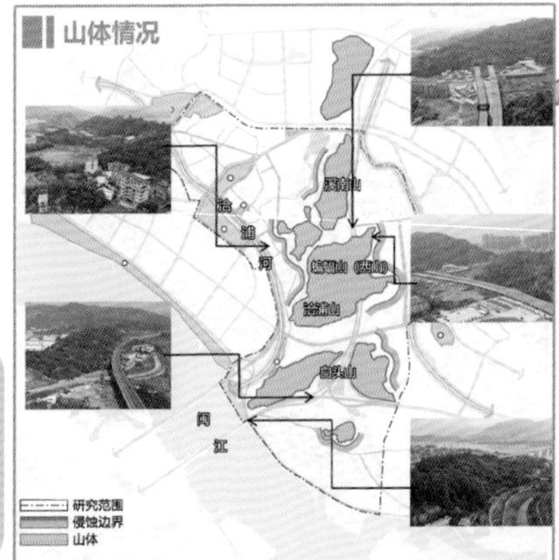

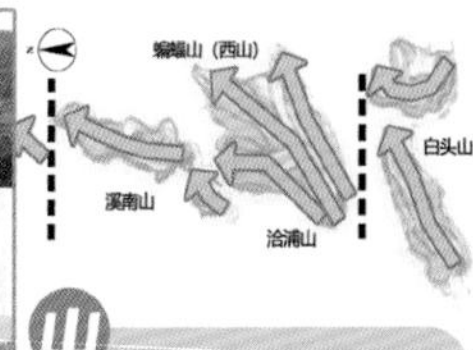

山

01 山脊系统断裂

城市开发建设过程中，不断地占据山间谷地，建设空间不但切割了山脊系统，而且破坏了山体的生态连续性。

02 山体边界受到侵蚀

人类建设行为不断向山体边界推进，包括房地产项目建设、道路工程建设等开发活动不断侵占山体绿地，进而影响山体的生态功能。

水体情况

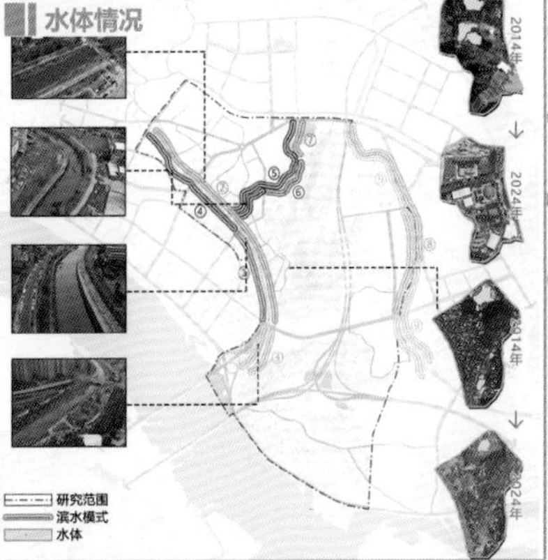

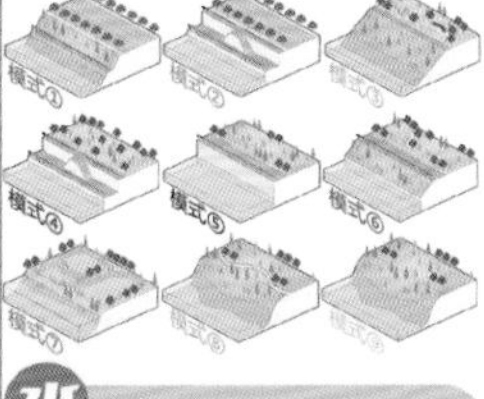

水

01 水体空间萎缩

城市建设扩张过程中，大量塘、湖等水面转为建设用地，水系的连通性降低。

02 驳岸硬化程度高

洽浦河驳岸全面硬化，自然驳岸萎缩，河道内建设水闸，水体分层。

03 水体治理不佳

河道水体缺乏治理。

公园绿地

园

01 公园体系不连续

公园绿地零散分布，基地内公园未成连续系统，沿河线性空间收放节奏欠缺。良好的生态空间未得到充分利用，对游客缺少吸引力。

02 缺少口袋公园

低等级公园缺乏，如供居民休闲的口袋公园，且公园内部空间利用率不足，形式普通，功能较为单一。

2.3 人居环境

道路交通

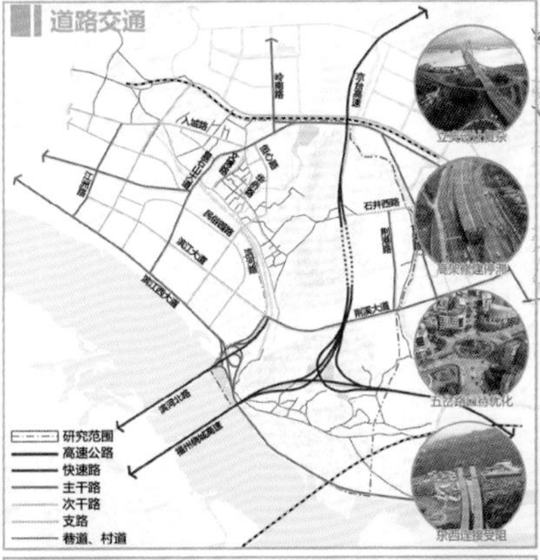

交通待优化

基地的荆溪枢纽是沟通福州主城和西部山区的重要枢纽。福州地铁8号线的规划，促进基地融入中心城区。

东西联系不紧密

基地道路交通受山体和高架桥阻隔。

土地利用

图例：水田、水浇地、旱地、果园、其他园地、乔木林地、灌木林地、草地、城镇住宅用地、农村宅基地、商业服务业用地、公园绿地、机关团体用地、文化用地、教育用地、医疗卫生用地、社会福利用地、特殊用地、文物古迹用地、工业用地、铁路用地、城镇道路用地、交通场站用地、公用设施用地、河流水面、坑塘水面、研究范围

用地代码	类别名称	现状	
		用地面积/公顷	占比/（%）
0101	水田	5.56	0.87
0102	水浇地		
0103	旱地		
0201	果园	96.03	15.08
0204	其他园地		
0301	乔木林地	54.46	8.55
0305	灌木林地		
0307	其他林地		
0404	其他草地	6.82	1.07
0701	城镇住宅用地	51.66	8.11
0703	农村宅基地	98.6	15.48
0801	机关团体用地	108.40	17.02
0803	文化用地		
0804	教育用地		
0806	医疗卫生用地		
0807	社会福利用地		
09	商业服务业用地	3.76	0.59
1001	工业用地	42.67	6.70
1201	铁路用地	72.79	11.43
1202	公路用地		
1207	城镇村道路用地		
1208	交通场站用地	4.08	0.64
13	公用设施用地	9.79	1.54
1401	公园绿地	20.39	3.20
15	特殊用地	36.3	5.70
1701	河流水面	25.54	4.01
1704	坑塘水面		
总计		636.85	100

公共服务

闽侯英才中学　闽侯县青少年宫　闽侯县卫生局　闽侯县人民检察院　闽侯县第一中学　福州市艺术学校　福建艺术职业学校　闽侯县第二实验小学　闽侯县昙石山小学　福建卫生职业技术学校　闽侯文化科技中心　福建省青少年体育学校　昙石山遗址博物馆

图例：研究范围、机关团体用地、文化设施用地、高等教育用地、中小学用地、医疗设施用地、福利设施用地、村委会、幼儿园、养老院、菜市场、税务局

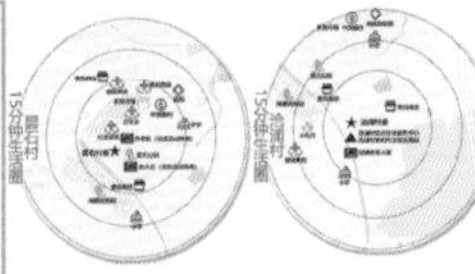

教育资源丰富

基地有7所中高等教育院校、6所小学、3所初中、1所民办九年一贯制学校、1所高中。

文化设施丰富

基地有昙石山遗址博物馆、闽侯县博物馆、荆溪文化科技中心、青少年宫等文化设施。

生活圈不完善

基地中各城中村缺乏商业、运动健身、休闲、医疗卫生等设施。

建筑

建筑年代分布　建筑高度分布　建筑结构分布　建筑质量分布

图例：研究范围、传统风貌建筑、现代城市风貌建筑、现代农村风貌建筑

建筑年代

历史建筑多散布于昙石、洽浦、港头三个村内，与现代建筑的风貌割裂。

建筑高度

基地内多为多层建筑，东侧高教区多高层建筑。洽浦河两岸建筑高差过大。

建筑结构

建筑以砖混结构为主，包括自建房、老旧住宅，以及教学楼、博物馆等公共建筑。

建筑质量

基地内部分历史风貌建筑质量较差，需要进行翻新改造。

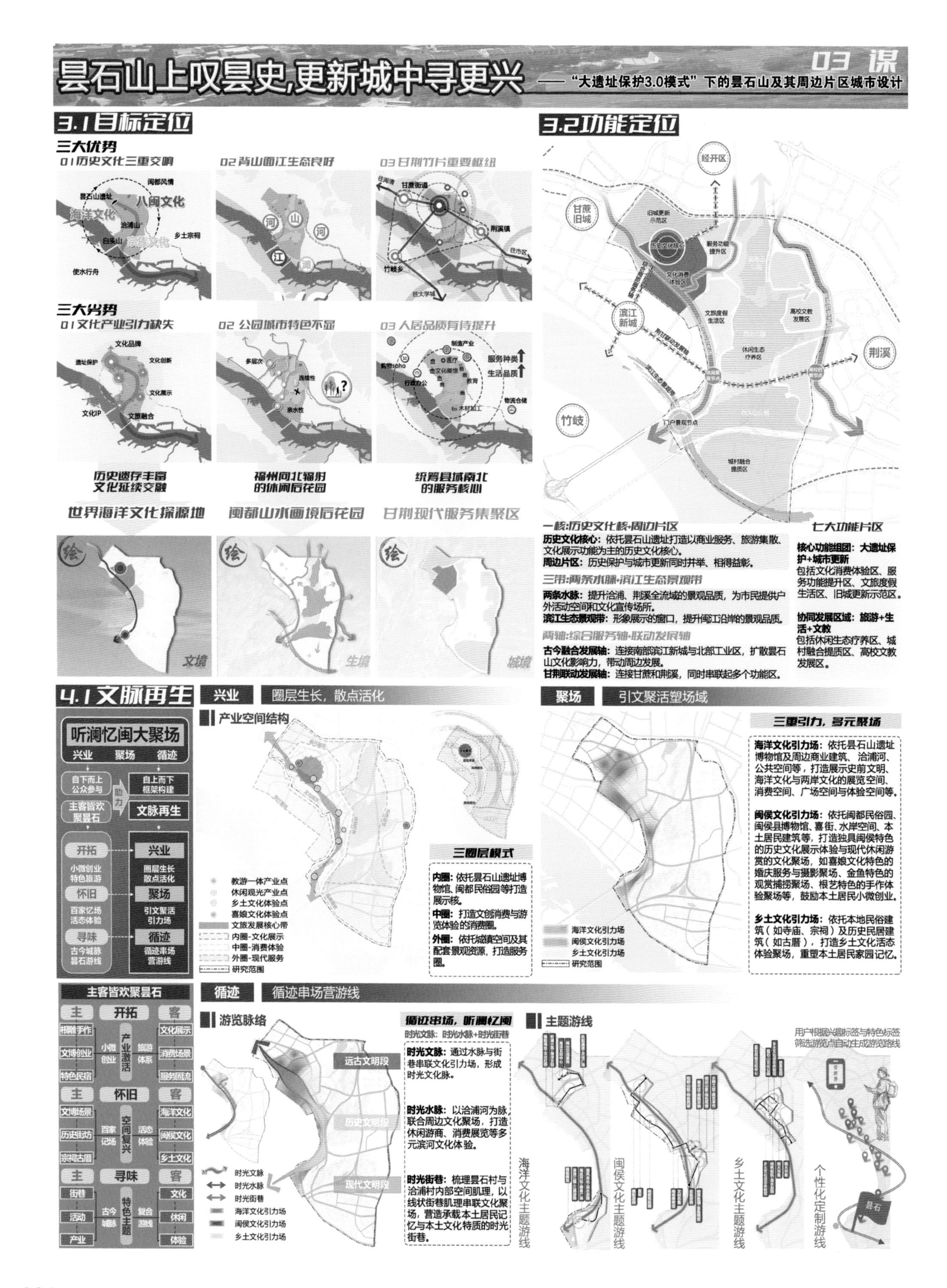
昙石山上叹昙史，更新城中寻更兴
03 课
——“大遗址保护3.0模式”下的昙石山及其周边片区城市设计
3.1目标定位
三大优势
01历史文化三重交响
02背山面江生态良好
03甘荆竹片重要枢纽
闽都风情
昙石山遗址
八闽文化
海洋文化
沿浦山
白头山
宗族文化
乡土宗祠
使水行舟
河
山
河
江
湖
往闽清
甘蔗街道
荆溪镇
往市区
竹岐乡
往大学城
三大劣势
01文化产业引力缺失
02公园城市特色不显
03人居品质有待提升
文化品牌
遗址保护
文化创新
文化展示
文化IP
文旅融合
多层次
连续性
亲水性
制造产业
医疗
购物soho
文化展馆
行政办公
教育
木材加工
物流仓储
服务种类
生活品质
历史遗存丰富
文化延续交融
福州向北辐射
的休闲后花园
统筹县城南北
的服务核心
世界海洋文化探源地
闽都山水画境后花园
甘荆现代服务集聚区
绘
文境
生境
城境
3.2功能定位
经开区
甘蔗旧城
滨江新城
荆溪
竹岐
旧城更新示范区
历史文化核心
服务功能提升区
文化消费体验区
文旅度假生活区
休闲生态疗养区
高校文教发展区
城村融合提质区
门户景观节点
一核:历史文化核+周边片区
历史文化核心：依托昙石山遗址打造以商业服务、旅游集散、文化展示功能为主的历史文化核心。
周边片区：历史保护与城市更新同时并举、相得益彰。
三带:两条水脉+滨江生态景观带
两条水脉：提升沿浦、荆溪全流域的景观品质，为市民提供户外活动空间和文化宣传场所。
滨江生态景观带：形象展示的窗口，提升闽江沿岸的景观品质。
两轴:综合服务轴+联动发展轴
古今融合发展轴：连接南部滨江新城与北部工业区，扩散昙石山文化影响力，带动周边发展。
甘荆联动发展轴：连接甘蔗和荆溪，同时串联起多个功能区。
七大功能片区
核心功能组团：大遗址保护+城市更新
包括文化消费体验区、服务功能提升区、文旅度假生活区、旧城更新示范区。
协同发展区域：旅游+生活+文教
包括休闲生态疗养区、城村融合提质区、高校文教发展区。
4.1文脉再生
兴业
圈层生长，散点活化
聚场
引文聚活塑场域
听澜忆闽大聚场
兴业 聚场 循迹
自下而上公众参与
自上而下框架构建
助力
主客皆欢聚昙石
文脉再生
开拓
小微创业特色旅游
兴业
圈层生长散点活化
怀旧
百家忆场活态体验
聚场
引文聚活引力场
寻味
古今城脉昙石游线
循迹
循迹串场营游线
产业空间结构
教游一体产业点
休闲观光产业点
乡土文化体验点
喜娘文化体验点
文旅发展核心带
内圈-文化展示
中圈-消费体验
外圈-现代服务
研究范围
三圈层模式
内圈：依托昙石山遗址博物馆、闽都民俗园等打造展示核。
中圈：打造文创消费与游览体验的消费圈。
外圈：依托城镇空间及其配套景观资源，打造服务圈。
三重引力，多元聚场
海洋文化引力场：依托昙石山遗址博物馆及周边商业建筑、沿浦河、公共空间等，打造展示史前文明、海洋文化与两岸文化的展览空间、消费空间、广场空间与体验空间等。
闽侯文化引力场：依托闽都民俗园、闽侯县博物馆、喜街、水岸空间、本土居民建筑等，打造独具闽侯特色的历史文化展示体验与现代休闲游赏的文化聚场，如喜娘文化特色的婚庆服务与摄影聚场、金鱼特色的观赏捕捞聚场、根艺特色的手作体验聚场等，鼓励本土居民小微创业。
乡土文化引力场：依托本地民俗建筑（如寺庙、宗祠）及历史民居建筑（如古厝），打造乡土文化活态体验聚场，重塑本土居民家园记忆。
海洋文化引力场
闽侯文化引力场
乡土文化引力场
研究范围
主客皆欢聚昙石
主 开拓 客
根雕手作
文博创业
特色民宿
小微创业
产业激活
旅游体系
文化展示
消费场景
服务配套
主 怀旧 客
文博场景
历史街坊
宗祠古厝
百家记忆
空间复兴
活态体验
海洋文化
闽侯文化
乡土文化
主 寻味 客
街巷
活动
产业
古今城脉
特色主题
复合游线
文化
休闲
体验
循迹
循迹串场营游线
游览脉络
远古文明段
历史文明段
现代文明段
时光文脉
时光水脉
时光街巷
海洋文化引力场
闽侯文化引力场
乡土文化引力场
循迹串场，听澜忆闽
时光文脉：时光水脉+时光街巷
时光文脉：通过水脉与街巷串联文化引力场，形成时光文化脉。
时光水脉：以沿浦河为脉，联合周边文化聚场，打造休闲游商、消费展览等多元滨河文化体验。
时光街巷：梳理昙石村与沿浦村内部空间肌理，以线状街巷肌理串联文化聚场，营造承载本土居民记忆与本土文化特质的时光街巷。
主题游线
用户根据兴趣标签与特色标签筛选游览点自动生成游览路线
海洋文化主题游线
闽侯文化主题游线
乡土文化主题游线
个性化定制游线
昙石

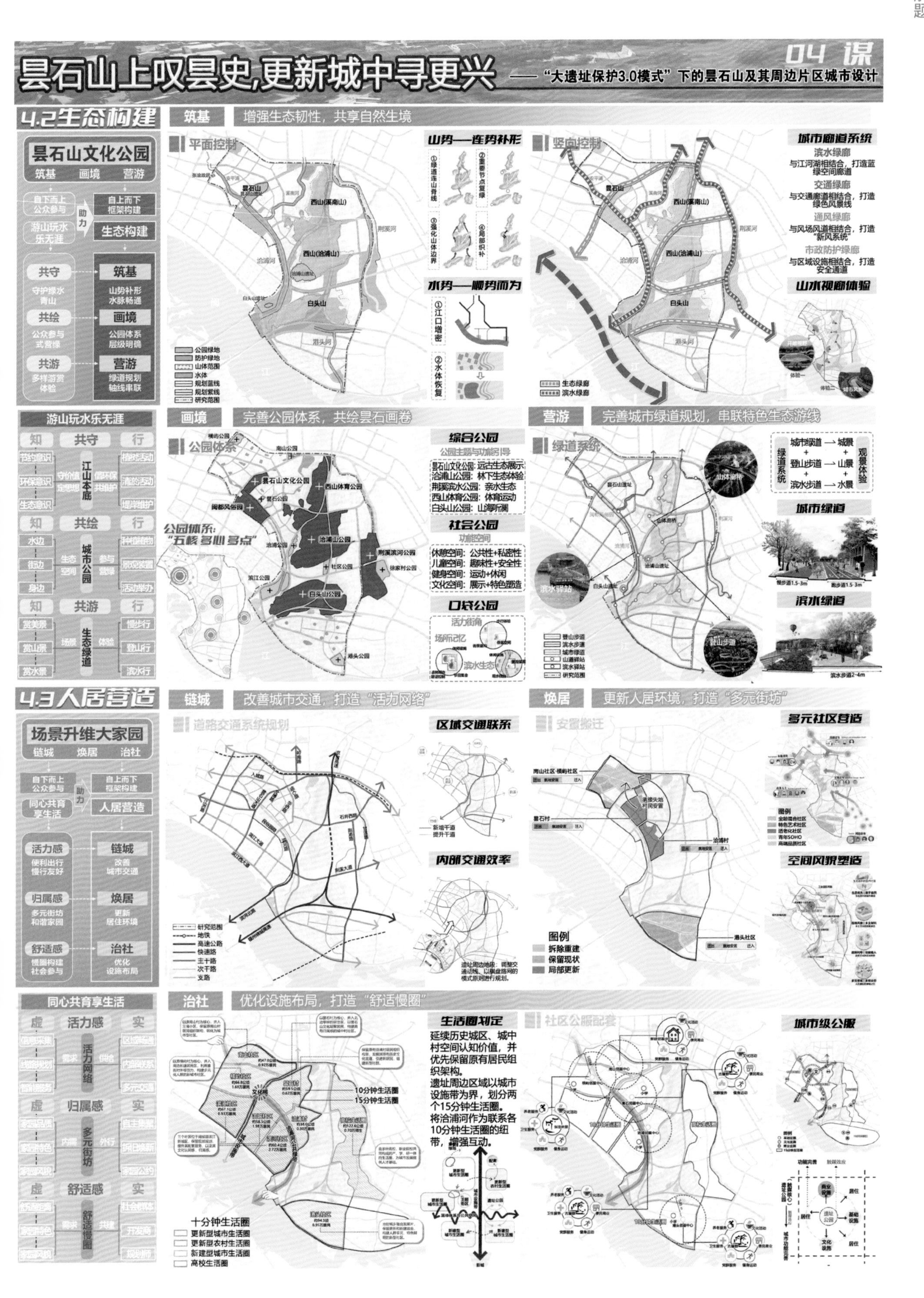

04 课
昙石山上叹昙史,更新城中寻更兴
——"大遗址保护3.0模式"下的昙石山及其周边片区城市设计
4.2生态构建
昙石山文化公园
筑基 画境 营游
筑基 增强生态韧性，共享自然生境
平面控制
山势——连势补形
水势——顺势而为
竖向控制
城市廊道系统
滨水绿廊
与江河湖相结合，打造蓝绿空间廊道
交通绿廊
与交通廊道相结合，打造绿色风景线
通风绿廊
与风场风道相结合，打造"新风系统"
市政防护绿廊
与区域设施相结合，打造安全通道
山水视廊体验
画境 完善公园体系，共绘昙石画卷
公园体系
公园体系："五核多心多点"
综合公园
昙石山文化公园：远古生态展示
洽浦山公园：林下生态体验
荆溪滨水公园：亲水生态
西山体育公园：体育运动
白头山公园：山海听澜
社会公园
休憩空间：公共性+私密性
儿童空间：趣味性+安全性
健身空间：运动+休闲
文化空间：展示+特色塑造
口袋公园
营游 完善城市绿道规划，串联特色生态游线
绿道系统
城市绿道
滨水绿道
4.3人居营造
场景升维大家园
链城 焕居 治社
链城 改善城市交通，打造"活力网络"
道路交通系统规划
区域交通联系
内部交通效率
焕居 更新人居环境，打造"多元街坊"
安置搬迁
多元社区营造
空间风貌塑造
图例
拆除重建
保留现状
局部更新
治社 优化设施布局，打造"舒适慢圈"
生活圈划定
延续历史城区、城中村空间认知价值，并优先保留原有居民组织架构。
遗址周边区域以城市设施带为界，划分两个15分钟生活圈。
将洽浦河作为联系各10分钟生活圈的纽带，增强互动。
十分钟生活圈
更新型城市生活圈
更新型农村生活圈
新建型城市生活圈
高校生活圈
社区公服配套
城市级公服

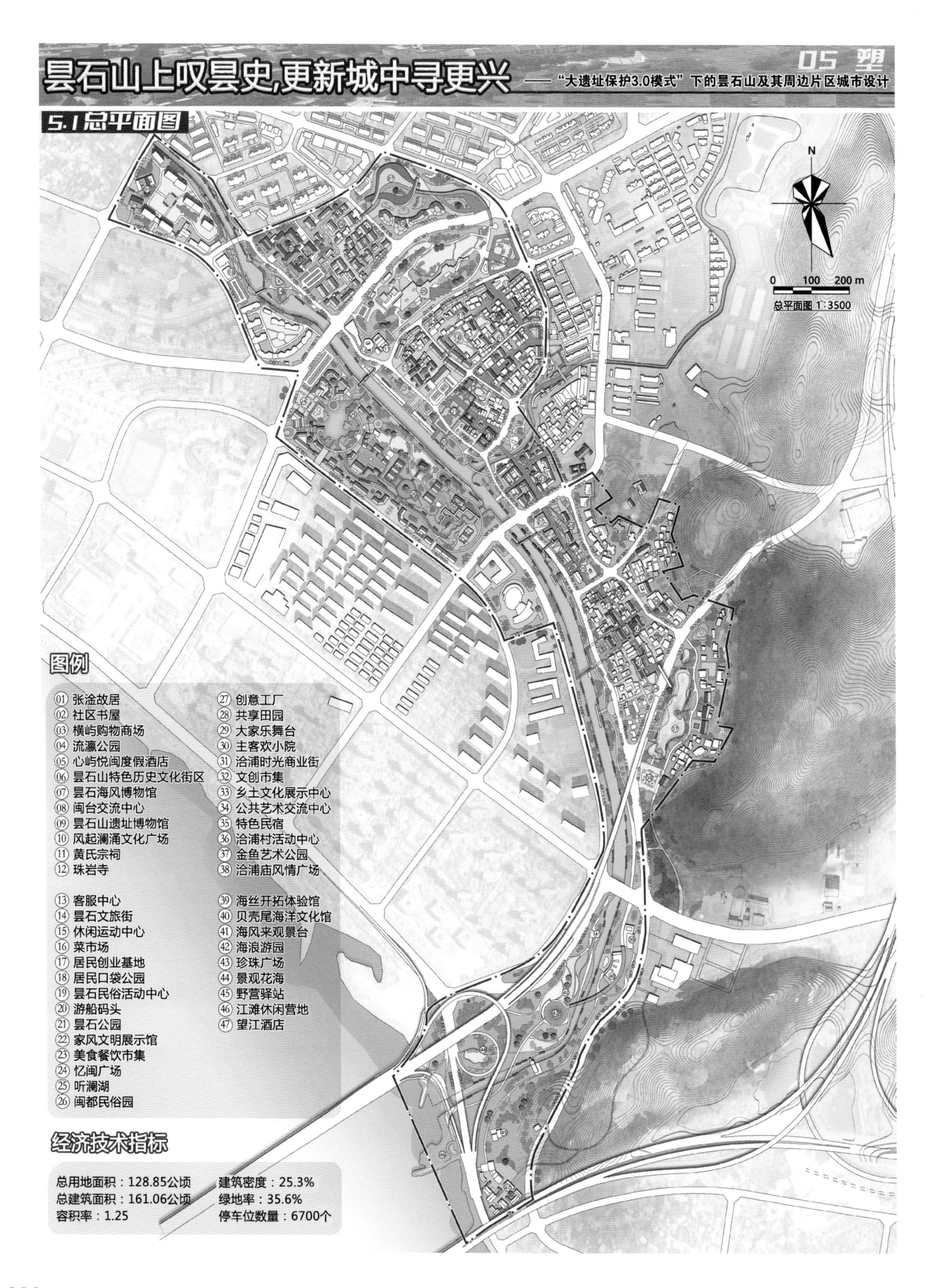
05 塑
昙石山上叹昙史，更新城中寻更兴
——"大遗址保护3.0模式"下的昙石山及其周边片区城市设计
5.1总平面图
N
0 100 200 m
总平面图 1:3500
图例
01 张淦故居
02 社区书屋
03 横屿购物商场
04 流瀛公园
05 心屿悦闽度假酒店
06 昙石山特色历史文化街区
07 昙石海风博物馆
08 闽台交流中心
09 昙石山遗址博物馆
10 风起澜涌文化广场
11 黄氏宗祠
12 珠岩寺
13 客服中心
14 昙石文旅街
15 休闲运动中心
16 菜市场
17 居民创业基地
18 居民口袋公园
19 昙石民俗活动中心
20 游船码头
21 昙石公园
22 家风文明展示馆
23 美食餐饮市集
24 忆闽广场
25 听澜湖
26 闽都民俗园
27 创意工厂
28 共享田园
29 大家乐舞台
30 主客欢小院
31 洽浦时光商业街
32 文创市集
33 乡土文化展示中心
34 公共艺术交流中心
35 特色民宿
36 洽浦村活动中心
37 金鱼艺术公园
38 洽浦庙风情广场
39 海丝开拓体验馆
40 贝壳尾海洋文化馆
41 海风来观景台
42 海浪游园
43 珍珠广场
44 景观花海
45 野营驿站
46 江滩休闲营地
47 望江酒店
经济技术指标
总用地面积：128.85公顷
总建筑面积：161.06公顷
容积率：1.25
建筑密度：25.3%
绿地率：35.6%
停车位数量：6700个

昙石山上叹昙史,更新城中寻更兴

06 塑 ——“大遗址保护3.0模式”下的昙石山及其周边片区城市设计

6.1 系统规划分析

空间结构规划

功能分区规划

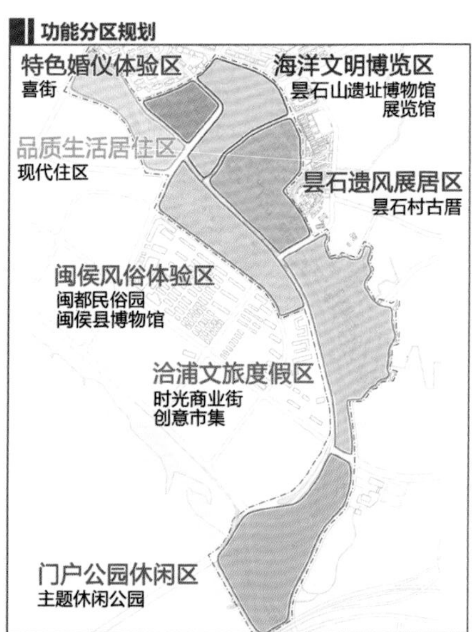

景观系统规划

土地利用规划

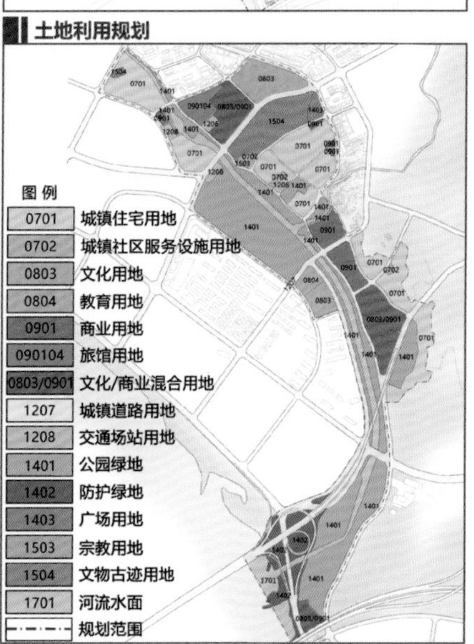

用地平衡表

用地编码		用地名称	面积/公顷	用地占比/(%)
07		**居住用地**	**23.79**	**18.46**
其中	0701	城镇住宅用地	23.11	17.93
	0702	城镇社区服务设施用地	0.68	0.53
08		**公共管理与公共服务设施用地**	**6.9**	**5.36**
其中	0803	文化用地	5.82	4.52
	0804	教育用地	1.08	0.84
09		**商业服务业设施用地**	**6.56**	**5.09**
其中	0901	商业用地	4.58	3.55
	090104	旅馆用地	1.98	1.54
0803/0901		**文化/商业混合用地**	**9.78**	**7.59**
12		**交通运输用地**	**24.14**	**18.74**
其中	1207	城镇道路用地	22.93	17.80
	1208	交通场站用地	1.21	0.94
14		**绿地与广场用地**	**40.32**	**31.29**
其中	1401	公园绿地	34.14	26.50
	1402	防护绿地	5.47	4.24
	1403	广场绿地	0.71	0.55
15		**特殊用地**	**6.43**	**4.99**
其中	1503	宗教用地	0.19	0.15
	1504	文物古迹用地	6.24	4.84
17		**陆地水域**	**10.93**	**8.48**
其中	1701	河流水面	10.93	8.48
城市建设用地			**117.92**	**91.52**
非建设用地			**10.93**	**8.48**
城乡用地(规划范围)			**128.85**	**100.00**

开发强度控制

建筑高度控制

道路交通规划

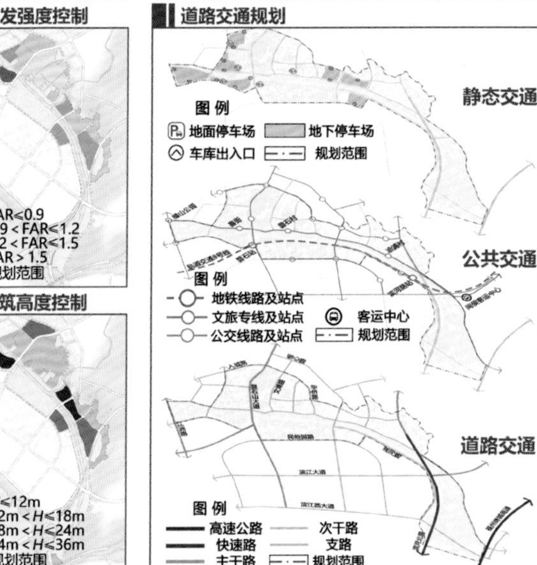

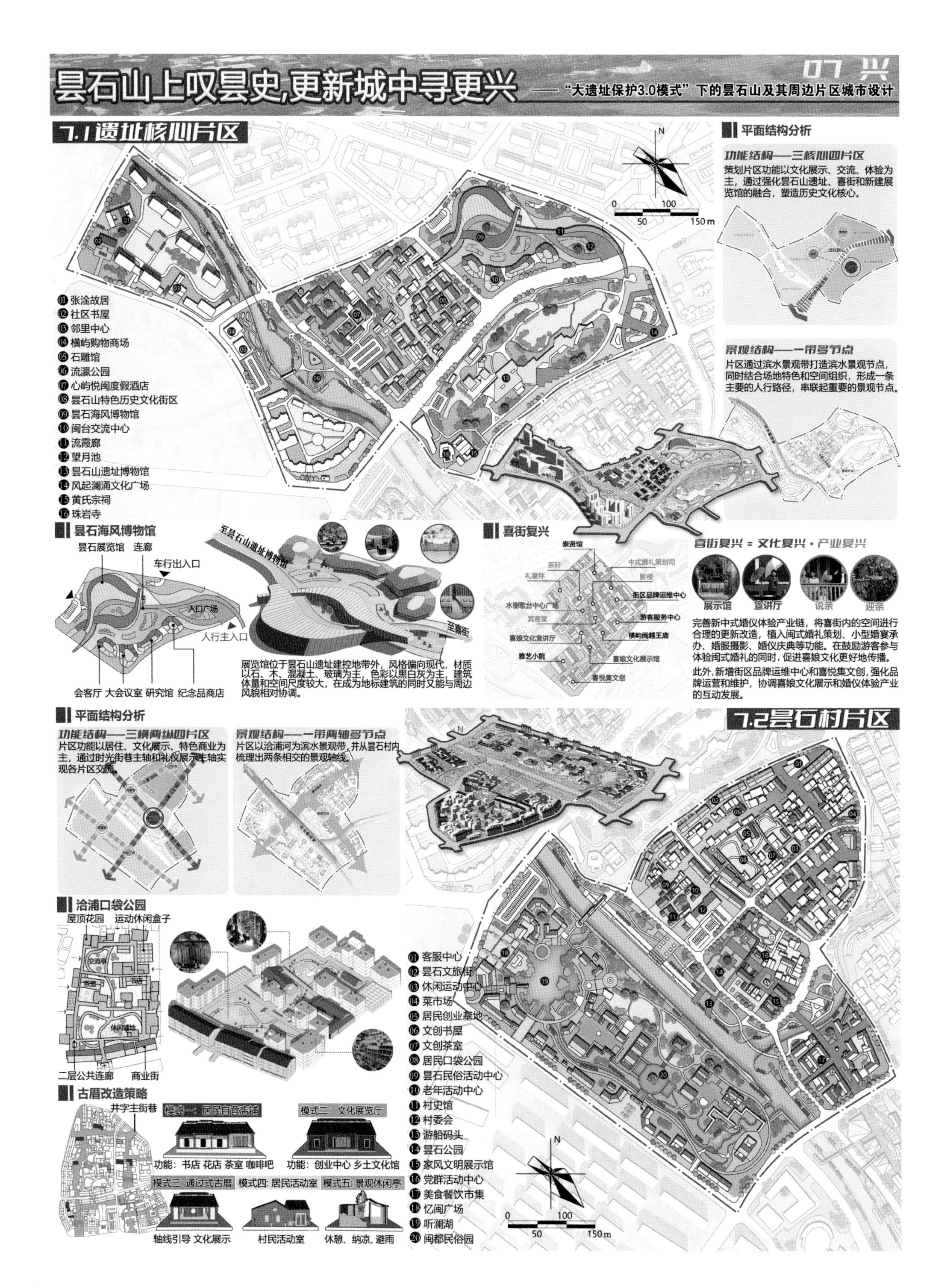

昙石山上叹昙史,更新城中寻更兴
07 兴
——"大遗址保护3.0模式"下的昙石山及其周边片区城市设计
7.1遗址核心片区
01 张淦故居
02 社区书屋
03 邻里中心
04 横屿购物商场
05 石雕馆
06 流瀛公园
07 心屿悦闽度假酒店
08 昙石山特色历史文化街区
09 昙石海风博物馆
10 闽台交流中心
11 流霞廊
12 望月池
13 昙石山遗址博物馆
14 风起澜涌文化广场
15 黄氏宗祠
16 珠岩寺
平面结构分析
功能结构——三核心四片区
策划片区功能以文化展示、交流、体验为主，通过强化昙石山遗址、喜街和新建展览馆的融合，塑造历史文化核心。
景观结构——一带多节点
片区通过滨水景观带打造滨水景观节点，同时结合场地特色和空间组织，形成一条主要的人行路径，串联起重要的景观节点。
昙石海风博物馆
昙石展览馆
连廊
车行出入口
入口广场
人行主入口
会客厅
大会议室
研究馆
纪念品商店
至昙石山遗址博物馆
至喜街
展览馆位于昙石山遗址建控地带外，风格偏向现代，材质以石、木、混凝土、玻璃为主，色彩以黑白灰为主，建筑体量和空间尺度较大，在成为地标建筑的同时又能与周边风貌相对协调。
喜街复兴
喜街复兴 = 文化复兴 + 产业复兴
展示馆
宣讲厅
说亲
迎亲
完善新中式婚仪体验产业链，将喜街内的空间进行合理的更新改造，植入闽式婚礼策划、小型婚宴承办、婚服摄影、婚仪庆典等功能。在鼓励游客参与体验闽式婚礼的同时，促进喜娘文化更好地传播。
此外，新增街区品牌运维中心和喜悦集文创，强化品牌运营和维护，协调喜娘文化展示和婚仪体验产业的互动发展。
平面结构分析
功能结构——三横两纵四片区
片区功能以居住、文化展示、特色商业为主，通过时光街巷主轴和礼仪展示主轴实现各片区交流。
景观结构——一带两轴多节点
片区以洽浦河为滨水景观带，并从昙石村内梳理出两条相交的景观轴线。
7.2昙石村片区
洽浦口袋公园
屋顶花园
运动休闲盒子
二层公共连廊
商业街
古厝改造策略
井字主街巷
模式一：居民自营店铺
功能：书店 花店 茶室 咖啡吧
模式二：文化展览厅
功能：创业中心 乡土文化馆
模式三：通过式古厝
轴线引导 文化展示
模式四：居民活动室
村民活动室
模式五：景观休闲亭
休憩、纳凉、避雨
01 客服中心
02 昙石文旅街
03 休闲运动中心
04 菜市场
05 居民创业基地
06 文创书屋
07 文创茶室
08 居民口袋公园
09 昙石民俗活动中心
10 老年活动中心
11 村史馆
12 村委会
13 游船码头
14 昙石公园
15 家风文明展示馆
16 党群活动中心
17 美食餐饮市集
18 忆闽广场
19 听澜湖
20 闽都民俗园

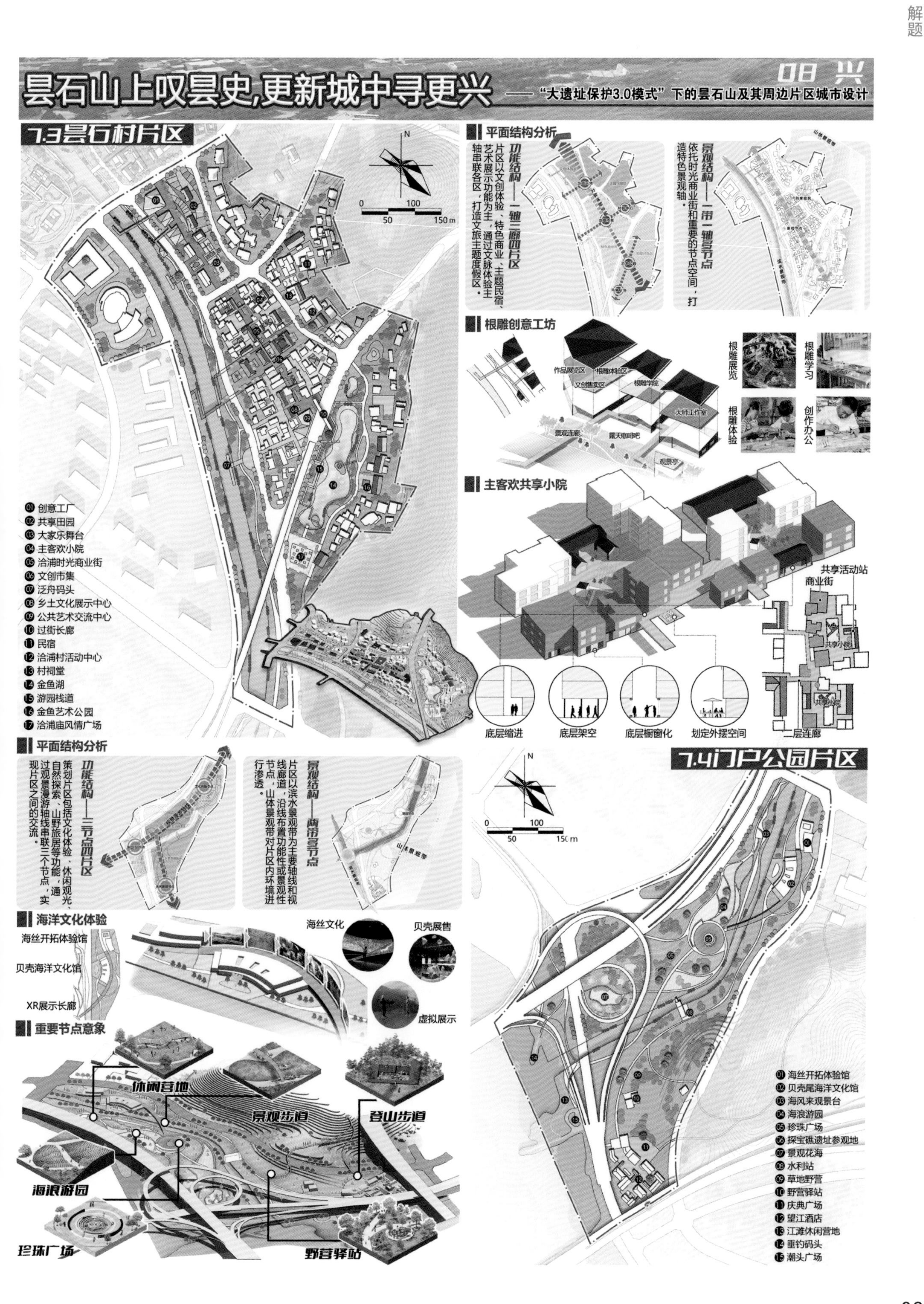

昙石山上叹昙史，更新城中寻更兴
08 兴
——"大遗址保护3.0模式"下的昙石山及其周边片区城市设计
7.3昙石村片区
平面结构分析
功能结构——一轴三廊四片区
片区以文创体验、特色商业、主题民宿、艺术展示功能为主，通过文脉体验主轴串联各区，打造文旅主题度假区。
景观结构——一带一轴多节点
依托时光商业街和重要的节点空间，打造特色景观轴。
根雕创意工坊
作品展览区
根雕体验区
文创售卖区
根雕学院
大师工作室
景观连廊
露天咖啡吧
观景亭
根雕展览
根雕学习
根雕体验
创作办公
主客欢共享小院
共享活动站
商业街
共享小院
二层连廊
底层缩进
底层架空
底层橱窗化
划定外摆空间
01 创意工厂
02 共享田园
03 大家乐舞台
04 主客欢小院
05 洽浦时光商业街
06 文创市集
07 泛舟码头
08 乡土文化展示中心
09 公共艺术交流中心
10 过街长廊
11 民宿
12 洽浦村活动中心
13 村祠堂
14 金鱼湖
15 游园栈道
16 金鱼艺术公园
17 洽浦庙风情广场
平面结构分析
功能结构——三节点四片区
策划片区包括文化体验、休闲观光、自然探索、山野旅居等功能，通过观景漫游轴线串联三个节点，实现片区之间的交流。
景观结构——两带多节点
片区以滨水景观带为主要轴线和线廊道，沿线布置功能性或景观性节点，山体景观带对片区内环境进行渗透。
山体景观带
7.4门户公园片区
海洋文化体验
海丝开拓体验馆
贝壳海洋文化馆
XR展示长廊
海丝文化
贝壳展售
虚拟展示
重要节点意象
休闲营地
景观步道
登山步道
海浪游园
珍珠广场
野营驿站
01 海丝开拓体验馆
02 贝壳尾海洋文化馆
03 海风来观景台
04 海浪游园
05 珍珠广场
06 探宝礁遗址参观地
07 景观花海
08 水利站
09 草地野营
10 野营驿站
11 庆典广场
12 望江酒店
13 江滩休闲营地
14 垂钓码头
15 潮头广场
N
0 50 100 150 m

福建理工大学

昙石溯源·时空再叙

——基于空间叙事理论的昙石山文化公园及其周边片区城市更新设计 / 黄梦珺 黄艺杰 林泽烜 王金洺

文脉之心，绎忆昙石

——基于“场所演绎”理念的昙石山遗址片区的开发与保护共生设计 / 陈耀华 吴震

山水活力，微旅昙石

——基于同构理论的昙石山地块城市更新设计 / 陈欣然 林雨欣

织网链接　多维共建

——基于社会空间网络视角的昙石山文化公园及其周边片区城市更新设计 / 连琼慧 林思熠

昙华舞轻扬，石径苔痕长

——基于“地方芭蕾”理念的昙石山文化公园及其周边片区城市更新设计 / 傅怡楠 许梦雪

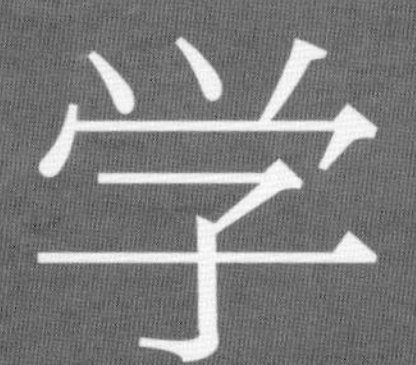

昙石溯源·时空再叙
——基于空间叙事理论的昙石山文化公园及其周边片区城市更新设计
溯地脉
上位规划——省级衔接《福建省国土空间总体规划（2021—2035年）》
助力一体化发展
加强创新和产业空间保障
保护传承历史文化遗产
市级衔接《福州市国土空间总体规划（2021—2035年）》
国空总体格局的中间要素
兵建生态保护格局
文化遗产活化与创新活力
县级衔接《闽侯县国土空间总体规划（2022—2035年）》
区域协同发展
绿色生态保护
立足功能定位
区位分析：区位条件优渥，对外交通便利
用地分析：土地低效利用，优化土地利用结构再开发
交通分析：交通体系建设不完善，东西联系不紧密
病症梳理1
衔接
断层
病症梳理2
规划至2035年，市域常住人口1000万人
客源市场巨大
无法吸引人流
溯景脉
地块总览：生态资源丰富，人文资源分散不连续
地形地貌：地势中间高两边低，适宜建设区割裂
山－水－城空间格局——一江两水抱三山
病症梳理
割裂的山水城
溯文脉
文化分析：物质文化遗产丰富且分布集中
文化分析：史前文明与本土文化的碰撞发展
病症梳理
昙石山是福建古文化的摇篮和先秦闽族的发源地，坐拥丰富的文化资源，但是未能激发片区的文化活力。
溯人脉
公服分析：配套设施分布不均
建筑现状评价：场地新旧建筑混杂，大量建筑待更新修缮
人群需求：邻里交往、休闲购物、文化体验空间
病症梳理

昙石溯源·时空再叙 2
——基于空间叙事理论的昙石山文化公园及其周边片区城市更新设计
填愿景
塑新峄
理念引入——空间叙事体
目标梳理架构
目标导向
理念引入——空间叙事体
叙游憩
理福州环城游憩带总体规划
滨水游憩叙事线
游憩沿线场景打造意象
福州生态慢行游憩道总体规划
滨水游憩叙事节点打造意向
福州环城游憩带旅游人口测算
环境日容量：10,7354人
年接待旅游人口 2,882,347人次
叙山水
山水自然叙事线
主题节点构建——观江/营游
城市环境融入
主题策略
绿道系统联通
河道梳理
主题节点打造——望石/寻境
桥下空间更新
规划结构策略图
功能分区图
道路系统规划图
景观系统规划图
土地利用规划图

昙石溯源·时空再叙
基于空间叙事理论的昙石山文化公园及其周边片区城市更新设计
叙文脉
文脉复兴叙事线
主题演绎
叙事线索
叙事脚本
叙安居
人文市井叙事线
主题策略
场景营造意象
社区拆改留分析
整体公共活动空间营造
口袋公园
少年宫
绿道
学校
市民广场
老年活动中心
遗址公园
广场
喜街
遗址博物馆

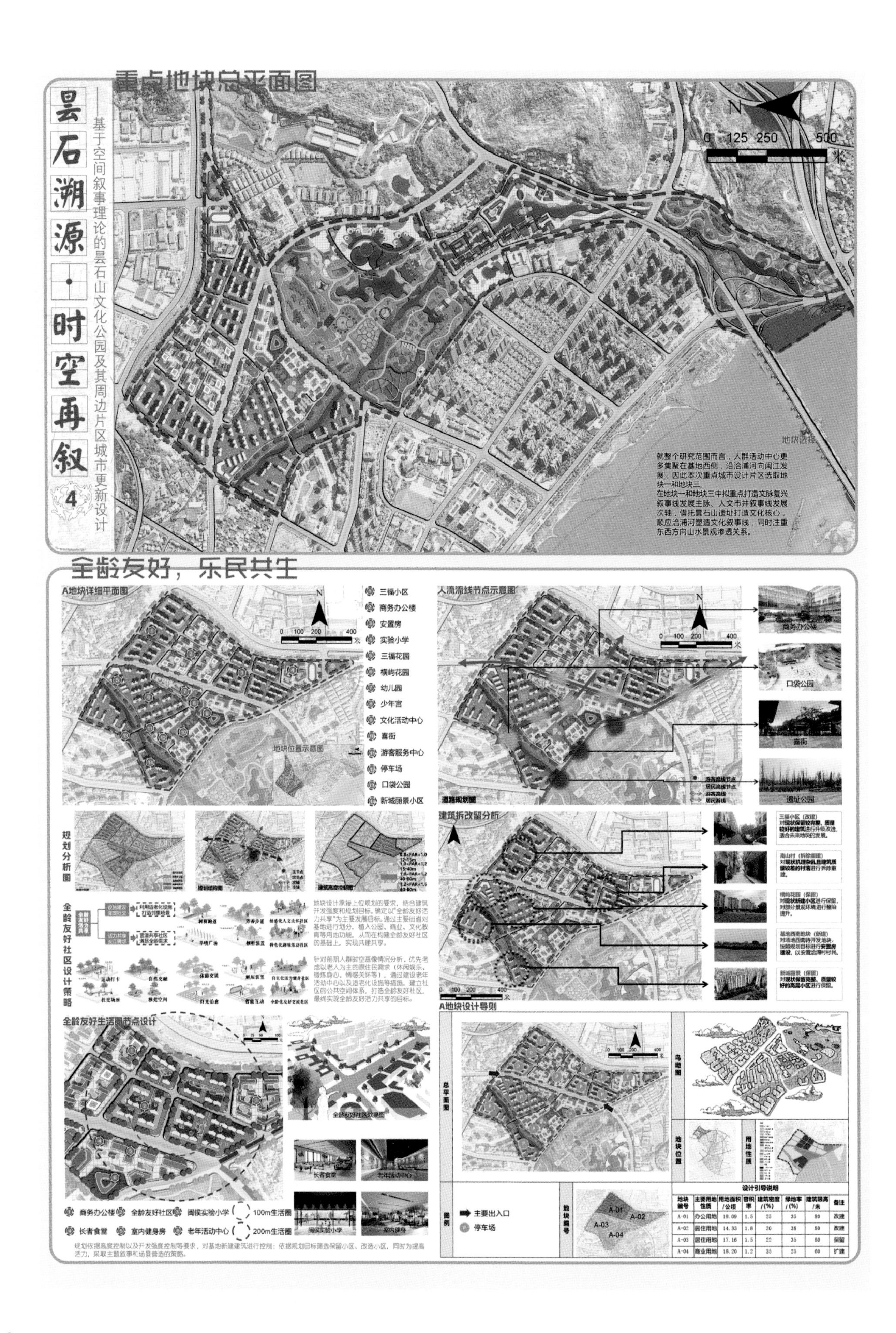

地块编号	主要用地性质	用地面积/公顷	容积率	建筑密度/(%)	绿地率/(%)	建筑限高/米	备注
A-01	办公用地	19.09	1.5	25	35	80	改建
A-02	居住用地	14.33	1.8	20	38	80	改建
A-03	居住用地	17.16	1.5	22	35	80	保留
A-04	商业用地	18.20	1.2	35	25	60	扩建

地块编号	主要用地性质	用地面积/公顷	容积率	建筑密度/(%)	绿地率/(%)	建筑限高/米	备注
B-01	文化用地	45.53	0.5	5	55	15	扩建
B-02	公园用地	7.70	1.1	35	35	15	修缮改建

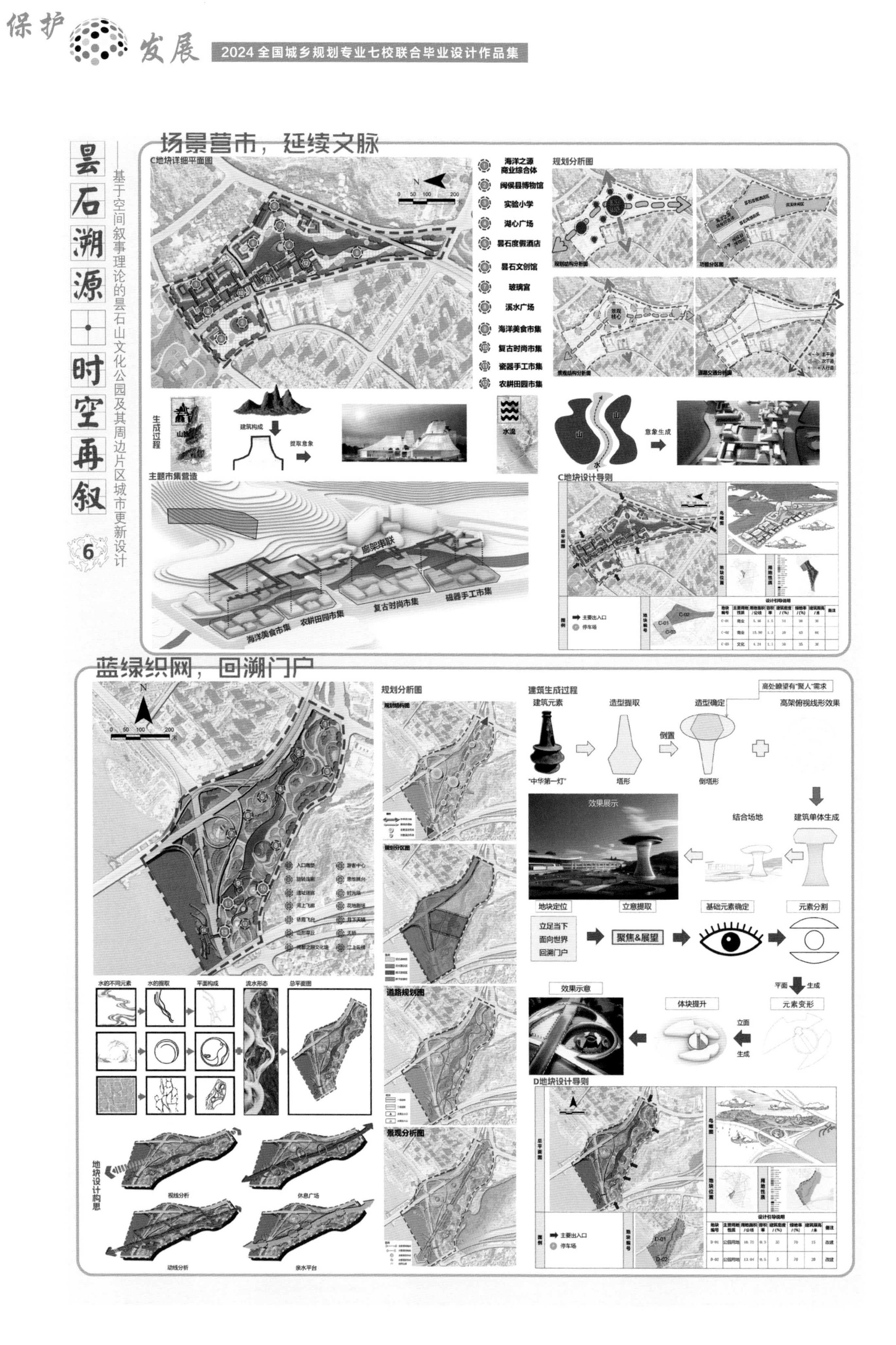
昙石溯源·时空再叙
——基于空间叙事理论的昙石山文化公园及其周边片区城市更新设计
6
场景营市，延续文脉
C地块详细平面图
海洋之源商业综合体
闽侯县博物馆
实验小学
湖心广场
昙石度假酒店
昙石文创馆
玻璃宫
溪水广场
海洋美食市集
复古时尚市集
瓷器手工市集
农耕田园市集
规划分析图
规划结构分析图
功能分区图
景观结构分析图
道路交通分析图
生成过程
山脉
建筑构成
提取意象
水流
山
水
意象生成
主题市集营造
廊架串联
海洋美食市集
农耕田园市集
复古时尚市集
磁器手工市集
C地块设计导则
总平面图
鸟瞰图
地块位置
用地性质
图例
主要出入口
停车场
地块编号
设计引导说明
蓝绿织网，回溯门户
规划分析图
规划结构图
规划分区图
道路规划图
景观分析图
水的不同元素
水的提取
平面构成
流水形态
总平面图
地块设计构思
视线分析
休息广场
动线分析
亲水平台
建筑生成过程
建筑元素
造型提取
倒置
造型确定
高处瞭望有"聚人"需求
高架俯视线形效果
"中华第一灯"
塔形
倒塔形
效果展示
结合场地
建筑单体生成
地块定位
立意提取
基础元素确定
元素分割
立足当下
面向世界
回溯门户
聚焦&展望
平面
生成
效果示意
体块提升
立面
生成
元素变形
D地块设计导则
总平面图
鸟瞰图
地块位置
用地性质
图例
主要出入口
停车场
地块编号
设计引导说明

文脉之心，绎忆昙石

——基于“场所演绎”理念的昙石山遗址片区的开发与保护共生设计

01 研究背景

区位分析

地理区位

闽侯县位于福州市中部和北部，与福州市区接壤。

基地位于闽侯县东部，地处闽江东北岸，山水环抱。

基地地处闽侯县城、福州主城交界处，福州市区1小时交通圈范围内，与福州多个交通枢纽之间联系较为紧密，且周边多条主要干道加强了其与主城区的联系。

周边要素分析

周边自然资源

周边山水关系

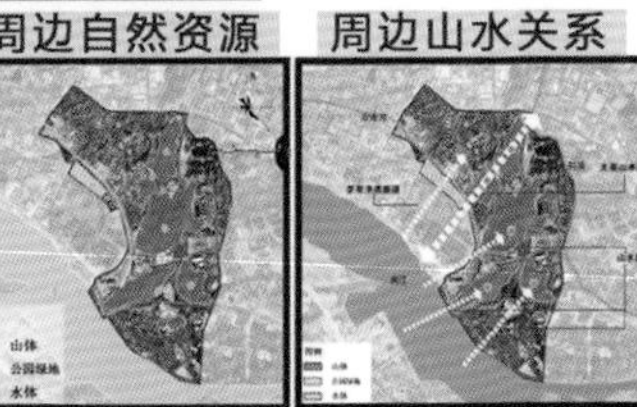

周边道路交通

昙石文脉传承

闽江之畔	江景特色
群山耸立	登山宝地
公园棋布	休闲游憩

山水通廊，景观渗透

入城门户，人流汇聚

昙石遗址	文脉之源
昙石习俗	文脉特色
昙石观念	文脉之魂

昙石文化·山水特色·基地

旅游资源丰厚　发展路径：以昙石山遗址为核心，充分发挥山水特色　昙石文化底蕴悠长

上位规划

《福州市国土空间总体规划（2021—2035年）》

“一主一副、双轴两翼一区”的国土空间总体格局城市性质，海峡两岸交流合作中心，海上丝绸之路枢纽城市，国家历史文化名城，滨江滨海现代化国际城市。城市规模：6区1市6县，常住人口约844.8万。

《闽侯县国土空间总体规划(2021—2035年)》

闽侯县提出重点保护昙石山特色历史文化街区，依托悠久的闽越文化、全景绿色空间等，打造闽越风情生态文化旅游目的地。

历史文化分析

历史变革

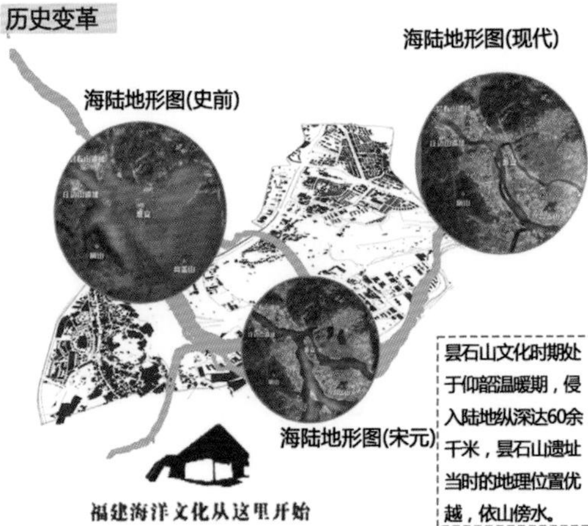

昙石山文化时期处于仰韶温暖期，侵入陆地纵深达60余千米，昙石山遗址当时的地理位置优越，依山傍水。

历史文化要素分布及分级

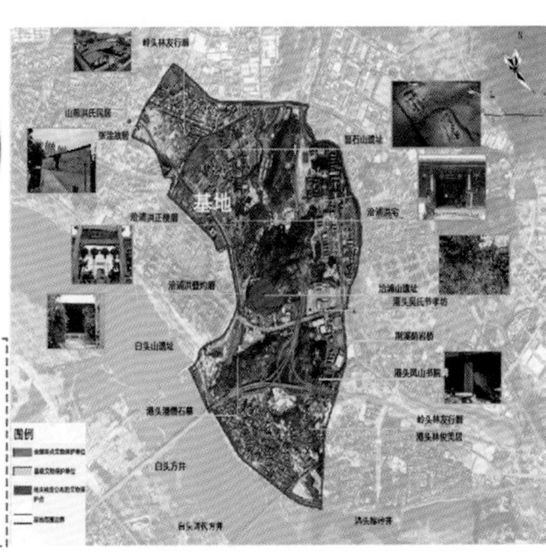

基地现状分析

自然资源分析

山脉：基地东南部背靠西山，山色秀丽。

公园：昙石公园、闽都民俗园等公园绿地内树种繁多。

水系：洽浦河穿越而过，水文条件优渥，但也阻碍了交通的连续性。

道路交通分析

1.基地位于福州入城交通节点位置。

2.基地有两条主干道，对外交通较为完善。

3.基地内部大部分道路为支路和次干道，存在断头路。

4.基地内部路网支离破碎，有待梳理。

公服设施分析

1.基地周边较多中小学，须考虑学生人流情况。

2.基地内有多处博物馆，但联系不强。

3.基地内城中村中存在亭子、市集、礼堂等公共场所，与居民生活紧密相关。

公共空间分析

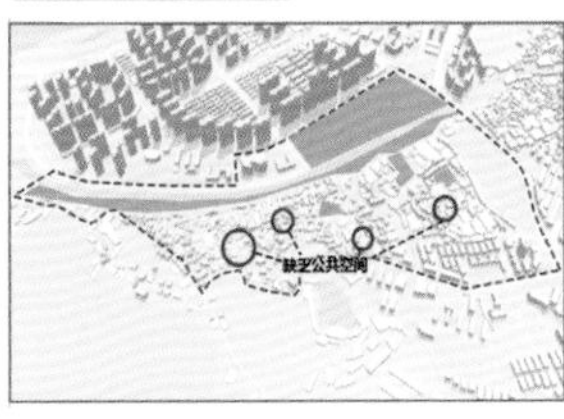

1.开放空间多位于基地西部的闽都民俗园附近。

2.滨水开放空间未打开，景观渗透性较弱。

3.基地东部城中村内建筑密集拥挤，公共空间较为缺乏，亟待整治提升。

建筑功能分析

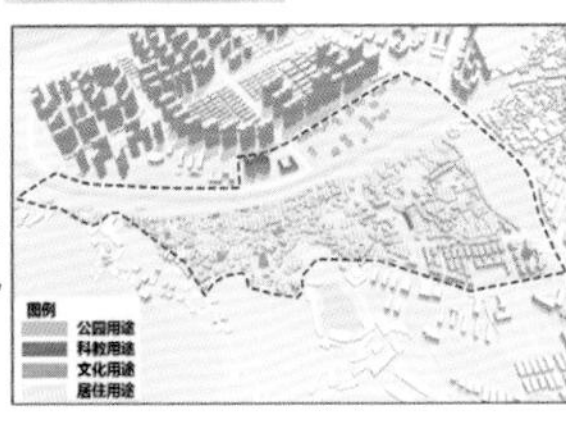

1.基地内大部分建筑为居住建筑，公共建筑少。

2.城中村南部分布有少量的公共建筑。

3.基地西部与东部有科教用途和公园用途建筑，须考虑人流集散。

建筑质量分析

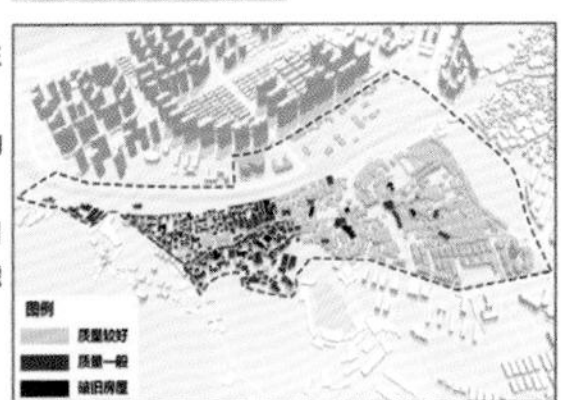

1.基地西部的公共建筑与北部的城中村建筑质量普遍较为良好，考虑部分保留。

2.基地南部洽浦村的建筑质量多数较差，考虑将大部分建筑进行拆除。

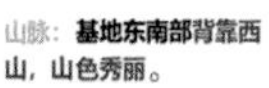

问题总结

研究范围

优势、机遇

①基地内有众多特色历史文化遗产资源。

②基地内有多种对外联系通道，对外交通便捷。

③基地基本被城市组团所包围，有利于进一步发展。

④基地内待开发景观资源丰富。

⑤福州“十四五”规划促进文旅产业发展，要打响“闽都文化”国际品牌。

劣势、威胁

①基地整体风貌欠佳，区域割裂感较强。

②基地内昙石山文化符号、特色不足，仍有待进一步研究开发。

③基地内居住、工业、学校等用地混杂。

④基地内道路网不成体系，与外部交通道路的衔接亟待优化。

⑤地域因素、宗教因素限制了基地的旅游业发展。

重点范围

优势、机遇

①昙石山遗址、闽侯县博物馆位于地块内，文化开发潜力大。

②基地内有洽浦河穿越而过，滨水景观塑造潜力大。

劣势、威胁

①昙石山遗址开发宣传力度不足，有待深入挖掘。

②城中村建筑风貌不统一，居住环境拥挤，缺乏公共绿地。

③滨河景观未较好地开发利用，景观渗透性不足。

④基地内路网曲折破碎，不成体系。

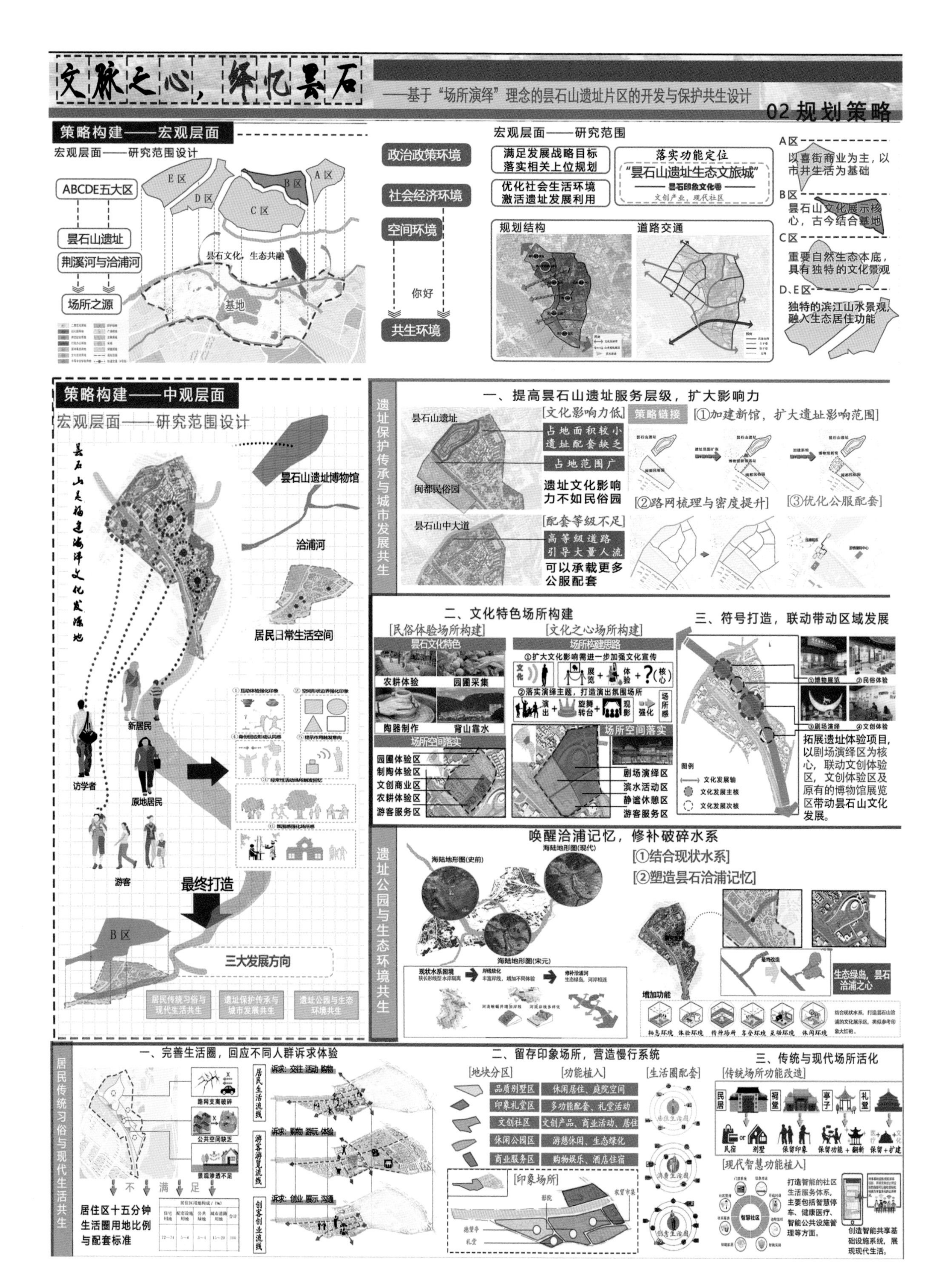

文脉之心，绎忆昙石
——基于“场所演绎”理念的昙石山遗址片区的开发与保护共生设计
02 规划策略
策略构建——宏观层面
宏观层面——研究范围设计
ABCDE五大区
昙石山遗址
荆溪河与洽浦河
场所之源
昙石文化，生态共融
基地
政治政策环境
社会经济环境
空间环境
共生环境
宏观层面——研究范围
满足发展战略目标
落实相关上位规划
优化社会生活环境
激活遗址发展利用
落实功能定位
“昙石山遗址生态文旅城”
规划结构
道路交通
A区
以喜街商业为主，以市井生活为基础
B区
昙石山文化展示核心，古今结合基地
C区
重要自然生态本底，具有独特的文化景观
D、E区
独特的滨江山水景观，融入生态居住功能
策略构建——中观层面
宏观层面——研究范围设计
昙石山遗址博物馆
洽浦河
居民日常生活空间
新居民
访学者
原地居民
游客
最终打造
三大发展方向
居民传统习俗与现代生活共生
遗址保护传承与城市发展共生
遗址公园与生态环境共生
遗址保护传承与城市发展共生
一、提高昙石山遗址服务层级，扩大影响力
昙石山遗址
[文化影响力低]
占地面积较小 遗址配套缺乏
占地范围广
闽都民俗园
遗址文化影响力不如民俗园
策略链接
[①加建新馆，扩大遗址影响范围]
[②路网梳理与密度提升]
[③优化公服配套]
昙石山中大道
[配套等级不足]
高等级道路 引导大量人流
可以承载更多公服配套
二、文化特色场所构建
[民俗体验场所构建]
昙石文化特色
农耕体验
园圃采集
陶器制作
背山靠水
场所空间落实
园圃体验区
制陶体验区
文创商业区
农耕体验区
游客服务区
[文化之心场所构建]
场所构建思路
①扩大文化影响需进一步加强文化宣传
②落实演绎主题，打造演出氛围场所
场所空间落实
剧场演绎区
滨水活动区
静谧休憩区
游客服务区
三、符号打造，联动带动区域发展
①博物展览
②民俗体验
③剧场演绎
④文创体验
图例
文化发展轴
文化发展主核
文化发展次核
拓展遗址体验项目，以剧场演绎区为核心，联动文创体验区，文创体验区及原有的博物馆展览区带动昙石山文化发展。
遗址公园与生态环境共生
唤醒洽浦记忆，修补破碎水系
海陆地形图(史前)
海陆地形图(现代)
海陆地形图(宋元)
[①结合现状水系]
[②塑造昙石洽浦记忆]
增加功能
生态绿岛，昙石洽浦之心
居民传统习俗与现代生活共生
一、完善生活圈，回应不同人群诉求体验
路网支离破碎
公共空间缺乏
景观渗透不足
不 满 足
居住区十五分钟生活圈用地比例与配套标准
居民生活流线
游客游览流线
创客创业流线
诉求：交往 活动 购物
诉求：购物 游玩 体验
诉求：创业 展示 沟通
二、留存印象场所，营造慢行系统
[地块分区]
[功能植入]
[生活圈配套]
品质别墅区
休闲居住、庭院空间
印象礼堂区
多功能配套、礼堂活动
文创社区
文创产品、商业活动、居住
休闲公园区
游憩休闲、生态绿化
商业服务区
购物娱乐、酒店住宿
[印象场所]
三、传统与现代场所活化
[传统场所功能改造]
民居
祠堂
亭子
礼堂
保留印象
保留功能+翻新
保留+扩建
[现代智慧功能植入]
智慧社区
打造智能的社区生活服务体系，主要包括智慧停车、健康医疗、智能公共设施管理等方面。
创造智能共享基础设施系统，展现现代生活。

文脉之心，绎忆昙石

——基于"场所演绎"理念的昙石山遗址片区的开发与保护共生设计

03 场所演绎

策略构建——微观层面

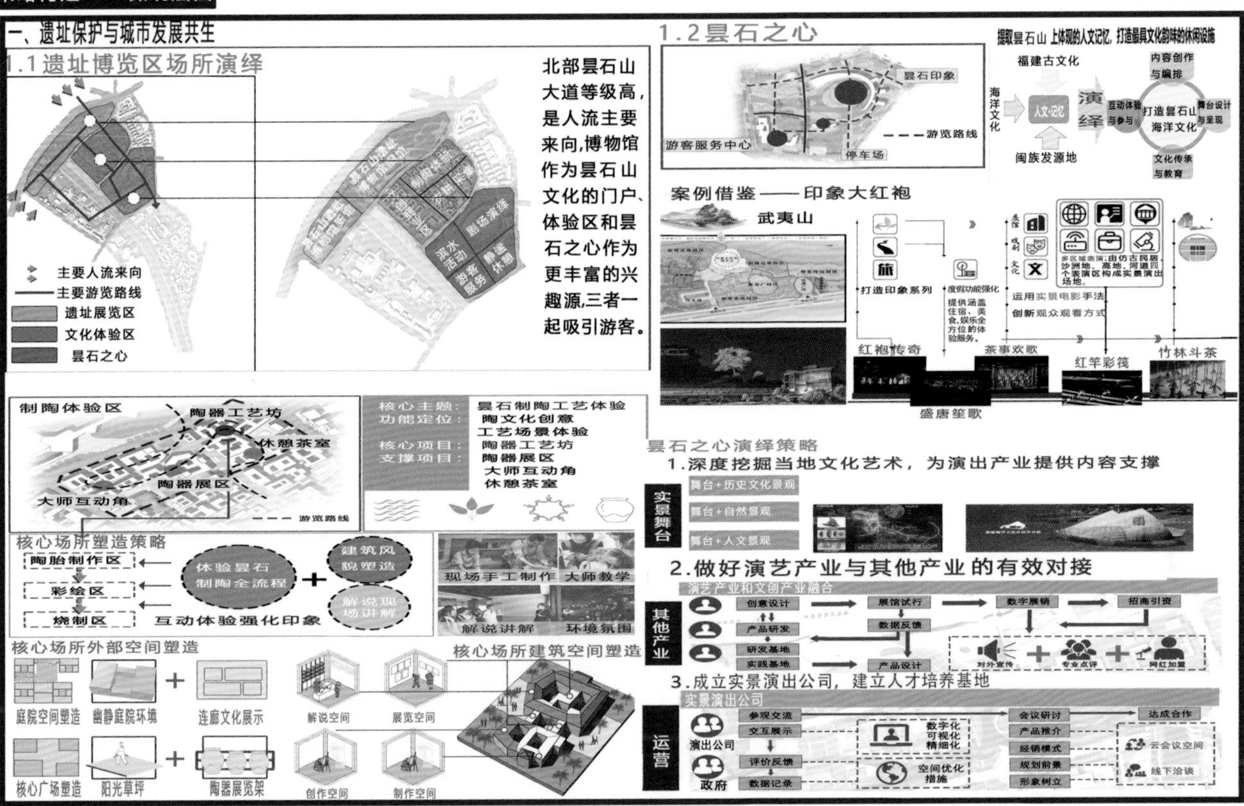

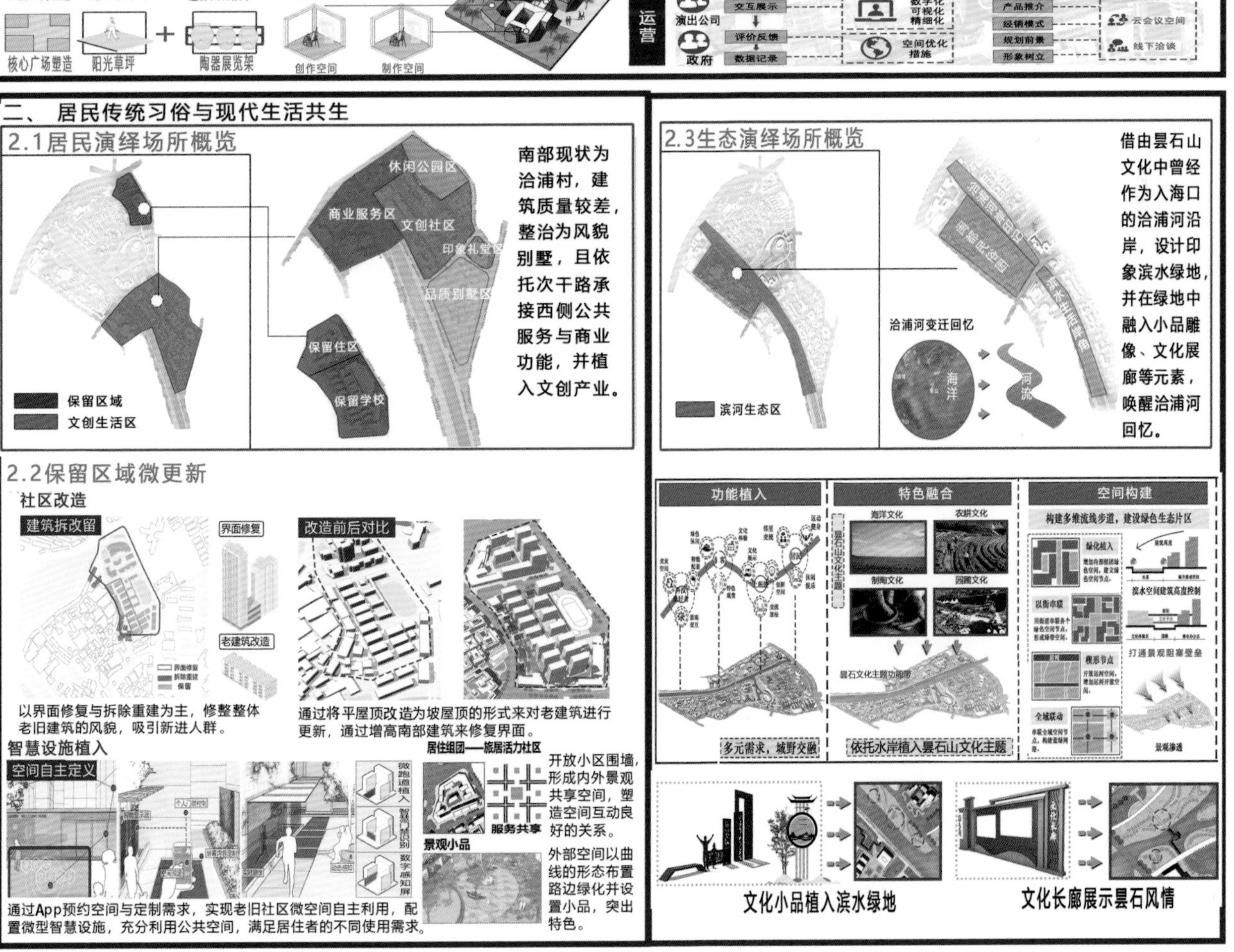

04 总平面图

05 效果图

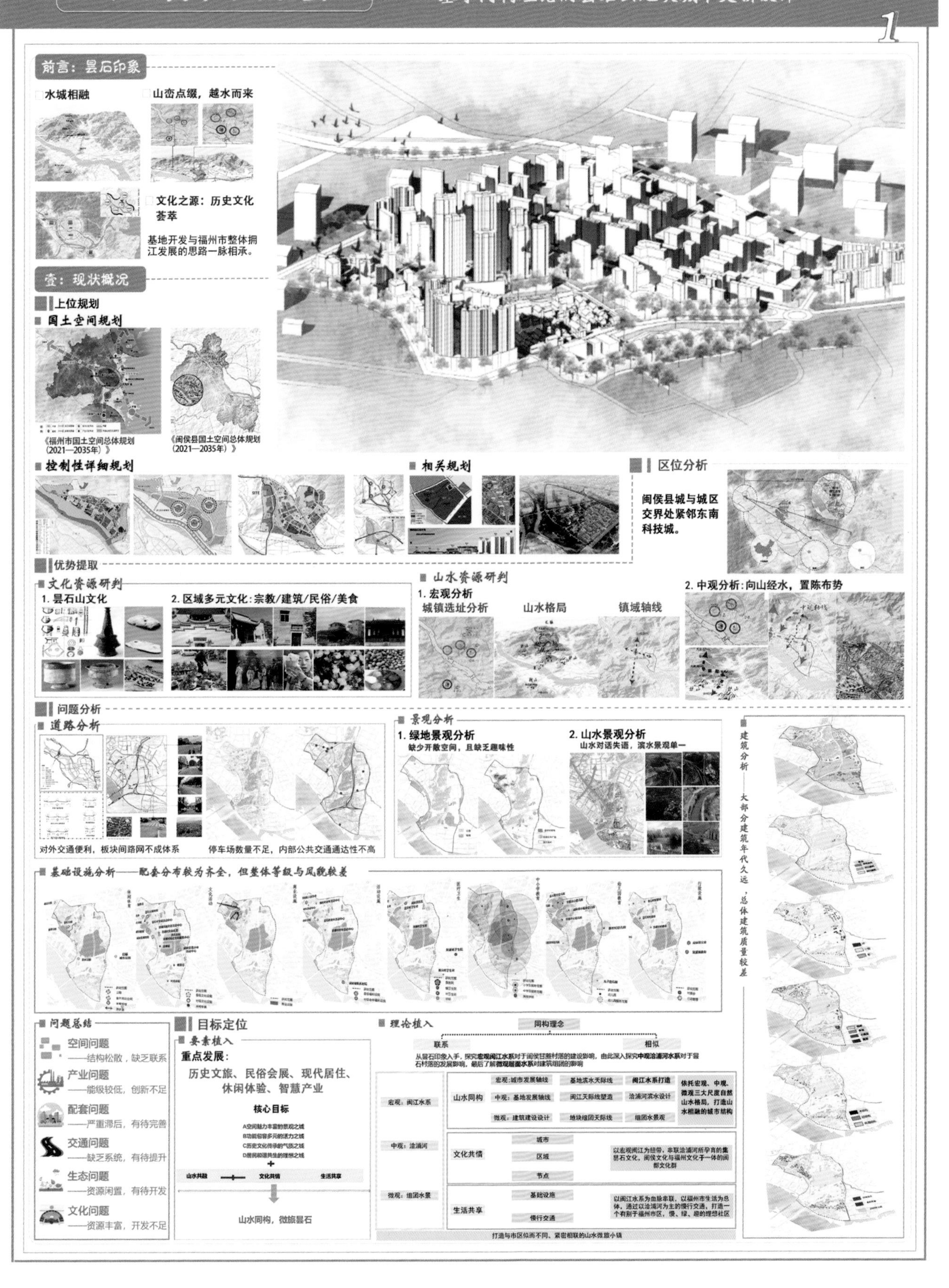

山水活力，微旅昙石
——基于同构理论的昙石山地块城市更新设计
1
前言：昙石印象
水城相融
山峦点缀，越水而来
文化之源：历史文化荟萃
基地开发与福州市整体拥江发展的思路一脉相承。
壹：现状概况
上位规划
国土空间规划
《福州市国土空间总体规划（2021—2035年）》
《闽侯县国土空间总体规划（2021—2035年）》
控制性详细规划
相关规划
区位分析
闽侯县城与城区交界处紧邻东南科技城。
优势提取
文化资源研判
1. 昙石山文化
2. 区域多元文化：宗教/建筑/民俗/美食
山水资源研判
1. 宏观分析
城镇选址分析
山水格局
镇域轴线
2. 中观分析：向山经水，置陈布势
问题分析
道路分析
对外交通便利，板块间路网不成体系
停车场数量不足，内部公共交通通达性不高
景观分析
1. 绿地景观分析
缺少开敞空间，且缺乏趣味性
2. 山水景观分析
山水对话失语，滨水景观单一
建筑分析——大部分建筑年代久远，总体建筑质量较差
基础设施分析——配套分布较为齐全，但整体等级与风貌较差
问题总结
空间问题——结构松散，缺乏联系
产业问题——能级较低，创新不足
配套问题——严重滞后，有待完善
交通问题——缺乏系统，有待提升
生态问题——资源闲置，有待开发
文化问题——资源丰富，开发不足
目标定位
要素植入
重点发展：
历史文旅、民俗会展、现代居住、休闲体验、智慧产业
核心目标
A空间魅力丰富的景观之城
B功能包容多元的活力之城
C历史文化传承的气质之城
D居民和谐共生的理想之城
山水共融
文化共情
生活共享
山水同构，微旅昙石
理论植入
同构理念
联系
相似
宏观：闽江水系
中观：溪湳河
微观：组团水景
山水同构
文化共情
生活共享
宏观：城市发展轴线
中观：基地发展轴线
微观：建筑建设设计
基地滨水天际线
闽江天际线塑造
地块组团天际线
闽江水系打造
溪湳河滨水设计
组团水景观
城市
区域
节点
基础设施
慢行交通
打造与市区似而不同、紧密相联的山水微旅小镇

山水活力，微旅昙石 —— 基于同构理论的昙石山地块城市更新设计

2

山水活力，微旅昙石

——基于同构理论的昙石山地块城市更新设计

牌匾种类	建议	案例
底层额头式	1.色彩比例和谐 2.木质纸理，文字简约 3.标志立体	
底层橱窗式	橱窗比例适中且协调	
底层出挑式	鼓励底层出挑式招牌，注重其美观度	
落地式	1.色彩柔和 2.木质质朴 3.架子式牌子	
墙面垂直式	注重设计垂直式招牌，其样式、色彩与建筑协调	
墙面平行式	墙面广告色彩与建筑协调，图案的艺术性增强	

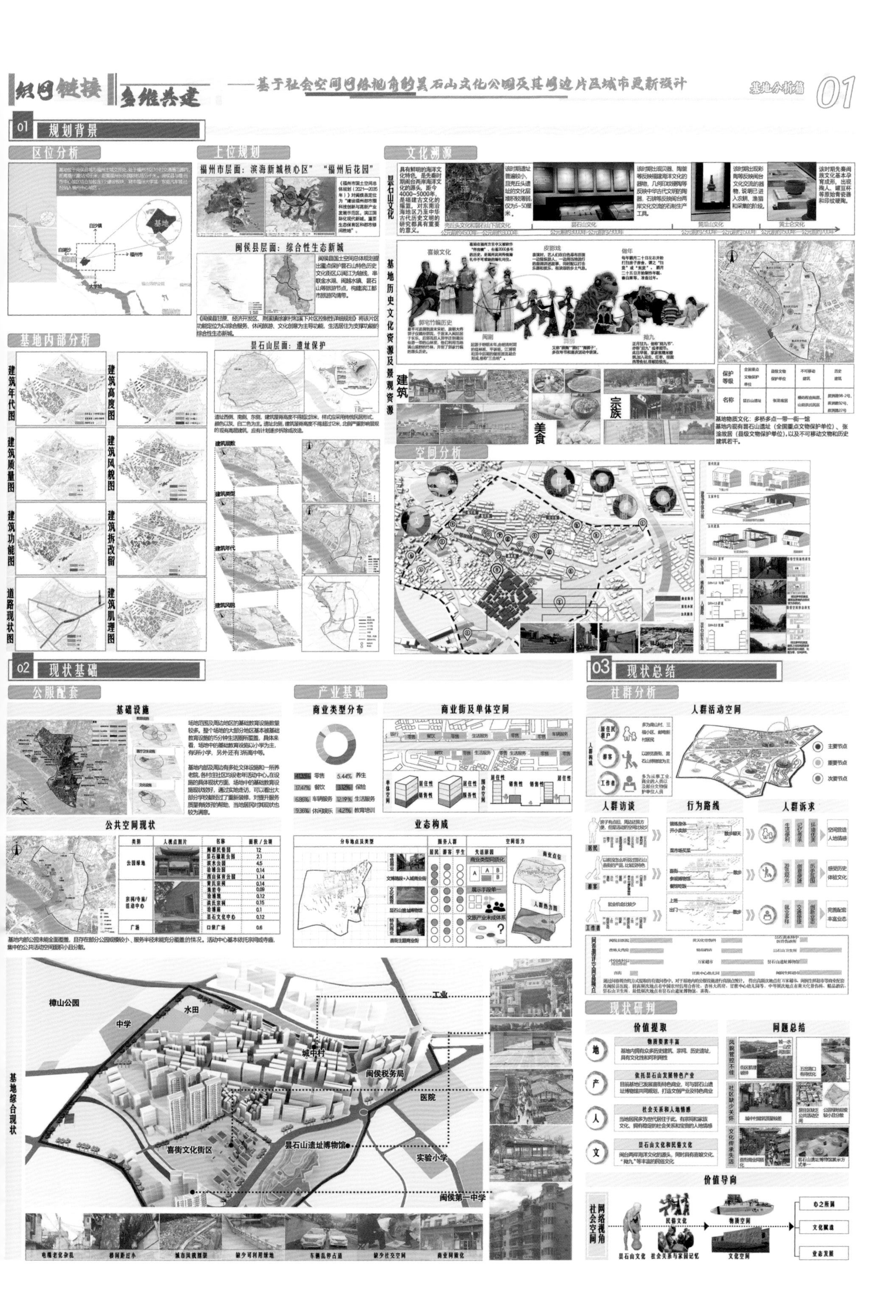

织网链接 多维共建
——基于社会空间网络视角的昙石山文化公园及其周边片区城市更新设计
基地分析篇 01
01 规划背景
区位分析
上位规划
福州市层面：滨海新城核心区"“福州后花园”
闽侯县层面：综合性生态新城
昙石山层面：遗址保护
文化溯源
昙石山文化
基地历史文化资源及景观资源
建筑
美食
宗族
空间分析
基地内部分析
建筑年代图
建筑高度图
建筑质量图
建筑风貌图
建筑功能图
建筑拆改留
道路现状图
建筑肌理图
02 现状基础
公服配套
基础设施
公共空间现状
产业基础
商业类型分布
商业街及单体空间
业态构成
基地综合现状
樟山公园
中学
水田
工业
城中村
闽侯税务局
医院
喜街文化街区
昙石山遗址博物馆
实验小学
闽侯第一中学
电缆老化杂乱
巷间距过小
城市风貌割裂
缺少可利用绿地
车辆乱停占道
缺少社交空间
商业同质化
03 现状总结
社群分析
人群活动空间
人群访谈
行为路线
人群诉求
现状研判
价值提取
问题总结
地
产
人
文
价值导向
社会空间网络视角
昙石山文化
社会关系与家园记忆
民俗文化
物质空间
文化空间

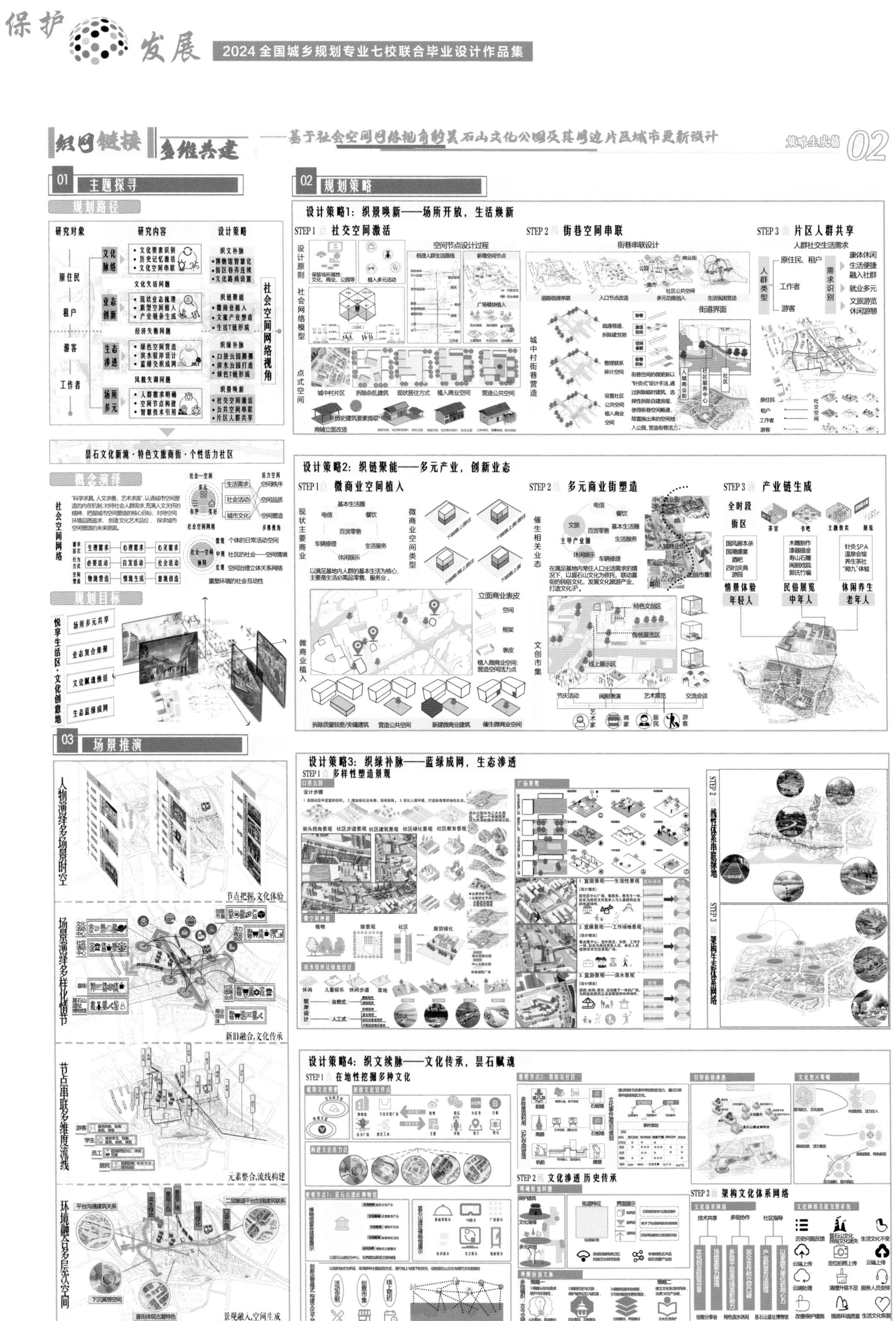
织网链接 多维共建
——基于社会空间网络视角的昙石山文化公园及其周边片区城市更新设计
策略生成篇 02
01 主题探寻
规划路径
02 规划策略
设计策略1：织景唤新——场所开放，生活焕新
STEP 1 社交空间激活
STEP 2 街巷空间串联
STEP 3 片区人群共享
昙石文化新境·特色文旅商街·个性活力社区
概念演绎
规划目标
设计策略2：织链聚能——多元产业，创新业态
STEP 1 微商业空间植入
STEP 2 多元商业街塑造
STEP 3 产业链生成
03 场景推演
设计策略3：织绿补脉——蓝绿成网，生态渗透
STEP 1 多样性塑造景观
设计策略4：织文续脉——文化传承，昙石赋魂
STEP 1 在地性挖掘多种文化
STEP 2 文化渗透 历史传承
STEP 3 架构文化体系网络

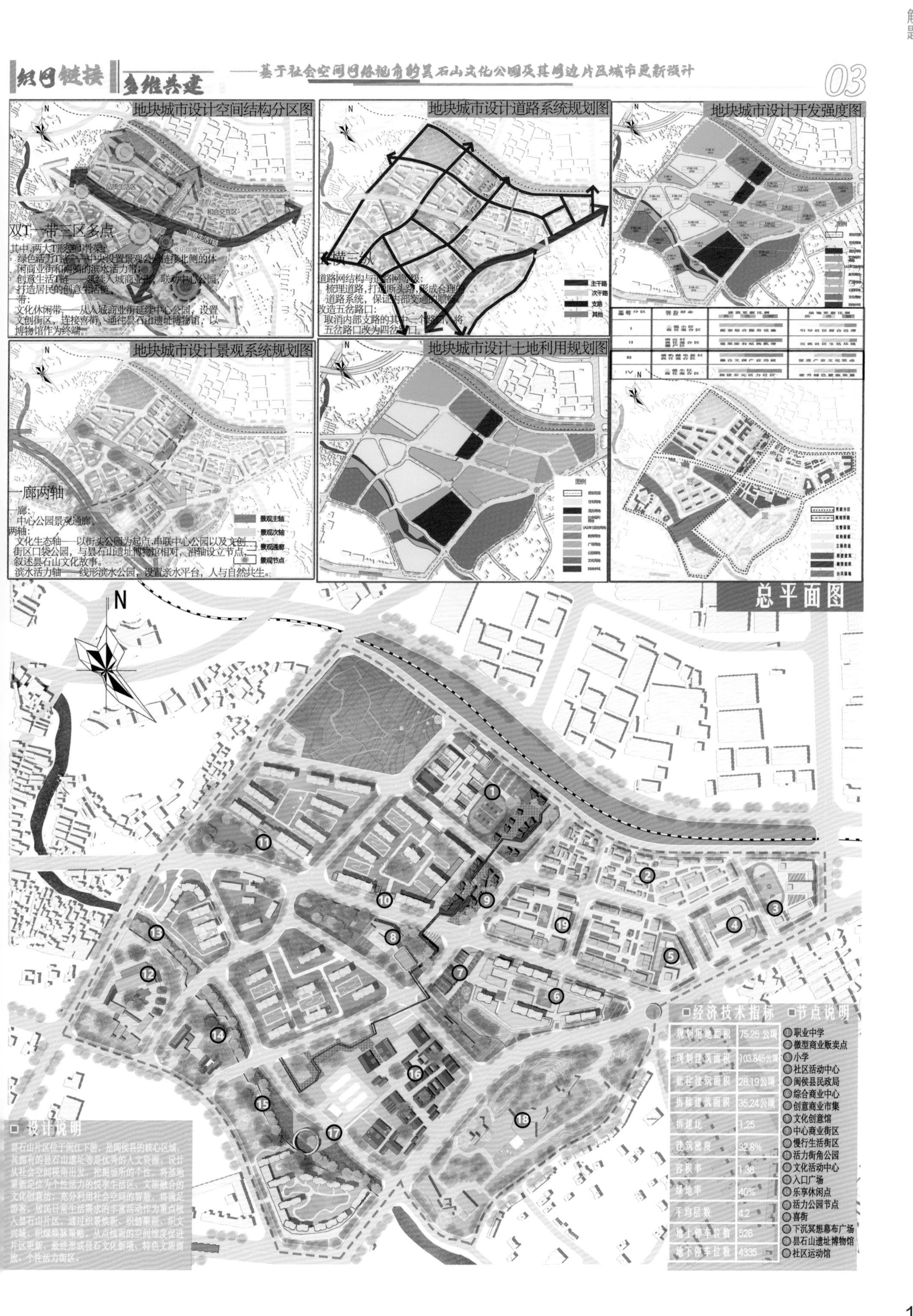

织网链接 多维共建
——基于社会空间网络视角的昙石山文化公园及其周边片区城市更新设计
03
地块城市设计空间结构分区图
双T一带三区多点
其中,两大T形空间骨架:
绿色活力T链——中央设置景观公园链接北侧的休闲商业街和南侧的滨水活力带;
创意生活T链——延续入城商业街,联动中心公园,打造居民的创意生活链。
一带:
文化休闲带——从入城商业街延续中心公园,设置文创街区,连接喜街,通往昙石山遗址博物馆,以博物馆作为终端。
地块城市设计道路系统规划图
道路网结构与道路网等级:
梳理道路,打通断头路,形成合理的道路系统
改造五岔路口:
取消内部支路的其中一个路口,将五岔路口改为四岔路口。
主干路
次干路
支路
其他
地块城市设计开发强度图
地块城市设计景观系统规划图
一廊两轴
一廊:
中心公园景观通廊。
两轴:
文化生态轴——以街头公园为起点,串联中心公园以及文创街区口袋公园,与昙石山遗址博物馆相对,沿轴设立节点,叙述昙石山文化故事。
滨水活力轴——线形滨水公园,设置亲水平台,人与自然共生。
景观主轴
景观次轴
景观通廊
景观节点
地块城市设计土地利用规划图
N
总平面图
设计说明
昙石山片区位于闽江下游,是闽侯县的核心区域,其拥有的昙石山遗址等是优秀的人文资源。设计从社会空间视角出发,挖掘场所的个性,将基地重新定位为个性活力的悦享生活区、文旅融合的文化创意坊;充分利用社会空间的智慧,将满足游客、居民日常生活需求的丰富活动作为重点植入昙石山片区,通过织景焕新、织链赋能、织文兴城、织绿焕脉策略,从点线面的空间维度促进片区更新,最终形成昙石文化新境、特色文旅商旅、个性活力街区。
经济技术指标
规划用地面积 75.25公顷
规划建筑面积 103.845公顷
新建建筑面积 28.19公顷
拆除建筑面积 35.24公顷
拆建比 1.25
建筑密度 32.8%
容积率 1.38
绿地率 40%
平均层数 4.2
地上停车位数 526
地下停车位数 4335
节点说明
1 职业中学
2 微型商业贩卖点
3 小学
4 社区活动中心
5 闽侯县民政局
6 综合商业中心
7 创意商业市集
8 文化创意馆
9 中心商业街区
10 慢行生活街区
11 活力街角公园
12 文化活动中心
13 入口广场
14 乐享休闲点
15 活力公园节点
16 喜街
17 下沉冥想幕布广场
18 昙石山遗址博物馆
19 社区运动馆

织网链接 多维共建
——基于社会空间网络视角的吴石山文化公园及其周边片区城市更新设计
策略生成篇 04
01 鸟瞰图
节点放大图
特色商业街
喜街街区
文创市集
天际轮廓线

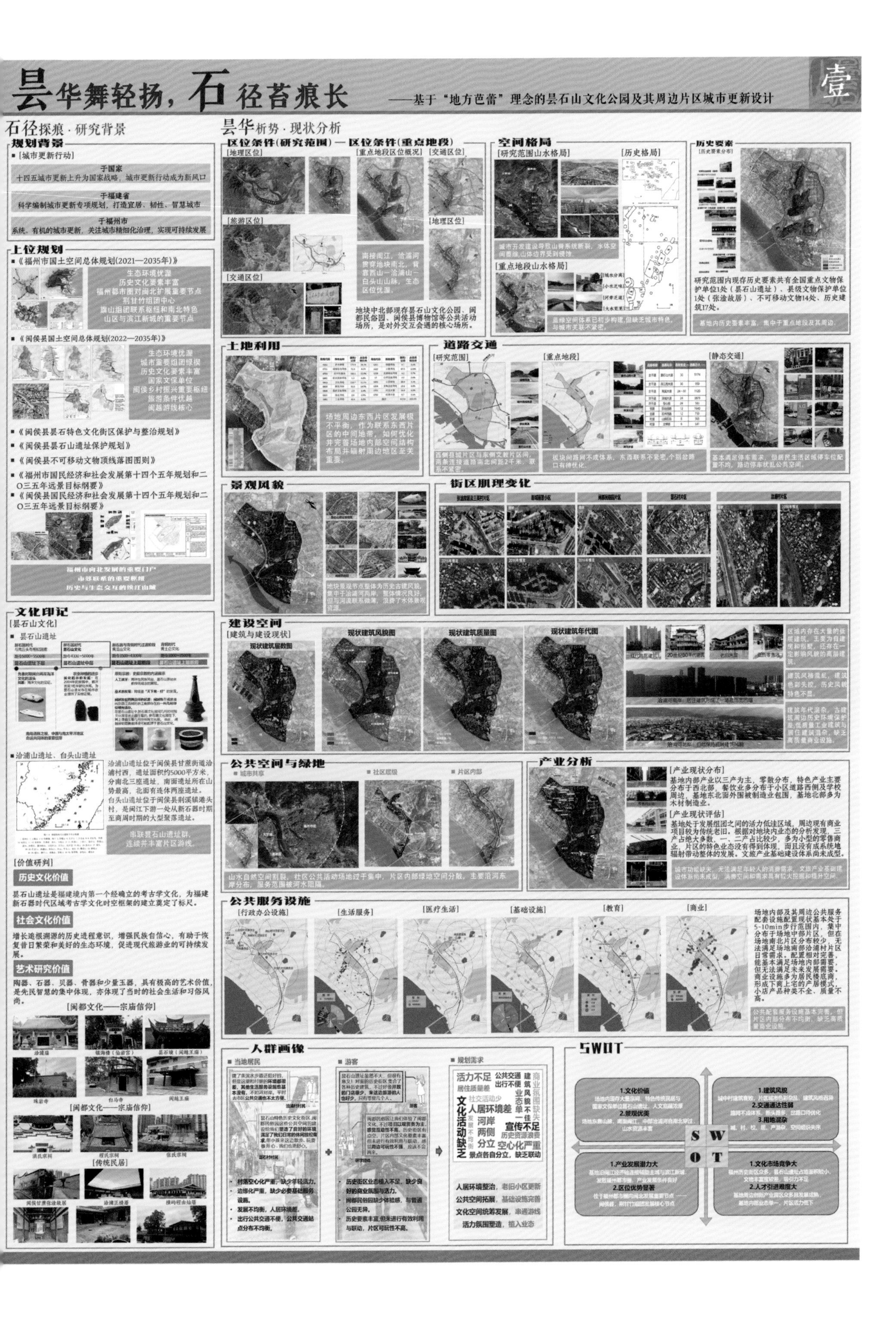
昙华舞轻扬，石径苔痕长
——基于“地方芭蕾”理念的昙石山文化公园及其周边片区城市更新设计
壹
石径探痕·研究背景
规划背景
上位规划
文化印记
昙华析势·现状分析
区位条件(研究范围)
区位条件(重点地段)
空间格局
历史要素
土地利用
道路交通
景观风貌
街区肌理变化
建设空间
公共空间与绿地
产业分析
公共服务设施
人群画像
SWOT

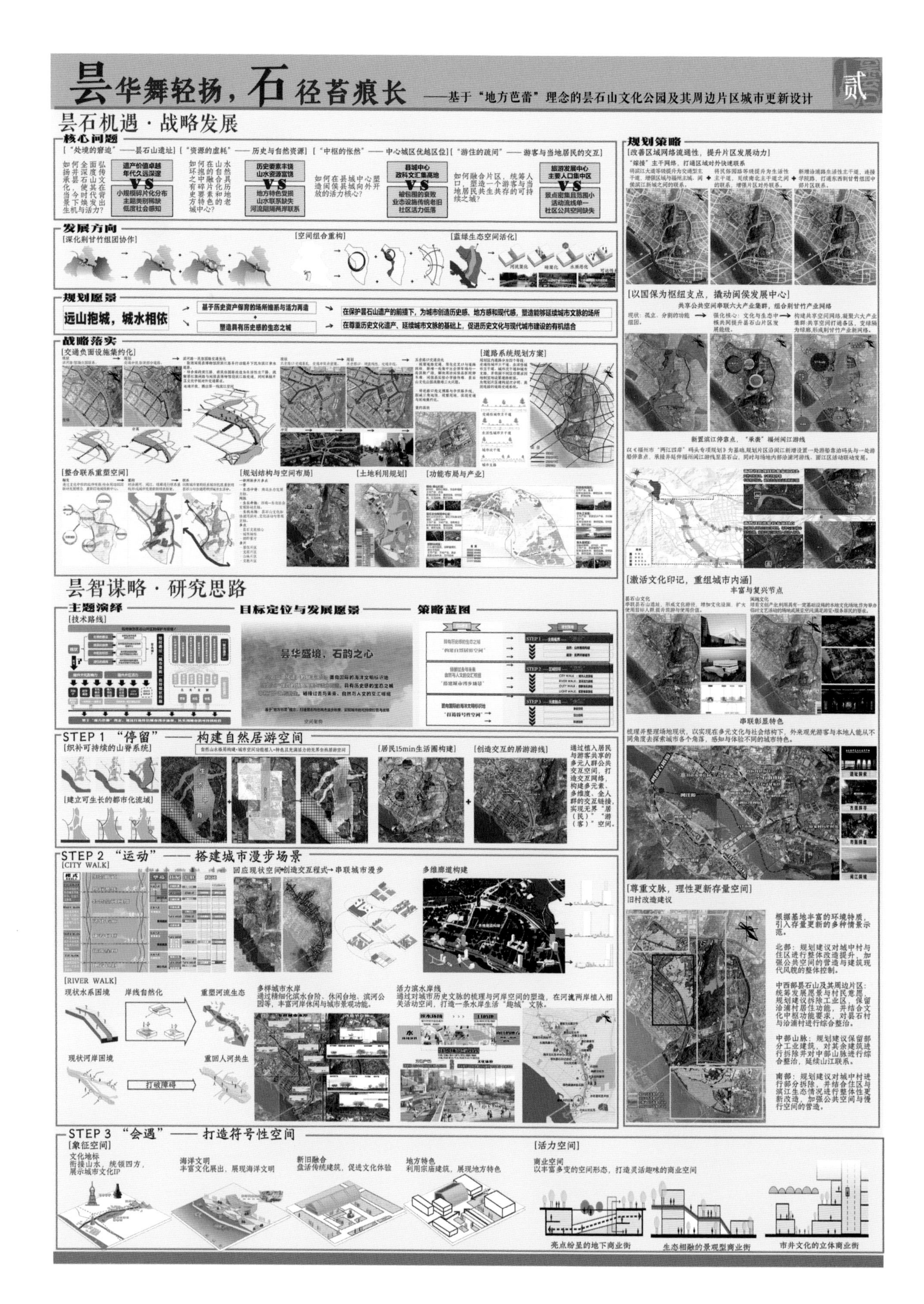
昙华舞轻扬，石径苔痕长
——基于"地方芭蕾"理念的昙石山文化公园及其周边片区城市更新设计
贰
昙石机遇 · 战略发展
核心问题
发展方向
规划愿景
远山抱城，城水相依
战略落实
昙智谋略 · 研究思路
主题演绎
目标定位与发展愿景
策略蓝图
STEP 1 "停留" —— 构建自然居游空间
STEP 2 "运动" —— 搭建城市漫步场景
STEP 3 "会遇" —— 打造符号性空间
规划策略
亮点纷呈的地下商业街
生态相融的景观型商业街
市井文化的立体商业街

昙华舞轻扬，石径苔痕长

——基于“地方芭蕾”理念的昙石山文化公园及其周边片区城市更新设计

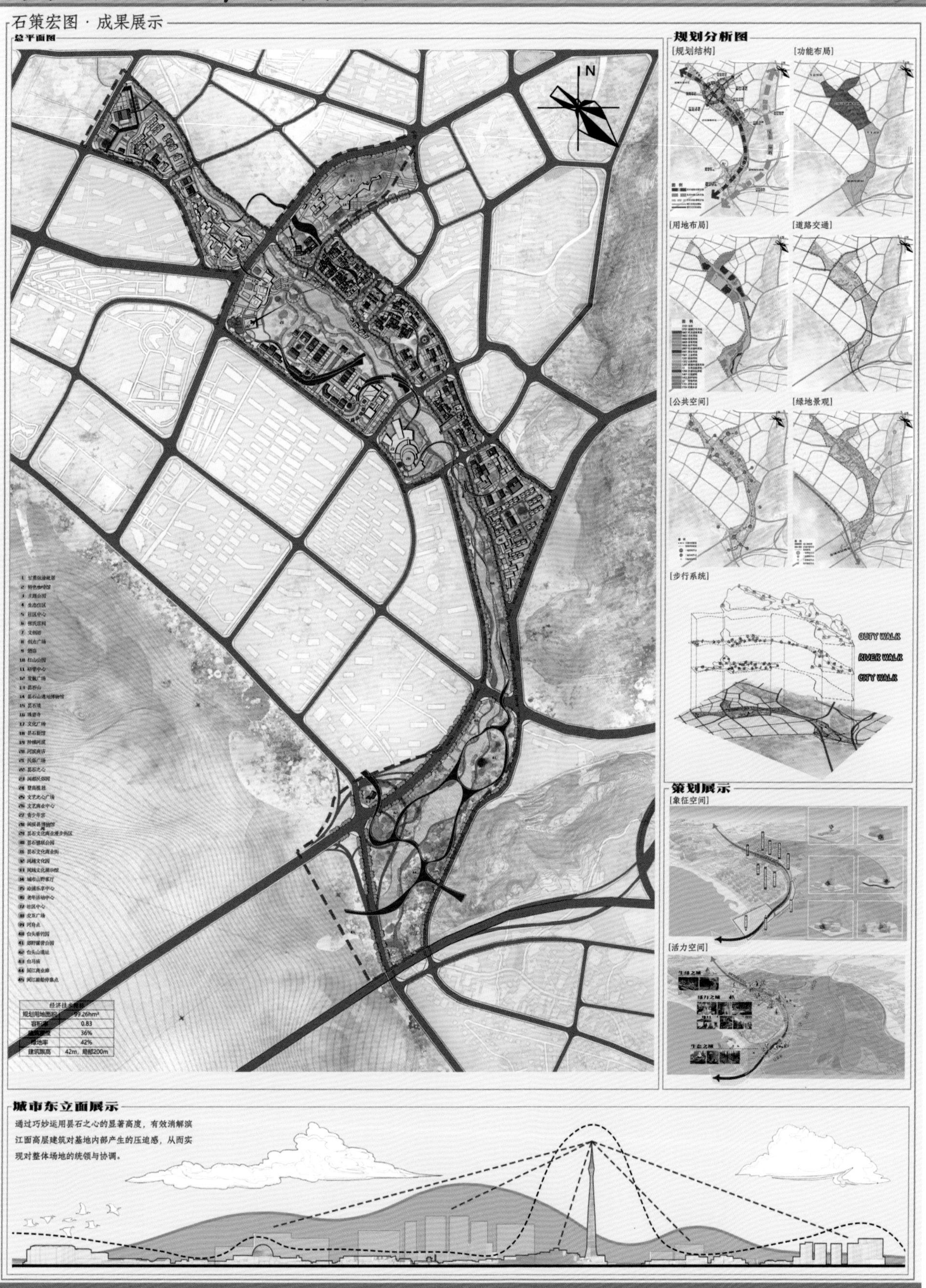

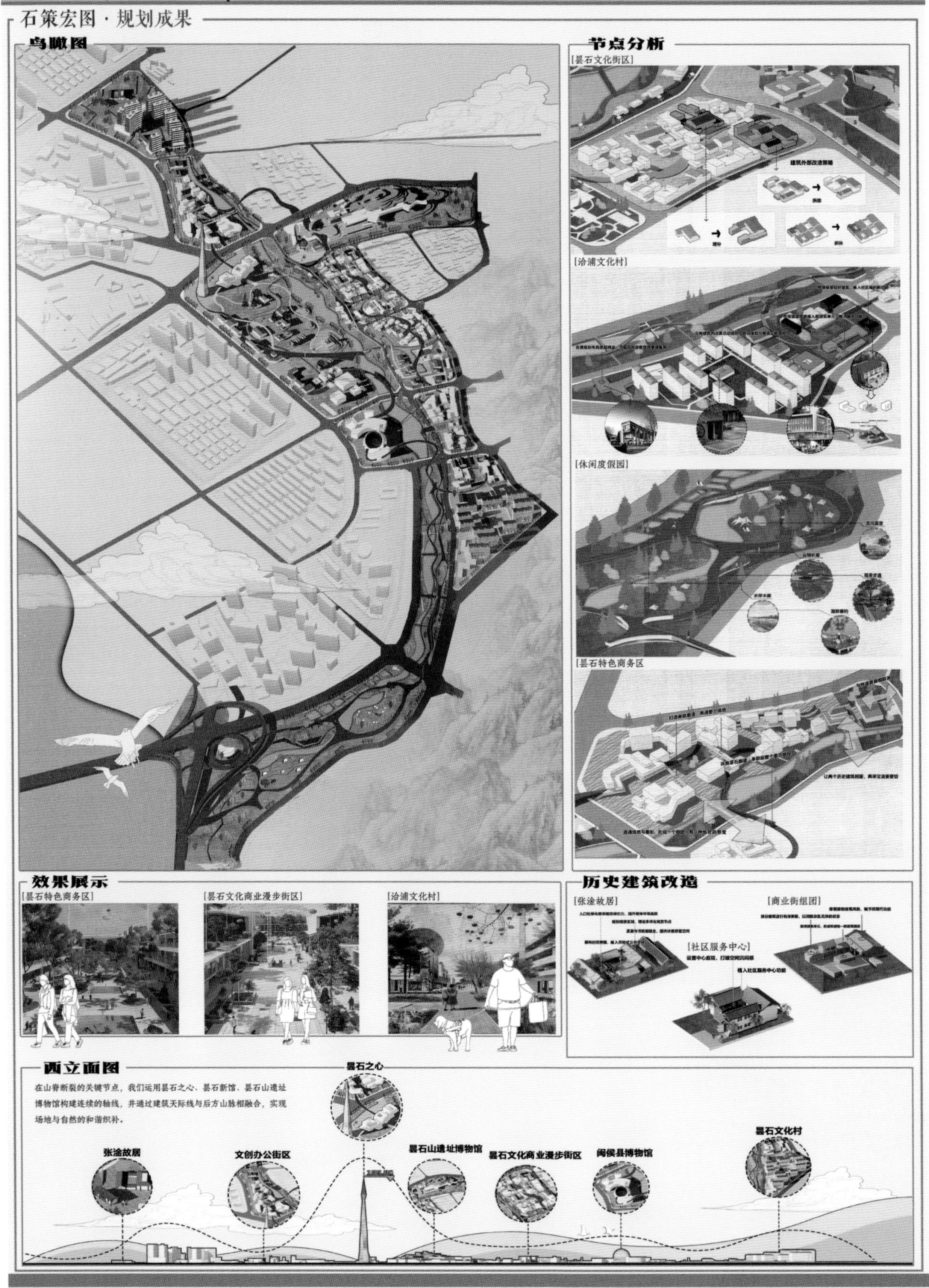
昙华舞轻扬，石径苔痕长
——基于“地方芭蕾”理念的昙石山文化公园及其周边片区城市更新设计
石策宏图 · 规划成果
鸟瞰图
节点分析
[昙石文化街区]
[洽浦文化村]
[休闲度假园]
[昙石特色商务区]
效果展示
[昙石特色商务区]
[昙石文化商业漫步街区]
[洽浦文化村]
历史建筑改造
[张淦故居]
[商业街组团]
[社区服务中心]
西立面图
在山脊断裂的关键节点，我们运用昙石之心、昙石新馆、昙石山遗址博物馆构建连续的轴线，并通过建筑天际线与后方山脉相融合，实现场地与自然的和谐织补。
昙石之心
张淦故居
文创办公街区
昙石山遗址博物馆
昙石文化商业漫步街区
闽侯县博物馆
昙石文化村

福建农林大学

昙石寻脉，闽都融新

——福州市昙石山片区城市更新设计

/黄彬洁 姚智丽

昙石溯源，叙写闽都城

——基于共生理念的福州市昙石山西侧片区城市更新设计/林青峰 王烨

昙石寻脉，闽都融新
——福州市昙石山片区城市更新设计
壹
[区位分析]
基地地处闽侯县城与福州主城交界处，处于福州市区1小时交通圈范围内，距离福州南站30千米，距离福州长乐国际机场55千米。闽侯县城从拥闽江发展到跨闽江发展，基地成为两个发展主向的“背面”，在逐步拓展过程中沉淀形成空间混杂、通道分隔的现状特征。
福州市
闽侯县
基地范围
[上位规划]
《闽侯县国土空间总体规划（2022—2035年）》提出，重点保护昙石山特色历史文化街区，依托悠久的闽越文化、全景绿色空间等，打造闽越风情生态文化旅游目的地。
2022年发布的《福州历史文化名城保护规划(2021—2035年)》，强调全面保护福州丰富而珍贵的城乡历史文化遗产，健全福州历史文化名城保护传承体系，彰显“山水城市”“千年闽都”的独特魅力，凸显“海丝枢纽”的文化与空间特色。
《闽侯县荆溪镇徐家村和溪下片区控制性详细规划》空间格局：一带、两廊、三心、四区。一带：滨江滨水风貌带；两廊：山城景观生态廊；三心：商业商务核心、行政服务核心、历史文化核心；四区：城乡融合区、老城更新发展区、滨江综合服务区、滨江生态保育区。
[文化背景]
非遗文化
历史遗迹
民俗文化
闽侯历史悠久，自公元前222年秦设闽中郡，郡治东冶始，闽侯地区基本处于区域行政中心范围内，因此众多文化遗产得以保留。
[基地印象]
喜街
老旧小区
有福之州
百年百大考古发现
保护发展
闽都文化
白头山遗址
历史文化街区(LS)
建筑集中 活力较低
商住混合区(SZ)
梳式布局 人车混行
城中村区(CZC)
集聚杂乱 风格各异
商住混合区(SZ)
梳式布局 人车混行
研究范围用地现状
0 250 500 1000m
图例
耕地
园地
林地
草地
湿地
农业设施建设用地
城镇住宅用地
农村宅基地
机关团体用地
科研用地
文化用地
教育用地
体育用地
医疗卫生用地
社会福利用地
商业服务业用地
工业用地
物流仓储用地
交通运输用地
公用用地
公用设施用地
公园绿地
特殊用地
陆地水域
其他土地
基地现状分析
建筑高度分析
建筑结构分析
建筑功能分析
土地利用分析
建筑质量分析
道路交通分析
人群分析
·片区老龄化严重，城中村现象普遍，也是缺少年轻鲜活气氛的原因。较为割裂的新旧建筑交织给居民带来家园归属感的缺失。
·片区是典型的城市中心旧城区，原住民较多，新住户较少。
·居住人群多为宗族世代，他们对场地有浓厚的情怀与记忆，对历史文化如数家珍、侃侃而谈。
·片区内以居民、村民为主，景区、商业街游客流量较差，工作日甚至出现游客量少于工作人员数量的状况。
住户+游客+学生+商户+上班族...
生活性活动
自发性活动
社会性活动
改造建议
听说昙石山要建商业街区和文创街区，这对我们来说是好事，希望有更多体验类的项目。
拆建看法
我们租室都住在这村子里，有宗族祠堂和家族文化，也保留着我们老辈的记忆，老房子拆了不知道会建什么。
问题总结
S 内部优势
·山水资源丰富，毗邻闽江，生态优越，沿浦河贯穿，浅山环抱，河滩平缓。
·国家级昙石山遗址及历史建筑风貌良好，传统建筑特色犹存，文化底蕴浓厚。
·闽中老镇，功能活跃，氛围浓郁，农工商贸繁荣。
内部劣势 W
·城、村、校、居、产混杂，空间组织失序，用地权属不清。
·现有商业设施传统老旧，缺乏优质运营商，无法满足多样化人群消费需求。
·板块间路网不成体系，东西联系不紧密，个别岔路口待优化。
·山水自然空间割裂，蓝绿空间体系与城市结构缺乏互动联系。
O 外部机遇
·上位政策大力支持昙石山遗址片区文化发展。
·地处福州沿河发展轴，毗邻大学城等高新人才中心。
外部挑战 T
·福州市区三坊七巷、烟台山历史文化街区发展领先昙石山。
·周边自然肌理退化，生态功能减弱，建设行为破坏自然空间。
W-O 利用外部机遇 克服内部劣势
·顺应相关政策，保护场地历史资源及文化遗产。
·植入活力触媒，激活片区吸引力，实现城中村改造。
发挥内部优势 利用外部机遇 S-O
·传承历史脉络，发扬场地特色风貌，增强地区竞争力。
·打造住区环境，优化公共空间，增强人群吸引力。
W-T 减少内部劣势 回避外部威胁
·协调场地风貌，合理分配利用土地，完善基础设施。
·提升人居环境，焕活滨水空间，优化空间品质。
加强内部优势 回避外部威胁 S-T
·充分挖掘历史底蕴，营造昙石山文化公园及其周边片区特色。
·利用交通水系资源，发挥区域潜能，提供活力支点。

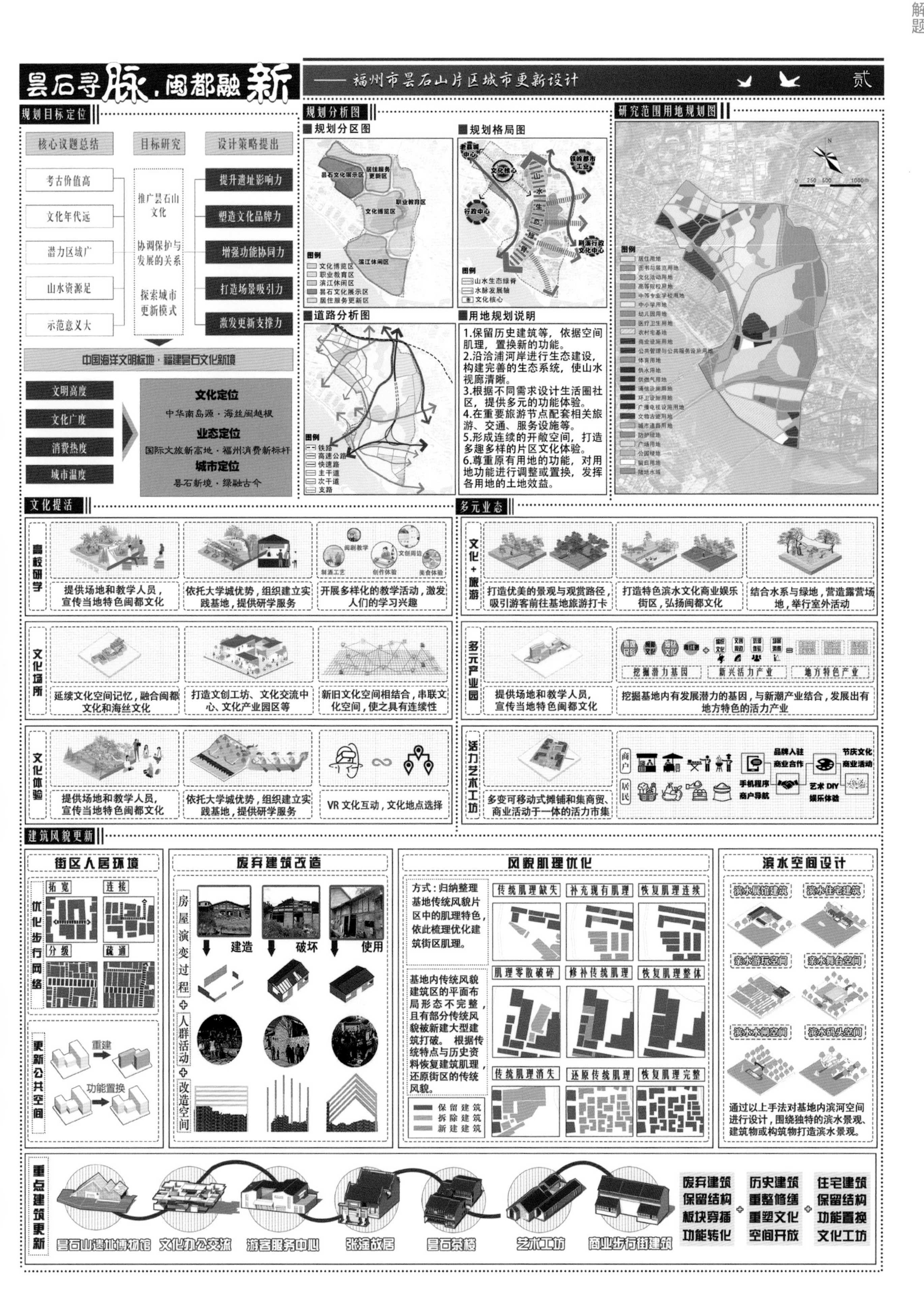

昙石寻脉，闽都融新
——福州市昙石山片区城市更新设计
贰
规划目标定位
核心议题总结
目标研究
设计策略提出
考古价值高
文化年代远
潜力区域广
山水资源足
示范意义大
推广昙石山文化
协调保护与发展的关系
探索城市更新模式
提升遗址影响力
塑造文化品牌力
增强功能协同力
打造场景吸引力
激发更新支撑力
中国海洋文明标地·福建昙石文化新境
文明高度
文化广度
消费热度
城市温度
文化定位
中华南岛源·海丝闽越根
业态定位
国际文旅新高地·福州消费新标杆
城市定位
昙石新境·绿融古今
规划分析图
规划分区图
规划格局图
道路分析图
用地规划说明
1.保留历史建筑等，依据空间肌理，置换新的功能。
2.沿沿浦河岸进行生态建设，构建完善的生态系统，使山水视廊清晰。
3.根据不同需求设计生活圈社区，提供多元的功能体验。
4.在重要旅游节点配套相关旅游、交通、服务设施等。
5.形成连续的开敞空间，打造多趣多样的片区文化体验。
6.尊重原有用地的功能，对用地功能进行调整或置换，发挥各用地的土地效益。
研究范围用地规划图
文化提活
高校研学
提供场地和教学人员，宣传当地特色闽都文化
依托大学城优势，组织建立实践基地，提供研学服务
开展多样化的教学活动，激发人们的学习兴趣
文化场所
延续文化空间记忆，融合闽都文化和海丝文化
打造文创工坊、文化交流中心、文化产业园区等
新旧文化空间相结合，串联文化空间，使之具有连续性
文化体验
提供场地和教学人员，宣传当地特色闽都文化
依托大学城优势，组织建立实践基地，提供研学服务
VR文化互动，文化地点选择
多元业态
文化+旅游
打造优美的景观与观赏路径，吸引游客前往基地旅游打卡
打造特色滨水文化商业娱乐街区，弘扬闽都文化
结合水系与绿地，营造露营场地，举行室外活动
多元产业园
提供场地和教学人员，宣传当地特色闽都文化
挖掘潜力基因
新兴活力产业
地方特色产业
挖掘基地内有发展潜力的基因，与新潮产业结合，发展出有地方特色的活力产业
活力艺术工坊
多变可移动式摊铺和集商贸、商业活动于一体的活力市集
商户
居民
品牌入驻
商业合作
节庆文化
商业活动
手机程序
商户导航
艺术DIY
娱乐体验
建筑风貌更新
街区人居环境
优化步行网络
拓宽
连接
分级
疏通
更新公共空间
重建
功能置换
废弃建筑改造
房屋演变过程
人群活动
改造空间
建造
破坏
使用
风貌肌理优化
方式：归纳整理基地传统风貌片区中的肌理特色，依此梳理优化建筑街区肌理。
基地内传统风貌建筑区的平面布局形态不完整，且有部分传统风貌被新建大型建筑打破。根据传统特点与历史资料恢复建筑肌理，还原街区的传统风貌。
传统肌理缺失
补充现有肌理
恢复肌理连续
肌理零散破碎
修补传统肌理
恢复肌理整体
传统肌理消失
还原传统肌理
恢复肌理完整
保留建筑
拆除建筑
新建建筑
滨水空间设计
滨水展馆建筑
滨水住宅建筑
滨水游玩空间
滨水舞台空间
滨水水闸空间
滨水码头空间
通过以上手法对基地内滨河空间进行设计，围绕独特的滨水景观、建筑物或构筑物打造滨水景观。
重点建筑更新
昙石山遗址博物馆
文化办公交流
游客服务中心
张澍故居
昙石茶楼
艺术工坊
商业步行街建筑
废弃建筑
保留结构
板块穿插
功能转化
历史建筑
重整修缮
重塑文化
空间开放
住宅建筑
保留结构
功能置换
文化工坊

昙石寻脉，闽都融新
——福州市昙石山片区城市更新设计
叁
概念解读
核苷酸
生物基因
子代基因
生物性状
储存信息
遗传信息
形成性状
空间要素
空间基因
传承基因
城市形态
通过空间基因识别提取、解析评价、传承导控的技术体系，可以强化规划设计的在地性，推动城市规划设计方法从空间形式创作到空间基因分析的方向性转变，为城市建设与自然保护、文化传承的共赢提供有效设计路径。
主题演绎
识别提取
转译构建
传承导控
自然地理基因
历史沿革
社会文化
经济产业
建成环境基因
地形地貌
水系水文
气候条件
社会人文基因
格局
肌理
建筑
空间活力
历史人文
社会人群
溯源更新
保护发展
中华海洋文明标识地
文化彰显于世界之林
基因识别提取与解析
城阅千年，日穿千载——空间格局基因
地脉
地理气候条件优越，生态资源禀赋
山脉
水脉
以水为轴，福州传统生活以水为中心，水既是重要的交通要道，又是居民聚会、休憩的重要公共空间。
人脉
人才辈出，闽侯籍两院院士就达16名。现大学城入驻有13所院校，高校师生有23万人，为发展注入创新创业动力。
文脉
基地位于福州市闽江文化遗产带，有着具福建特色的海洋文化，是山水城市、千年闽都、海丝枢纽。
景脉
基地在闽侯县景观风貌规划中属于五区中的昙石古邑片区。山川秀丽，生态优美，融"山河湖泉林"于一体。
轴续辉煌，水绘蓝图——建成环境基因
传统建筑
清末穿斗木构古盾建筑、福州传统柴栏厝民居形式
合院肌理
福州传统合院式民居中融入城市肌理设计
景观风貌
青榕巷陌，粉黛灰瓦，百河润邑
绿荫满城，暑不张盖
公共空间
全方位挖掘公共空间基因
基因演绎
居住生活服务空间
公共服务空间
更新居住空间
滨河景观空间
闽侯民俗体验空间
核心保护文化空间
道承风貌，里生风情——街道肌理基因
街、巷、里
根据街巷宽度的不同，划分出街、巷、里3类不同的街巷空间，街宽6～10m，巷宽4～6m，里宽4m以下。
"侵街"现象
"侵街"现象是指在一定范围内，突破限制，活跃街道，打破原有建筑整齐的立面形式，形成阴角空间。
交通岔路口
基地道路交叉口太多，存在交通隐患，易造成交通事故。
基因编辑
街巷基因矫正
主街
支巷
主要街巷加大建筑退让，增加商业功能。
支巷承担商业和通过功能。
对于街巷尺度、风貌已发生改变的重要街巷，植入点状、线状空间，形成阴角空间。
岔路口基因矫正
优化基地内文博路、昙石山大道多岔路口，减少交通安全隐患。
N
0 25 50 100 200m
1 生态公园
2 英才小学
3 市民服务中心
4 南山幼儿园
5 体育活动中心
6 社区活动中心
7 社区服务中心
8 文创办公楼
9 艺术家工坊
10 人才公寓
11 文化交流中心
12 昙石山文化公园
13 文创体验中心
14 民俗文化体验
15 文化主题酒店
16 星光幼儿园
17 公共服务中心
18 智享商住区
19 滨水露营公园
20 民俗文化展示馆
21 文化广场
22 文化展廊
23 滨河公园
1.基因序列结构组织
生态空间建设
文教空间提质
居住空间更新
公共服务空间营造
市井文化空间构建
多元居住需求空间建造
文化特色空间打造
滨水文化空间建设
文化基因传承空间延续
昙石山文化空间重塑
滨水居住空间完善
2.基因主题路径打造
市井文化主题路径
民俗文化主题路径
昙石山文化主题路径
滨水文化主题路径
3.基因活力提升
文脉延续
滨河活力带
功能分区图
生态活力区
宜居更新区
综合居住区
滨水文化居住区
昙石山文化展示区
图例
宜居更新区
昙石山文化展示区
生态活力区
滨水景观区
综合居住区
文化居住区
规划结构图
昙石山文化发展轴
街区公共服务轴
滨水经济景观带
文化发展核心
综合服务节点
滨水生态节点
交通分析图
快速路
主干道
次干道
支路
慢行流线
地上停车场
地下停车场出入口
景观分析图
沿河景观带
景观通廊
景观节点

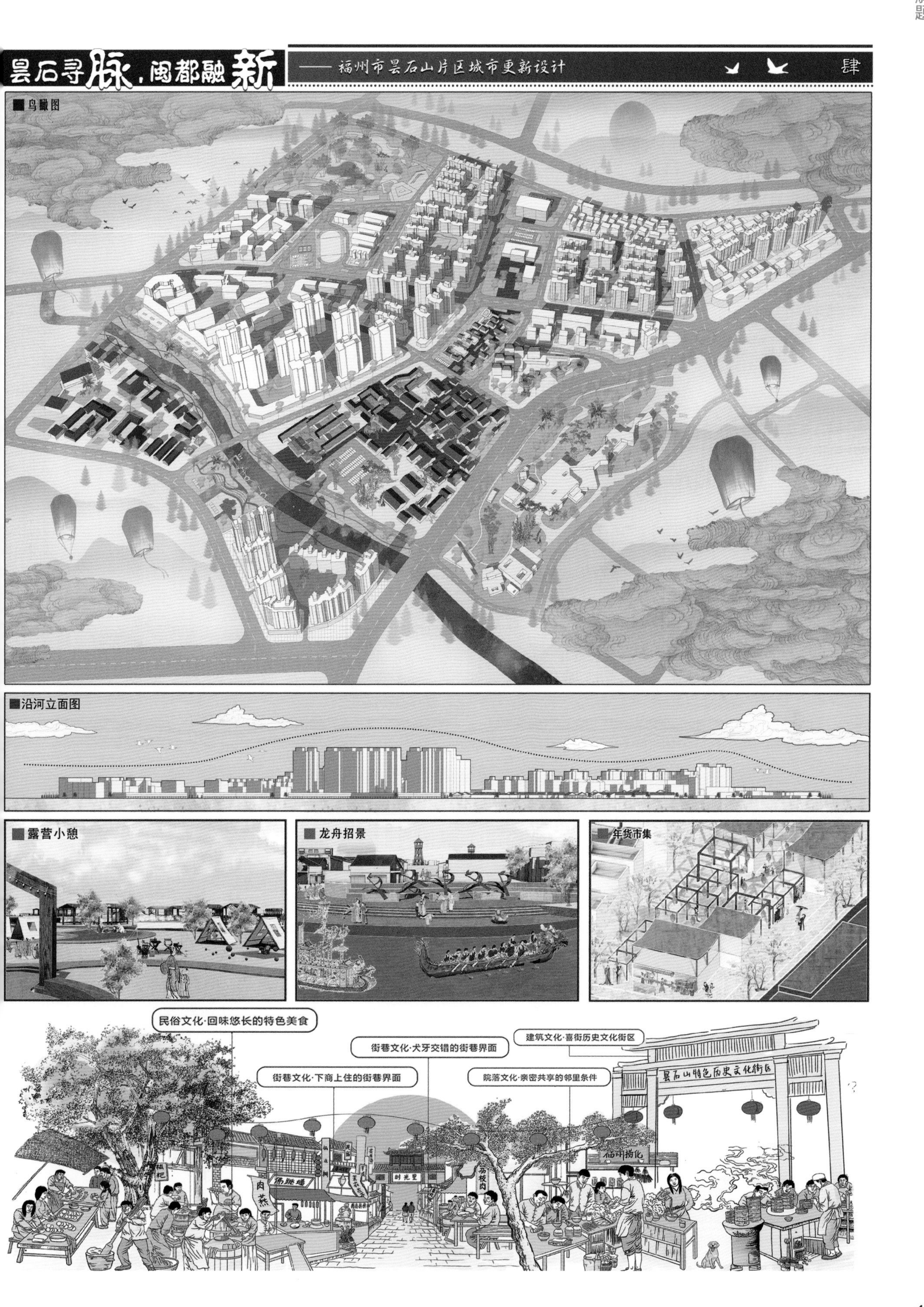
昙石寻脉，闽都融新
—— 福州市昙石山片区城市更新设计
肆
鸟瞰图
沿河立面图
露营小憩
龙舟招景
年货市集
民俗文化·回味悠长的特色美食
街巷文化·犬牙交错的街巷界面
建筑文化·喜街历史文化街区
街巷文化·下商上住的街巷界面
院落文化·亲密共享的邻里条件
昙石山特色历史文化街区
时光里
福州拗化

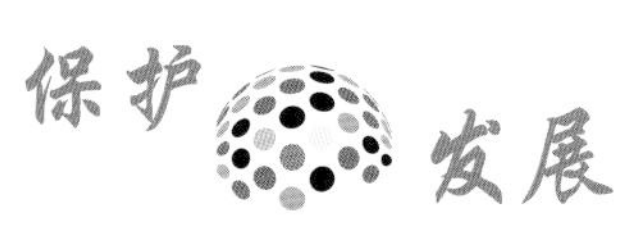

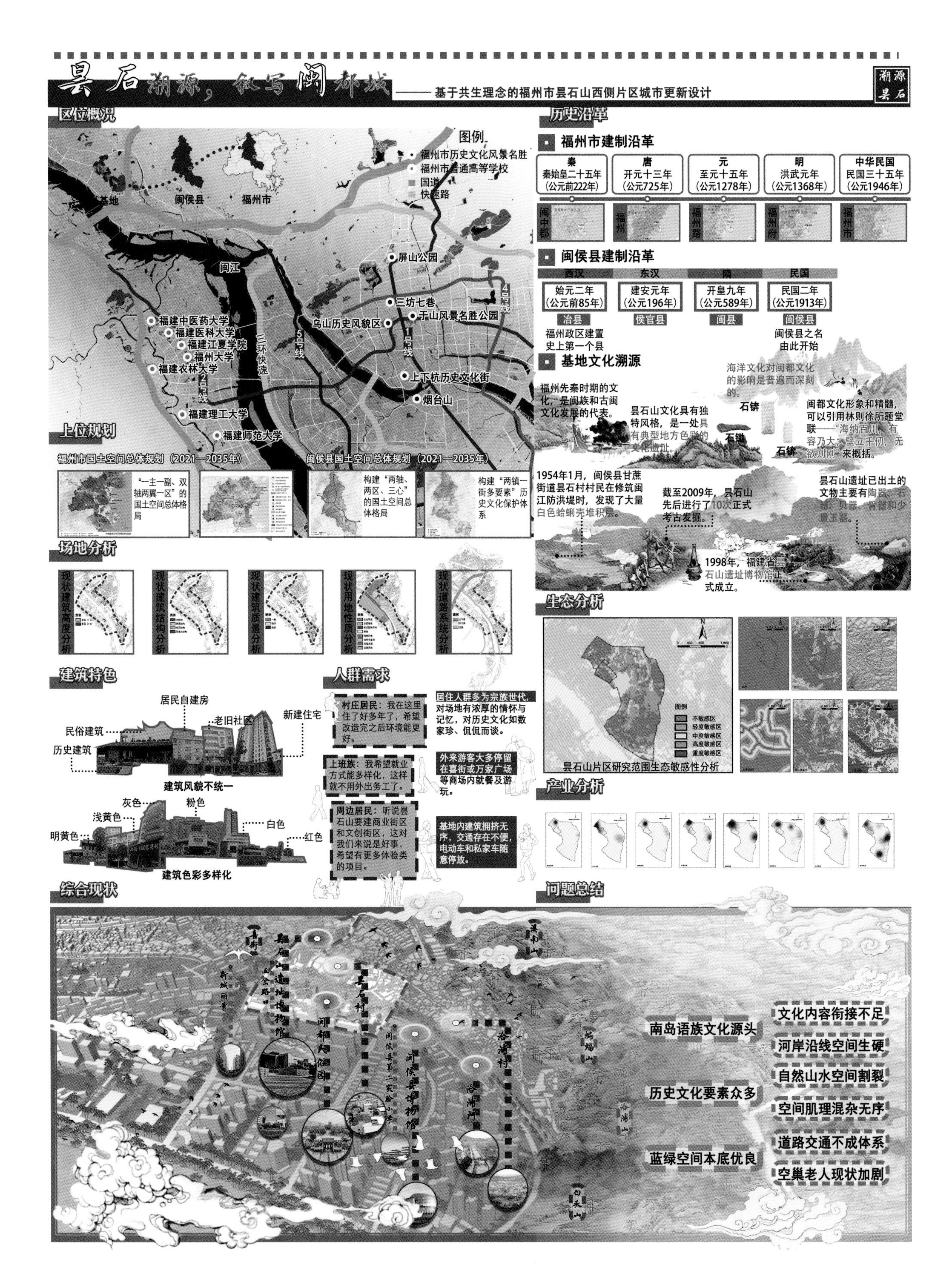

昙石溯源，叙写闽都城
——基于共生理念的福州市昙石山西侧片区城市更新设计
溯源昙石
区位概况
图例
福州市历史文化风景名胜
福州市普通高等学校
国道
快速路
基地
闽侯县
福州市
闽江
屏山公园
三坊七巷
乌山历史风貌区
于山风景名胜公园
福建中医药大学
福建医科大学
福建江夏学院
福州大学
福建农林大学
福建理工大学
福建师范大学
上下杭历史文化街
烟台山
上位规划
福州市国土空间总体规划（2021—2035年）
闽侯县国土空间总体规划（2021—2035年）
“一主一副、双轴两翼一区”的国土空间总体格局
构建“两轴、两区、三心”的国土空间总体格局
构建“两镇一街多要素”历史文化保护体系
历史沿革
福州市建制沿革
秦 秦始皇二十五年（公元前222年）
唐 开元十三年（公元725年）
元 至元十五年（公元1278年）
明 洪武元年（公元1368年）
中华民国 民国三十五年（公元1946年）
闽中郡
福州
福州路
福州府
福州市
闽侯县建制沿革
西汉 始元二年（公元前85年） 冶县 福州政区建置史上第一个县
东汉 建安元年（公元196年） 侯官县
隋 开皇九年（公元589年） 闽县
民国 民国二年（公元1913年） 闽侯县 闽侯县之名由此开始
基地文化溯源
福州先秦时期的文化，是闽族和古闽文化发展的代表。
昙石山文化具有独特风格，是一处具有典型地方色彩的文化遗址。
海洋文化对闽都文化的影响是普遍而深刻的。
闽都文化形象和精髓，可以引用林则徐所题堂联——“海纳百川，有容乃大；壁立千仞，无欲则刚”来概括。
石锛
1954年1月，闽侯县甘蔗街道昙石村村民在修筑闽江防洪堤时，发现了大量白色蛤蜊壳堆积层。
截至2009年，昙石山先后进行了10次正式考古发掘。
1998年，福建省昙石山遗址博物馆正式成立。
昙石山遗址已出土的文物主要有陶器、石器、贝器、骨器和少量玉器。
场地分析
现状建筑高度分析
现状建筑结构分析
现状建筑质量分析
现状用地性质分析
现状道路系统分析
生态分析
昙石山片区研究范围生态敏感性分析
图例
不敏感区
轻度敏感区
中度敏感区
高度敏感区
重度敏感区
产业分析
建筑特色
居民自建房
民俗建筑
老旧社区
新建住宅
历史建筑
建筑风貌不统一
灰色
粉色
浅黄色
白色
明黄色
红色
建筑色彩多样化
人群需求
村庄居民：我在这里住了好多年了，希望改造完之后环境能更好。
居住人群多为宗族世代，对场地有浓厚的情怀与记忆，对历史文化如数家珍、侃侃而谈。
上班族：我希望就业方式能多样化，这样就不用外出务工了。
外来游客大多停留在喜街或万家广场等商场内就餐及游玩。
周边居民：听说昙石山要建商业街区和文创街区，这对我们来说是好事，希望有更多体验类的项目。
基地内建筑拥挤无序，交通存在不便，电动车和私家车随意停放。
综合现状
问题总结
喜街
新城丽景
三叉路口
昙石山遗址博物馆
闽都民俗园
昙石村
闽侯县第二实验小学
闽侯县博物馆
浴浦村
浴浦河
黑南山
蝙蝠山
浴浦山
四天山
南岛语族文化源头
历史文化要素众多
蓝绿空间本底优良
文化内容衔接不足
河岸沿线空间生硬
自然山水空间割裂
空间肌理混杂无序
道路交通不成体系
空巢老人现状加剧

昙石溯源，叙写闽都城
——基于共生理念的福州市昙石山西侧片区城市更新设计
溯源昙石
风貌传承机制
构件提取
构件组合
实物图
提炼展示
马鞍墙
牌坊
飞檐翘角
白墙乌瓦
福州文化
海丝文化
传统文化
记忆唤醒机制
技术路线
海洋文化
市井文化
民俗文化
目标愿景
节点塑造·探寻发展支点
长街激活·唤醒古村记忆
文化驱动·塑造文化内核
历史展示缺失
市井要素削减
历史梳理·村落记忆
回溯历史
识别文化
赋予展示
文化触媒
居民自发
营城赋新
历史梳理·村落记忆
植入文化体验场所
打造昙石文化沙龙体验
在基地不可移动文物周边设置文化沙龙场所，可承办讲座，进行文化展示。
沿浯浦河界面设置文化体验街，让游客感受历史村落文化与昙石山文化。
讲座
餐饮
交流
剧演
打造昙石记忆公园
改造历史建筑 打造开放空间
对原本不对外开放的历史建筑进行修缮，建设文化记忆社区公园，为参观、研学和居民日常活动提供场所，展示昙石山遗址与村落的历史记忆。
打造龙舟体验公园
再现传统民俗 集聚文脉力量
起龙
祈福
采青
游龙
藏龙
龙船饭
斗龙
招景
依据闽侯赛龙舟的习俗，在沿浦河两岸设置相应的空间，为居民与游客再现传统民俗活动。
社群交流机制
以历史建筑为核心，确定居民聚集点。
结合聚集点，植入适宜公服配套设施。
老人养护
快递驿站
社区中心
社区医院
多功能长廊
老幼居民
在与昙石山文化共生的同时，享受现代人文关怀。
外来游客
在感受昙石山魅力的同时，享受健全的文化配套设施。
创业大学生
借助昙石山文化，打造创业之路，做人生赢家。
社区人群权益保障
安全活动场地
无障碍节点
无障碍通道
陶器制作坊
文化民宿
海洋展馆
个性创产空间
创业帮扶中心
青年创业港湾

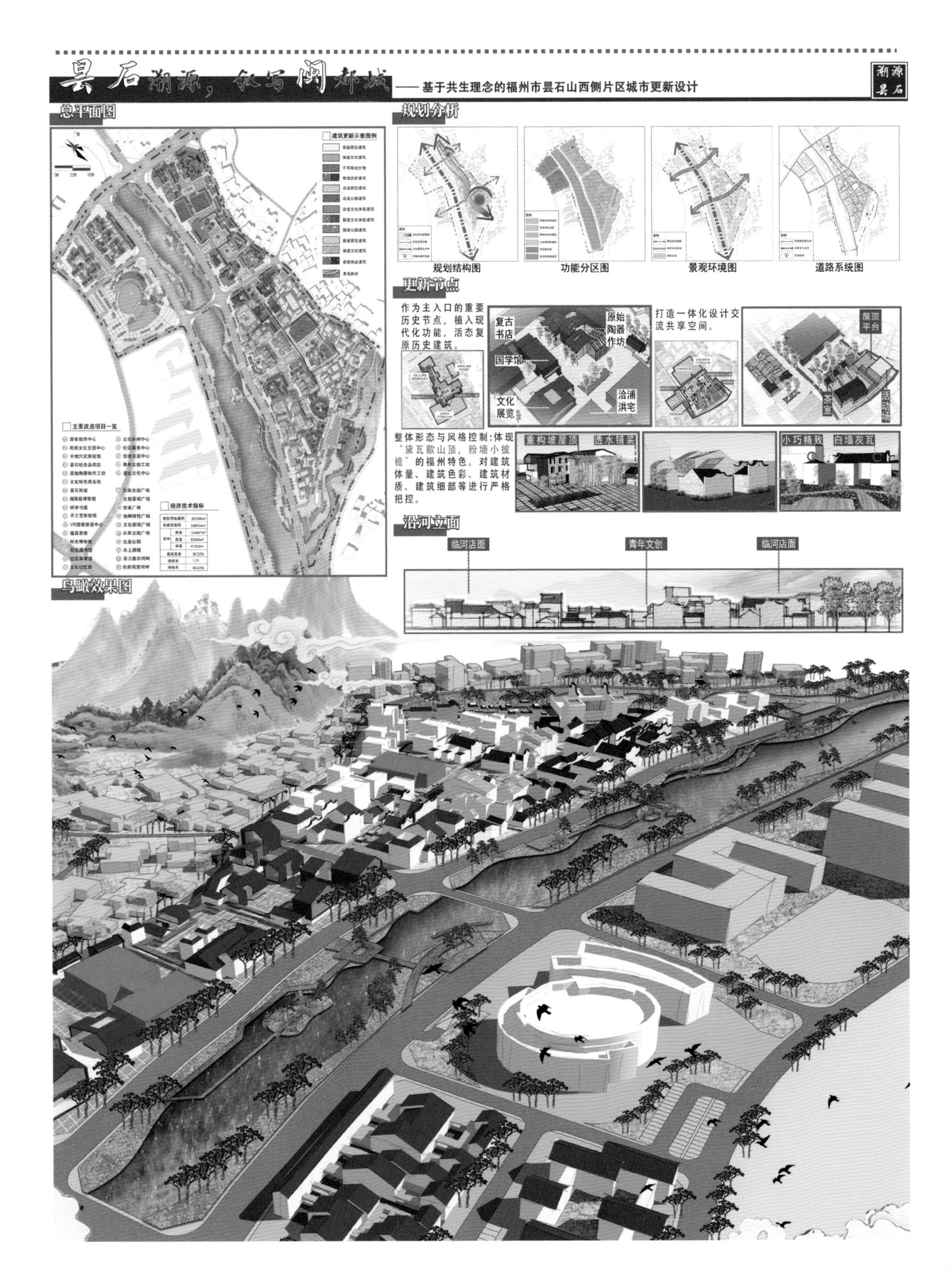
昙石溯源，叙写闽都城
——基于共生理念的福州市昙石山西侧片区城市更新设计
溯源
昙石
总平面图
建筑更新示意图例
主要改造项目一览
经济技术指标
规划分析
规划结构图
功能分区图
景观环境图
道路系统图
更新节点
作为主入口的重要历史节点，植入现代化功能，活态复原历史建筑。
复古书店
原始陶器作坊
国学馆
文化展览
洽浦洪宅
打造一体化设计交流共享空间。
屋顶平台
茶室
活动场
整体形态与风格控制：体现"黛瓦歇山顶，粉墙小披檐"的福州特色。对建筑体量、建筑色彩、建筑材质、建筑细部等进行严格把控。
重构坡屋顶
透水铺装
小巧精致
白墙灰瓦
沿河立面
临河店面
青年文创
临河店面
鸟瞰效果图

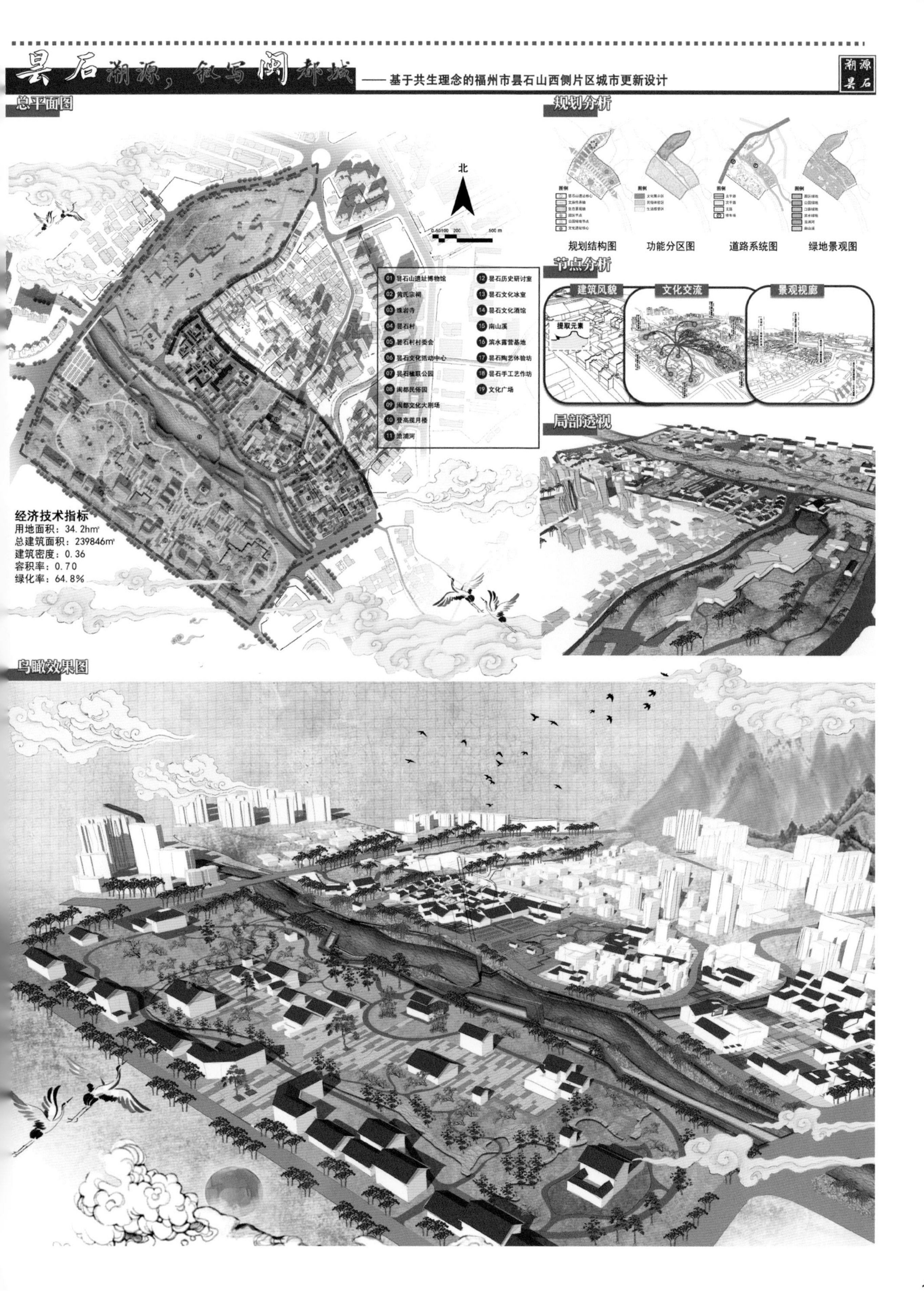
昙石溯源，叙写闽都城
—— 基于共生理念的福州市昙石山西侧片区城市更新设计
溯源
昙石
总平面图
北
0 50100 200 500 m
01 昙石山遗址博物馆
02 黄氏宗祠
03 珠岩寺
04 昙石村
05 昙石村村委会
06 昙石文化活动中心
07 昙石楹联公园
08 闽都民俗园
09 闽都文化大剧场
10 登高揽月楼
11 洽浦河
12 昙石历史研讨室
13 昙石文化冰室
14 昙石文化酒馆
15 南山溪
16 滨水露营基地
17 昙石陶艺体验坊
18 昙石手工艺作坊
19 文化广场
经济技术指标
用地面积：34.2hm²
总建筑面积：239846m²
建筑密度：0.36
容积率：0.70
绿化率：64.8%
规划分析
图例
规划结构图
功能分区图
道路系统图
绿地景观图
节点分析
建筑风貌
提取元素
文化交流
景观视廊
局部透视
鸟瞰效果图

教师感言
Teachers' Comments

高晓路

“昙石山文化公园及其周边片区城市更新设计”是一个非常独特且有趣的选题。这里5000年前新石器时期的考古发现印证了华夏文明多元起源学说，这里还是闽台两地海洋文化的共同源头和世界南岛语族的发源地。丰富的历史资源和独特的文化价值为昙石山遗址及其周边片区的城市更新带来了厚重的韵味和独特的挑战。

本次联合毕业设计的承办单位福建理工大学进行了周密的前期准备和调研组织，在调研、设计和答辩的各个环节，各校学生进行了许多富有创意的尝试，让人不时有意外和惊喜。其间还有幸聆听了严龙华、张杰、廖正昕等几位历史保护专家的讲座，受益匪浅。

在昙石山遗址博物馆和洽浦河沿岸的调研，以及联合毕业设计中各组同学对当地文化的挖掘，给我留下了深刻印象。在半年时间里能完成这样的毕业设计成果很不容易，虽然还有些稚嫩，将来也还需要考虑更多实际更新改造方面的难题，但这次联合毕业设计的淬炼给同学们提供了宝贵的经验，一定能对他们未来的工作有所助益。

衷心希望全国城乡规划专业七校联合毕业设计越办越好，通过交流合作不断加深各校师生的友谊、拓宽视野、共同进步！

苏毅

2024年联合毕业设计首次选址在远古文化遗址的周边地区，这是一次富有创新性和挑战性的尝试。同时，这也是联合毕业设计第三次在福州举办，承办单位福建理工大学周密安排、积极组织，给我们留下了一次非常难忘的联合毕业设计经历。

回顾往昔，曾经联合毕业设计在福州选址的大学城和马尾船政地区，都贴合了当时城市更新的步伐。如今，这些地方都已建成，成为城市新名片。这次来到福州，同时目睹福建理工大学校园周边环境得到改善，旧貌换新颜，令我们对未来联合毕业设计有了更多美好期待。

在本次联合毕业设计教学过程中，给我印象比较深的地方在于：各校学生的表达能力和思考能力都得到了提升，在实地调研、方案设计、图纸表达、答辩汇报等环节中，各校师生都在不断锤炼专业技能和综合素质。联合毕业设计活动不仅为各校学生提供了一个展示才华的舞台，更是一个促进教学相长、提升教育质量的重要平台。

展望未来，衷心希望七校联合毕业设计能够越办越好、推陈出新，为各校提供更多优质的实践课题。同时，也期待各校之间的友谊能够更加醇厚，通过更多交流和合作，共同推动规划行业的繁荣发展，使得各地城市空间更有地方特色，也更可持续发展。

顿明明

初夏六月，伴随2024全国城乡规划专业七校联合毕业设计圆满闭幕，新一届的联合毕业设计即将拉开帷幕。回顾七年往昔，充满挑战与不确定性，唯有合众坚持，才能越过山丘，重返地平线。感谢福建理工大学的精心筹办，为本次联合毕业设计画上圆满的“句号”。祝贺参加此次联合毕业设计的同学，在行业未来迷雾未散的当下，你们相聚福州昙石山回望数千年前，热情饱满地完成了自己的作品。不负韶华，前途可期！

于淼

2024全国城乡规划专业七校联合毕业设计的选题、开题、中期交流以及最后答辩都离不开福建理工大学的周密组织与安排。本次联合毕业设计在各校师生的共同努力下，成功地呈现了令人相对满意的设计成果。“昙石山文化公园及其周边片区城市更新设计”是一个具有挑战和纪念意义的城市更新任务。这次我恰好抽签分到一组最可爱、最认真的学生，组成了气氛融洽、和谐的师生组合，我和学生共同度过了这段教学相长的数月时间，在点滴相处中收获良多。联合毕业设计重在“联”与“合”，在这个收获的季节里，感谢承办单位福建理工大学为各个高校的教学探索搭建了相互学习、共同发展的交流平台，期待2025年再相聚！

陈朋

再次来到福州开展联合毕业设计，又一次感受到承办单位福建理工大学的热情与福州这座历史文化名城的魅力。围绕昙石山文化公园及其周边片区的城市更新设计，为学生和指导教师提供了难得的将深厚文化底蕴、复杂现实约束以及全新发展定位结合起来开展设计训练的机会。学生们在合理利用山水地形、解决已建建筑与新建建筑关系、凸显文化特征与发展定位的基础上，形成了较为优秀的毕业设计成果。而福建理工大学对开题调研、中期交流、毕业答辩等环节的精心组织，也使本次联合毕业设计成为难得的教学与学术交流过程，成为师生共同成长、相互学习的美好经历。

感谢为本届联合毕业设计付出辛勤努力的老师们；祝愿同学们顺利毕业，走向更加精彩的人生舞台。

程亮

全国城乡规划专业七校联合毕业设计已经走过了十四个年头，作为国内第一个城乡规划专业联合毕业设计项目，为丰富教育教学改革、有效推进新工科高质量人才培养、促进校际协同与校企协作等提供了很好的交流平台。2024 年的选题聚焦昙石山文化公园及其周边片区，以“保护 · 发展”为主题，各校师生探索文化保护研究、传承推广、发展创新等多元化的发展路径。祝贺同学们顺利完成了这一富有挑战性的任务，形成了各具特色的方案成果。在一个充满变化的时代，在未来彼此各奔前程的日子里，希望同学们有足够的耐心，保持热爱，为更美好的未来时刻准备着。故事未到终章，新曲即将奏响！期待 2025 年相聚在北京建筑大学，携手开启新一轮的篇章！

安徽建筑大学

李伦亮

全国城乡规划专业七校联合毕业设计连续走过了十四个春秋，师生队伍也在不断地更替，而不变的是教学联合与交流，成果依旧丰硕。城乡规划多年的发展与实践需求表明，在新的国土空间规划体系、规划转型及城镇化发展常态化背景下，资源紧约束、城乡空间品质提升、历史文化保护与传承、避免“千城一面”的城乡特色塑造等对城市设计的需求仍然强烈。新形势下城乡规划学科城市设计教学应关注的重点是什么，如何更好地发挥城乡规划学科在城市设计中的作用并处理好其与相关学科的关系，值得大家共同思考。基于生态文明与绿色发展，基于创新、协调与共享，基于城市更新、历史保护与文化传承，基于策划、设计、运营管理一体化，基于信息技术与未来科技，等等，城市设计要关注的内容还很多。总之，昙石山文化公园及其周边片区城市更新设计对本次联合毕业设计来说是一个很好的选题。

感谢福建理工大学和北京建筑大学的老师们精心组织了本次联合毕业设计的选题、调研及毕业答辩等一系列教学活动，为本次联合毕业设计画上了圆满的句号；也要感谢福州市规划设计研究院、北京市城市规划设计研究院多位专家的现场指导；更要感谢福建理工大学杨芙蓉和北京建筑大学苏毅两位联合毕业设计“老教师”的认真、细致工作。祝愿联合毕业设计经久不衰、越办越好！

张馨木

城乡规划是一个充满挑战与机遇的领域。作为专业教师，我深知自己的责任重大，不仅要传授学生专业知识，更要培养他们具备前瞻性的视野、创新性的思维和解决实际问题的能力。

通过组织实地考察、参与规划项目等方式，鼓励学生将所学知识应用于实际，培养他们的实践能力和团队协作精神。每当看到学生在实践中取得成果，我都深感欣慰和自豪。作为专业教师，我也对目前该专业所面临的困境进行了深入的思考。这些困境并非不可逾越，但需要我们逆流而上，探本溯源，找到初心。我们应在关注理论知识教授的同时，重视对学生实践操作和创新能力的培养，紧跟行业发展的步伐，将新技术、新理念融入教学中，培养学生的创新思维和跨学科学习的综合能力。这样，学生才能更好地适应行业发展的需求，成为具备高度专业素养和创新能力的优秀人才。同时，城乡规划还是一个具有地域性的专业，不同地区的规划需求和实施条件各不相同，全国城乡规划专业七校联合毕业设计活动就搭建了这样一个多学科融合、跨地域联合的学习平台，现在已经成功地举办了十四届。这项活动不但促进了师生与业内人士的交流和学习，提高了城乡规划专业的教学质量，也为学生提供了一个展示自己才华的舞台。

最后，希望我们的联合毕业设计一直举办下去，也希望我们的城乡规划从业者勇于自新、善于自省，在时代的洪流中，不畏艰难、潜心向前。

陈梦微

每一年的全国城乡规划专业七校联合毕业设计，都有承办单位提供的极富挑战的选题和各校参与学生交出的精彩的设计答卷，2024 年亦是如此。感谢福建理工大学的精心安排，让我们有幸体悟沧海桑田、绵延千年的昙石山文化，让各位学生能在毕业之际运用城乡规划的专业知识去解读历史、剖析矛盾、重塑基地。通过几次面对面的交流汇报，各校学生和老师进行了深入的探讨和思维的碰撞，不仅使学生对城市设计所涉及的知识体系与设计技能有了更丰富的拓展，更是各校团结在一起推动城乡规划学科持续发展的不懈坚持。愿全国城乡规划专业七校联合毕业设计越办越好！期待来年在北京再相聚！

龚强

2024 年再次来到福州参加联合毕业设计教学活动，历时十四年的全国城乡规划专业七校联合毕业设计又将开始新的轮回。新的轮回将标志着另一个新里程的开始，新的轮回将在延续中挥散，在挥散中凝聚，又将在新的凝聚中升华。

本次联合毕业设计选取福州昙石山文化公园及其周边片区进行城市更新设计。该设计地块是对话世界、展现中华海洋文明的东南窗口，是古闽族发源地和海上丝绸之路的摇篮，呈现出极具特征的历史文化价值和对未来城市更新发展挑战的思考。各校学生在本次设计中深入挖掘地块的海洋文化内涵，在保护与发展的语境下，思考城市大遗址周边的更新路径，在地块更新设计中展现了许多海洋文明在闽文化资源内涵式开发的构想场景，相信这一段特殊的联合毕业设计经历，让同学们能提前体会到，在新阶段应对城市高质量发展的要求下，作为新一代城乡规划人需要主动或被动地扮演更为多元的角色，面对和处理更多元复杂的城市问题。希望同学们在未来的城市更新实践中不忘初心、保持初心、留住文化，守护城市成为承载时光之所在。

最后，再次感谢为让这场活动更加精彩而辛劳付出的各校老师和学生。新的开始，我们再出发！

李凯克

在我国加快推进城市更新行动背景下，本次联合毕业设计以“保护 · 发展”为主题，选取了极具福建海洋文化特色的昙石山文化公园及其周边片区为基地，期望以城市更新为抓手，实现保护文化遗址和提升城市片区活力的设计目标。各位学生也在这个目标下，充分尊重文化特征，挖掘地方特色，展示出了极具创造力的设计成果。各小组的设计成果在挖掘和展示昙石山文化的前提下，不仅关注物质空间本身，也提出了各种提升片区活力的途径，这不仅体现了各位学生作为未来规划师的职业素养，更体现了他们在本科阶段学习的全面性。这次联合毕业设计不仅完成了契合时代主题的规划设计，也为各校的充分交流提供了很好的平台。感谢各校学生和指导教师，我们来年再见。

孙莹

2024 年是我作为指导教师参加全国城乡规划专业七校联合毕业设计的第三个年头。本次有关福州昙石山文化公园的选题非常有意思，对学生、对老师而言都很有挑战性。我从一开始就很兴奋，更期待和学生一起享受这次非常棒的教学体验。在实际教学过程中，有过困难、迷茫和焦虑，但每次通过与各校老师的交流讨论，总能收获新的教学经验和技能方法，将心中的不安一一化解，找到继续前进的动力和勇气。希望我们的联合毕业设计教学活动越办越红火、长长久久！

徐鑫

七年前领略了马尾的近代船政文化，此次又探源了昙石山的史前海洋文化，这是我第二次在福州参与联合毕业设计，福州这座城市给人以常读常新的美好。

感谢福建理工大学，让我们再一次有机会走近福州、了解福州，让学生们可以在一片厚重的历史底蕴上书写现在、畅想未来，这无疑是一次很有意思又充满挑战的联合毕业设计活动。感谢福建理工大学的老师们，你们的精心组织和盛情款待让此次活动得以顺利圆满完成，相信也在学生们心中留下了温馨而难忘的记忆。感谢其他兄弟院校的师生，在这复杂而多变的时代，一同努力前行，才能更加精彩。

祝愿各位学生无所畏惧、拥抱未来！祝愿联合毕业设计越办越好！

曹风晓

身为一名城乡规划专业教师，我认为此次联合毕业设计活动对学生的发展有着极大的帮助和启发，他们不仅可以广泛了解不同地区城乡规划实践的案例和经验，掌握多种针对城乡规划实际状况的解决方案，并且能够在交流合作过程中掌握和积累跨领域、跨学科的技术和组织能力，不断提高综合素质和实践能力。在此，由衷希望联合毕业设计越办越好！

林兆武

初次带领两位毕业生参加联合毕业设计，受益匪浅。从选址昙石山，到合队现场踏勘，到调研报告汇报，再到分组汇报方案，最后毕业答辩，环环相扣，证明了这种联合毕业设计模式的科学性。毕业设计是本科教学过程的点睛之笔，参与本次联合毕业设计，我深刻体会到教学模式对师生的双向作用。“一对一”传统的师带徒模式改变为“一对多”“多对一”的交叉联合指导模式，七校学生联合调研、联合撰写调研报告，在合作交流中，共同提升专业素养；不同院校的老师联合指导学生开展方案设计，不同的教学模式共通共融，不仅拓宽了教师的指导路径，而且夯实了学生的专业理论基础，促进了学生实践能力的全面发展。

林雨欣、陈欣然两位同学，全力投入毕业设计，她们严谨的工作态度、富有创意的设计理念、分工协作的团队精神，为后续学习和工作实践打下亮丽的底色。

城乡规划，山高路远风景美，且行且珍藏。

邱永谦

2024年联合毕业设计以“保护·发展”为主题，对福州市昙石山文化公园及其周边片区开展城市更新设计，是一个非常有意义且具有挑战性的选题。保护是对历史的尊重和对文化的守护，发展则是对未来的憧憬和对创新的追求。在设计过程中，学生们能够深入思考，将保护与发展的理念融入细节，力求在两者之间找到最佳平衡点，在保护历史文化遗产的同时，也充分考虑城市发展的实际需求，最终呈现出各自的精彩作品。

第十四届全国城乡规划专业七校联合毕业设计已经落下帷幕，在短暂休整之后，又会迎来一次新的出发。在规划设计行业面临巨大的转型与变革，城乡规划专业发展充满挑战和不确定性的当下，希望这个已经走过十四年发展历程、以地方院校为参与主体的全国城乡规划专业联合毕业设计活动，能够继续发扬光大，不断前行。

杨芙蓉

2024年是我校加入全国城乡规划专业七校联合毕业设计这个大家庭的第十一年，也是我参与这个联合毕业设计教学活动的第十一年。

2024年是联合毕业设计开展的第十四个年头，是我校第二次作为承办单位，也是第二轮联合毕业设计的收官。希望福州的选题和地域特色能够给各校的师生留下美好的印象。

2025年，让我们期待新一轮的开始，除了继续延续联合毕业设计联盟这个大家庭以往的优秀传统，也期待在新的形势下各校之间的交流互动碰撞出新的火花，将联合毕业设计这面旗帜永久传下去。

刘兴诏

首先，本次联合毕业设计通过紧密结合福州实际项目，让学生和教师有机会将理论知识应用于真实的城乡规划实践中。这种“学中做，做中学”的模式，不仅加深了对理论知识的理解，也培养了学生的实践能力和创新能力。

其次，由于规划涉及的利益相关方众多，问题复杂多变，在设计过程中遇到了预期之外的挑战，如数据获取难度大、利益协调困难等。这些挑战促使教师不断学习新知识，创新教学方法，同时也教会学生如何在复杂情境下寻找解决方案，培养了师生面对困难不退缩、勇于探索的精神。

最后，参与城乡规划专业联合毕业设计，让教师和学生更加直观地认识到城乡规划对于促进社会公平、环境保护、经济发展等方面的重要性。

总之，参加此次联合毕业设计，不仅是一次学术能力和专业技能的提升过程，更是一次关于教育理念、团队精神、社会责任等方面的深刻体验。

谢承平

在这个城市快速变化的时代，能够参与联合毕业设计活动，我深感荣幸与激动。这不仅仅是一个教学的过程，更是一场关于知识融合、团队协作与创新能力培养的奇妙旅程。

首先，我要对所有参与其中的学生表示最深切的赞赏。你们来自不同的专业领域，带着各自独特的视角和技能，却能在这样一个平台上相互学习、相互启发。

其次，作为指导教师的我见证了学生那些灵感闪现、难题迎刃而解的瞬间。这些时刻让我坚信，教育的本质在于激发潜能，而非简单地灌输知识。我们共同探讨、解决城市在发展过程中出现的问题，这样的过程对于我个人而言，也是一次深刻的学习和提升的机会。

最后，我要感谢来自不同学校的指导教师。我们的密切合作，为学生们搭建了一个开放、包容的学习环境，这是联合毕业设计成功的关键。通过跨地区的交流与合作，我们不仅丰富了教学内容，也深化了彼此的学术友谊，展现了学术界团结协作的力量。

游宁龙

有幸与各位一同参与本次联合毕业设计活动。

首先，要对所有参加本次联合毕业设计的学生表示赞许。是你们的用心、你们的努力和你们的才华，让这一场难忘的毕业设计之旅碰撞出这么多令人惊艳的火花。本次联合毕业设计对于参与其中的每一个学生来说都是一次很好的锻炼机会。

其次，作为指导教师，这也是一次关于教育理念、学术交流、社会责任等方面的深刻体验。在指导学生参加联合毕业设计的过程中，我感受到了学生们对项目的创新能力与解决问题的能力，同时也感受到了他们对于城市更新在未来发展所面临的挑战和机遇有着清晰及深刻的思考。风好正是扬帆时，不待扬鞭自奋蹄。愿各位学生坚定努力、保持前行！

最后，感谢各校指导教师和福州市规划设计研究院的支持，以及感谢他们为我们提供了这样一个开放的平台，让学生能够在此大放异彩，让老师们能够深入交流，同时也推动了相关城市更新事业的发展。

在岁月的溪流里，我庆幸遇到蓬勃的生命，彼此成就、彼此抵达。

学生感言

Students' Comments

冯泽华

本次联合毕业设计让我深入了解了历史遗产保护、城市规划和社区参与的重要性。

在本次联合毕业设计过程中，我不仅学到了专业知识，还了解了与社区居民合作的过程，使我更加坚定了对城市更新设计的热情。

通过与居民的互动，我意识到社区参与是城市更新成功的关键。我们的设计不仅仅是技术和美学的呈现，更是与社区共同创造未来。我期待着与社区居民一起制定决策，共同推动未来城市的发展。

衷心感谢老师们的耐心和支持。我将继续努力，为未来城市建设作出更大的贡献。

马萧萧

能够参加本次昙石山文化公园及其周边片区城市更新设计，我深感荣幸。这个项目不仅是一项设计任务，更是对历史遗产保护、城市规划和社区参与的一次探讨。

在昙石山文化公园及其周边片区城市更新设计实践中，我们意识到要努力平衡保护与发展的需求。我们希望通过综合考虑历史遗址、现代城市功能和社区需求，提出一种可持续的城市更新模式。在这个过程中，我不仅深入了解了昙石山文化的影响力，也了解到了如何与社区居民合作，共同制定决策。感谢老师们的指导和支持，我将继续努力，为城市发展作出贡献。

何祯

通过此次联合毕业设计，我了解到了福州的美丽之处。文化与自然环境赋予昙石山这片土地独特的气质，我也在此过程中体会到了南方城市包容、创新的发展概念。

团队合作给了我许多宝贵的感悟和经验。在团队中，我们需要不断地与他人交流，明确任务和目标。这要求我们具备良好的沟通能力，能够清晰、准确地表达自己的想法。同时，当团队遇到问题时，我们需要共同寻找解决方案。这锻炼了我解决问题的能力，让我学会了如何在困境中寻找出路。

本次联合毕业设计让我明白了倾听与尊重、协作与负责、沟通与解决问题的重要性。在未来的工作和生活中，我将继续珍惜这些经验，努力成为一个更好的团队成员和领导者。

刘曼如

对我来说，毕业设计不仅仅是课堂知识的延伸，更是把理论与实践相结合的重要实践平台。

在这个过程中，我学会了如何有效地与团队成员沟通、协调工作计划和分工合作。通过实地走访、调研和数据分析，我能够更深入地理解课堂上学到的理论知识，并将其应用于实际项目中。同时，此次联合毕业设计让我认识到不同地区的规划需求和挑战各不相同，需要我们灵活运用所学知识并结合当地的实际情况进行创新性思考和提出解决方案。

联合毕业设计不仅是一次学术性的挑战，更是一次成长和锻炼的机会。通过此次的昙石山文化公园及其周边片区城市更新设计，我不仅在学业上取得了进步，也积累了有关职业发展的宝贵经验和能力。希望未来能继续在城乡规划领域不断探索进步。

武怡

在这次联合毕业设计中，我非常感谢我的指导老师和合作同学，与她们的交流是我不断前进的动力。我也感谢那些给予我灵感的村庄和闽侯风土人情，让我有机会将理论知识应用到实践中，解决真实世界的问题。

城乡规划不仅仅是一门学科，也是一门艺术、一门科学，更是一种服务社会的方式。我希望在未来的职业生涯中，能够继续探索和创新，为创造更美好、更可持续的生活环境作出贡献。毕业不是结束，而是一个新的开始，我期待着在城乡规划的道路上继续前行。

李一凡

回首这段联合毕业设计的历程，我的心中充满了感激与感动。在远古文化遗址周边进行设计，让我们感受到了古代文明与现代文明交织的独特魅力。这次在福州举办的联合毕业设计，得益于福建理工大学的精心安排和组织，我们的学习和实践更加顺利、丰富。

在本次联合毕业设计过程中，苏毅老师和高晓路老师对我们有莫大的帮助，特别感谢苏老师在整个设计过程中对我们的指导和为我们传授专业知识，让我们看到了更多规划的可能性。最令我印象深刻的是团队合作和跨校交流。在实地调研、方案设计、图纸表达、答辩汇报等环节中，我们的表达能力和思考能力得到了极大的提升。同时，我们认识了来自天南地北的朋友，收获了珍贵的友谊，并且在与其他院校的交流中学习到了很多新的知识。

感谢所有在这次联合毕业设计中给予我帮助和支持的老师、同学和朋友们，这段经历将永远铭刻在我的心中，成为我人生中的宝贵财富。

陆新睿

在大学本科城乡规划专业五年的学习生涯中，毕业设计是我学术生涯的一个重要节点，这次毕业设计也让我对所学专业有了一个更加深刻和完整的认识。

我们所选择的题目是福州市昙石山文化公园及其周边片区城市更新设计。昙石山遗址是一个历史悠久、文化底蕴深厚的重要遗址，对其周边片区进行城市更新设计，不仅要尊重和保护文化遗产，还要兼顾现代城市发展的需求，以及生态保护和可持续发展的要求。在毕业设计过程中，我们进行了大量的实地调研、资料搜集等工作，以便深入了解昙石山遗址的历史背景、地理特征和其周边社区的发展现状。

另外，在与指导老师和同组同学的交流与探讨中，我们也在不断完善设计主题，优化方案。这个过程不仅增强了我对理论知识的应用能力，更锻炼了我的实践能力和团队协作能力，这些经历将对我未来的职业生涯产生深远的影响。

总之，通过本次联合毕业设计，我不仅对城市规划设计的复杂性和专业性有了更加深入的了解，也深刻体会到了自己在专业领域的责任和使命感。未来，我将继续努力，为城市发展、文化保护和生态建设贡献自己的智慧及力量，成为一名优秀的规划师。

姚云龙

在这个从春意盎然至夏日渐浓的时节里，我有幸在福州昙石山这片承载着悠久历史与文化底蕴的土地上，完成了我的毕业设计之旅。这段经历，不仅是对我五年学习成果的一次全面检阅，更是一场心灵的洗礼与成长的飞跃。

回望三月，当第一缕春风拂过昙石山的古木，我的毕业设计之旅悄然启程。站在历史的肩膀上，我深入探索着这片土地所蕴藏的丰富文化遗产与自然奥秘，每一次实地考察都如同穿越时空的对话，让我深刻感受到古代文明的智慧与辉煌。在这个过程中，我学会了如何将理论知识与实践相结合，用现代科技手段去解读和呈现那些沉睡千年的故事。

随着时间的推移，四月、五月，汗水与努力交织成我前进的每一步。面对设计中的种种挑战与未知，我经历了从迷茫到坚定、从挫败到重整旗鼓的蜕变。在指导老师的悉心指导下，在团队成员的相互支持与鼓励下，我们共同攻克了一个又一个难题，每一次思维的碰撞都激发出新的灵感火花，让我们的作品日臻完善。

转眼间，六月已至，毕业的钟声敲响。站在毕业的门槛上回望这段时光，我满怀感激。感激昙石山给予我的灵感与启迪，感激指导老师的耐心指导与无私奉献，感激团队伙伴的并肩作战与深厚友谊。这段联合毕业设计经历，不仅让我在专业领域取得了显著的进步，更重要的是，它教会了我坚持与勇气，教会了我如何在困境中寻找希望，如何在挑战中不断成长。

如今，虽然毕业设计的帷幕已经缓缓落下，但这段宝贵的经历将永远镌刻在我的心中，成为我人生旅途中一段难忘的风景。未来，我将带着这份收获与感悟，继续前行，在更广阔的天地中追寻梦想，书写属于自己的精彩篇章。

李雪婧

通过参与这次福州昙石山联合毕业设计，我们首次接触到福建基地和远古人类文化遗址片区。经过联合调研和不断地推演设计方案，我们设计将公园内的古迹与周边的现代建筑交相辉映，既保留了历史的厚重感，又展现了城市的活力与生机。我们将海洋文明、闽都文化等特色历史文化融入本次城市设计中，激发城市活力，促进城市更新，构建一个能“对话古今、畅想未来”的活力宜居城市。此次联合毕业设计不仅让我与其他高校的同学建立了深厚的友谊，也让我对福州这座城市有了更深的理解和认识。

薛至柔

福州市昙石山文化公园及其周边片区城市更新设计是一个既富有文化底蕴又充满现代感的选题。每当我踏入这片区域，都能感受到那份独特的魅力。通过对昙石山遗址片区的调研和旅游路线的规划，我们希望能够有效解决当前存在的问题，提升片区的整体活力。违建整治、道路优化、环境卫生改善、基础设施完善、公共服务设施增加和文化保护传承等多方面的综合措施，将为昙石山遗址片区的可持续发展提供坚实基础。希望这些策略能够具有前瞻性和可持续性，为造福当地居民和外来游客提供参考。

张雅方

福州市昙石山文化公园及其周边片区城市更新设计这个设计题目为我的本科生涯画上了句号，也成为最令我难忘的一个设计作业。昙石山文化公园作为福州历史文化的瑰宝，与周边的现代建筑交相辉映，既保留了历史的厚重感，又展现了城市的活力与生机。我们运用古今融合的设计理念，将片区焕活，使片区展现出全新的城市风貌。其实福州市昙石山文化公园及其周边片区城市更新设计不仅是一个课题，更是一种文化、一种精神传承。它让我们在享受现代城市便利的同时，也能感受到历史的厚重感和文化的魅力。我相信，在未来的日子里，这片区域将会成为福州乃至全国的城市设计典范，引领着更多城市走向更加美好的明天。

曹婧怡

至此，五年本科生涯正式落幕，新曲即将奏响，扉页就在此章。这半程算不上坚定，甚至迷茫，遗憾和惊喜同路，泪水与欢笑并行，回望也觉精彩。有幸在本科学习生涯最后的阶段参与了联合毕业设计，体会到了不同地域的民俗风情。感谢恩师在学业上的指导，在生活上的帮助，他们对待学生永远谦和真诚，他们严谨的治学态度与深厚的专业素养潜移默化地影响着我们，愿恩师桃李芬芳，教泽绵长。同时，感谢我的毕业设计组员们，一路走来我们相互包容与支持，让我们的作品得到更好的呈现。

非比寻常的一年，永远怀念的盛夏，衷心感谢，珍重再见！

顾可

行至此处，本科阶段最后一个大作业结束了，我的本科生涯也告一段落。回顾充实的五年，真切感受到了人与人、人与地、人与时代的深厚链接。而最后一学期有幸参与了联合毕业设计，一路从福州到北京，结交到了很好的朋友，见识到了不一样的风景，在途中去拥抱天地，去感受众生，也更加认识了自己。

桃李不言，下自成蹊。感谢最好的毕业设计指导老师顿明明老师和本科阶段遇到的每一位好老师，无论是学习上还是生活中，他们都是我的领路人。同时也感谢陪我一路走来的毕业设计组员和好朋友，在他们的不断鼓励中，我完成了没有留下遗憾的毕业设计作品。

前路漫漫，愿自己能以此次毕业设计作为人生新起点，克己慎独，脚踏实地。

李倩

在此次联合毕业设计中，老师的指导和组长、组员对我的包容，给予我很大的帮助，没有他们，我就完成不了这个艰难的作业，在此向他们表达我诚挚的谢意。

在这个过程中，我学到了很多。在保护和尊重文化方面，我学会了对于大部分原有建筑造型进行保护和修缮，最大限度保留原本的建筑特色。在文化融入和传承方面，我学会了利用街角、广场等小空间进行文化空间植入；还学会了在引导外来游客的同时，利用文化进行商业发展，从而让本地居民从根本上意识到文化的重要性，进而传承文化。我认识到，文化与人文情怀保护是同等重要且不冲突的。感谢联合毕业设计，让我在大学最后的时光中收获了最为难忘的经历。

李湘雨

我们通过对基地宏观区位特征的理解、微观空间基因的分析，提出了文化核、生态核“双核驱动”的发展核心。我们以昙石山文化及闽侯文化为依托，打造城景相依的文化高地；以生态岸线和绿色住区为依托，打造居游共生的生活片区。

通过此次联合毕业设计，我不仅把本科阶段所学知识融会贯通，而且在查找资料的过程中了解了许多课外知识，开拓了视野，认识了行业未来的发展方向，使自己在专业知识和协调合作方面有了质的飞跃。

孟育竹

首先，感谢自己本科五年里对城乡规划坚持不懈的学习和探索。在这五年里，我对城市和建筑有了更深刻的了解，学习了很多有关城市历史文化和产业发展的知识，以及各类相关专业软件的应用，解锁了更多未知的地点，看到了更大的世界，了解了更前沿的设计理念，锻炼了设计能力和规划思维，为以后的工作打好基础。同时，我还培养了稳定的情绪和乐观积极的心态，这对我以后的人生将起到很大的作用，在日后面对挫折与困难时，我能从容应对并且可以为朋友们提供情绪价值。

其次，感谢父母对我学业的支持和帮助，对我身心的疏导与鼓励，让我能够没有后顾之忧地专心学习，在我难过的时候安慰我、鼓励我，让我成为更好的自己。

最后，感谢组员对我的包容和辛苦付出，让我们的作品有更好的呈现，给我们的五年时光画上圆满的句号。

王瑜杰

我很荣幸且自豪能参与第十四届全国城乡规划专业七校联合毕业设计。在整个过程中，我们共同探索了城乡规划的前沿理念与实践方法，不仅锻炼了自己的专业技能，更拓宽了视野，理解了城乡发展的复杂性与多元性。与来自不同高校的同学交流，让我看到了不同的设计思路和解决问题的策略，这对我未来的学习和工作都有着极大的启发。通过这次联合毕业设计，我深刻体会到了团队合作的重要性，也收获了宝贵的友谊。

我希望能将所学、所悟应用于实际项目中，我相信，随着科技的不断进步和人们需求的日益多样化，城乡规划将面临更多的挑战和机遇。我将持续学习，不断提升自己的专业素养，以适应这个快速变化的时代。

苏州科技大学

吴昱奇

从前期开题与实地调研，到草图构思和设计方案逐步推进，再到最终完成设计方案，每一步都是对我本科学习成果的总结与呈现。从自己熟悉的地域到另一个建筑与民俗风情不同的地域，我打破了自己对规划设计与模式的固有认识，学习了在地性在规划中的具体表现应用。在这个过程中，我遇到过不少困难，但在老师的逐步引导中慢慢克服，在组内头脑风暴中不断突破。因此，我在这次本科学业生涯的最后环节中受益良多。最后，感谢老师的悉心教导和组员的互助合作。

山东建筑大学

李子佳

第十四届全国城乡规划专业七校联合毕业设计圆满结束了，很幸运可以参与 2024 年的联合毕业设计，感受福州与闽侯独特的风土人情和烟火氛围。在本次联合毕业设计中，我深刻感受到了昙石山遗址的魅力与闽侯独特的文化。这短短的六个月时间，让我比以往更上一层楼。我要在这里感谢我的毕业设计指导老师：可爱高冷的程亮老师，总是面冷心热地帮我解决许多难题；陈朋老师对我的鼓励和加油，给了我很多力量。希望联合毕业设计可以继续顺利举办，也希望大家各展风采！

肖昱钰

在本次联合毕业设计开展的过程中，我收到了许多宝贵的指导意见和帮助，在此我要向所有给予我支持的人表示最深切的感谢。首先，我要特别感谢我的指导老师程亮老师和陈朋老师，他们不仅在学术上给予我精心的指导和宝贵的建议，而且在研究方法和思路上提供了极具启发性的意见，他们的耐心和专业精神对我影响深远，我将永远铭记。其次，我要感谢所有参与和支持本次联合毕业设计的专家和合作伙伴，没有他们的专业意见和无私帮助，我们的毕业设计无法顺利完成。有幸在联合毕业设计的舞台上见证了不同院校之间的学术交流，我受益匪浅！

樊柯灿

非常有幸自己的本科学习以联合毕业设计的形式收尾，这是一次难得的学习与成长的机会。我通过实地调研，切身感受到昙石山悠久的历史文化以及独特的人文景观，同时对昙石山文化价值埋没、生态格局破碎等现状问题有了更加深刻的认识，保护、传承、利用昙石山文化成为城市更新设计的重要使命。

我们本次的设计方案从文化、生态、人居、产业四个方面着手取势，引入文化基因的理念，对文态基因、生态基因、活态基因、业态基因进行形态落位，将昙石山文化公园及其周边片区更新成为一个传承闽都记忆、承载洽浦生态、描绘市井烟火、联通智慧文旅的新地标，展现昙石新图景。

李亦涵

很荣幸能够参加全国城乡规划专业七校联合毕业设计，这次选址在福州市闽侯县昙石山文化公园，让我有机会深入了解和感受这一独特的文化遗产。在参与联合毕业设计的过程中，我不仅学到了专业知识，更锻炼了团队协作和解决问题的能力。通过与其他同学的交流和合作，我收获了宝贵的经验和友谊。我要感谢指导老师和同学们的帮助与支持，这次毕业设计将成为我人生中一段难忘的经历。我相信，这次的经历将对我未来的学习和职业发展产生积极的影响，让我在国家城乡规划转型的关键期作出自己的贡献。

王一涵

通过本次更新设计，我了解到昙石山片区以及福州市的历史，感受到昙石山在地文化的独特魅力。无论是“向海而兴、浮海远洋”的海洋文明，还是舞狮、皮影、喜娘等闽侯民俗，都叙述了昙石山片区在时代进程中的变与不变。

在调研与追溯中，我感受到了当下城市建设中的一些不合理现象。对于自然生态保护的疏忽，对于街巷肌理延续的破坏，对于传统文化传承的漠视，对于新旧产业交替的忽视，造就了现在千篇一律、与原有肌理格格不入的城市面貌。

基于此，本次设计希望从文化基因的视角探寻更新规划策略，以文态、生态、活态、业态和形态为出发点，再现文脉记忆、织补蓝绿空间、重塑市井活力、塑造文旅网络。在未来发展中，抓住文旅发展机遇，顺应城市更新背景，发挥文化与生态优势，实现昙石山片区保护与发展的平衡。

王黎旭

时间过得很快，快到这五年仿佛就在回首之间；时间过得也很慢，慢到这五年由无数个为课题努力的漫漫长夜组成。

在这次联合毕业设计中，我有幸参与了福州市闽侯县昙石山文化公园及其周边片区城市更新设计项目。这次设计不仅让我深入了解了城市规划的复杂性和多样性，也让我体会到保护与发展的重要性。在指导老师的悉心指导下，我从初步分析到最终方案确定，每一步都得到了专业的反馈和支持。同时，通过与团队成员的紧密合作，我学会了如何在不同的观点中找到最佳方案。这次经历让我不仅在专业知识上有了显著提升，更在团队合作和解决问题的能力上得到了锻炼。感谢所有老师和同学的帮助，这段经历将成为我未来职业发展的宝贵财富。

王骞

五年时光匆匆而过，回溯这五年，虽充满了数不尽的坎坷，但欣慰的是，无论是苦还是甜，于我本人而言都是充实而饱满的。

首先，我要向毕业设计指导老师张馨木老师表示由衷的感谢，在最后半年的毕业设计时光里，张老师一丝不苟地督促着我们完成毕业设计，感谢张老师！

其次，感谢我亲爱的父母，他们无私的爱和坚定的支持是我克服一切困难的坚实基石。在我追求学术梦想的道路上，他们用无尽的关怀和鼓励编织了一道道温暖的防线，让我勇敢地面对每一个挑战。

最后，我想对每一位在我生命中留下足迹的朋友和师长表示最真挚的感谢。你们的一言一行，无论是鼓励还是建议，都是我人生旅途中最宝贵的礼物。

在此，我将这份凝聚着汗水与喜悦的毕业设计献给所有支持我的人。愿我们的故事，如同星辰般永恒，照亮未来的路。

高浩然

转眼间，来到了本科期间的最后一次城乡规划设计，这是对我本科期间所有学习成果的一次考查与检验。此次毕业设计我有幸加入全国城乡规划专业七校联合毕业设计，参与基地的实地调研，感受福州闽都风情与城市风貌，与友校老师、同学交流学习，拓展城乡规划设计思路。在整个过程中，我颇有心得，虽遇到不少困难，但也颇有收获，乐趣尽在其中！

通过本次毕业设计，我明白了设计不仅是对所学知识的一种检验，而且是对自己能力的一种提高。我也明白了，学习是一个长期积累的过程，在以后的工作、生活中都应该不断学习，努力提高自己的综合素质，注重理论与实践相结合。

王聪

毕业答辩的结束，意味着大学学习生涯的完结。非常荣幸能够参加本次全国城乡规划专业七校联合毕业设计。通过此次联合毕业设计，我感受到了福建福州特色鲜明的文化，也体会到了北京的现代建筑与古老建筑融合的场景。

在本次毕业设计期间，我们在李伦亮老师的指导下，回顾了五年来的专业知识，培养了解决问题与团队协作的能力，共同完成了不错的成果，并最终获得了二等奖。

虽然过程十分漫长，但这期间，指导老师、同学及家人的帮助与支持都对我们的毕业设计起到了至关重要的作用，向你们致以诚挚的谢意。未来我将继续努力，始终保持对生活与专业的热爱。

李羽玉

很荣幸能够参与本次全国城乡规划专业七校联合毕业设计。在完成毕业设计之余，我也感受到了福州的风土人情和特色风貌。

在过去几个月的时间里，我和林樾同学彼此交流，推进方案和想法，努力让我们的奇思妙想在方案中呈现出来，在不断的磨合中碰撞出新的亮点，并共同面对挑战。

感谢张馨木老师对我们设计进度的推进和设计方案的指导，让我们不仅在专业知识上有所收获，更开拓了设计思维。感谢全国城乡规划专业七校联合毕业设计提供的交流平台。感谢在毕业设计中一起比肩前行的朋友，愿大家在未来的旷野里怀瑾握瑜，风禾尽起！

林樾

忽而今夏春已落，人生新海舟将行。

城市设计使得城市的未来充满无限可能，立足于城市特色，推动城市可持续发展是城市规划师与设计师的职责所在。非常荣幸能够参加本届全国城乡规划专业七校联合毕业设计，为大学五年的学习生涯画上完美的句号。

感谢张馨木老师给予我的帮助与教导。从确定选题到梳理题目要求，从前期研究汇报到具体方案构思，从草图方案演绎到正式成果修改，毕业设计成果最终呈现的每一步都离不开张老师的悉心指导。感谢我的队友李羽玉同学与我共同奋斗，相互陪伴和支持，李羽玉同学对学习的钻研精神和对方案设计的独到见解使我受益颇多。过程未必一路风平浪静，时常多艰多辛，一个人的路太难走，幸得队友一路同行。

起笔落笔皆青绿，把所有的晦暗都留给过往，从此以后，凛冬尽散，星河长明，愿未来可期！

史翼洋

本科阶段的最后一学期，我的毕业设计之旅有条不紊地展开。在指导老师的悉心指导下，我们严格按照进度计划稳步推进，每一步都力求做到最好。通过多次小组作业的磨砺，我们团队成员之间培养了深厚的默契和协作精神。我们相互支持，共同面对挑战，不断突破自我。最终，当我们的毕业设计作品呈现在大家面前时，那种成就感与喜悦无法用语言表达。我们的毕业设计完美收官，这不仅是我们的胜利，更是我们团队协作精神的胜利！

吴织羽

这次毕业设计对我来说意义非凡。它不仅是对我本科学习成果的一次全面检验，更是我与团队成员们携手合作、共同努力的结晶。我们倾注了无数心血，历经波折，最终创作出了一个令人满意的作品，为我的本科生涯画上了一个圆满的句号。然而，在作品的推进过程中，我也清楚地看到了自己现阶段的不足之处，这让我深感责任重大。我深知，在未来的学习和工作中，我仍须持续努力，不断提升自己的能力和水平，为实现更高的目标而奋斗。我相信，只有这样，我才能不断进步，不断超越自我。

宣炀

这一学期，我的毕业设计之路充满了挑战与收获。回想起刚开始时的手忙脚乱，当时的我深感压力与迷茫，但正是这些不确定性激发了我探索的热情。随着时间的推移，我逐渐梳理出清晰的逻辑框架，不断完善设计方案。最终，我有幸前往福建的昙石山进行实地创作，那里的自然风光和人文气息为我的设计注入了独特的灵感。在昙石山的每一天，我都全身心投入其中，不仅收获了专业知识，更体验到了前所未有的创作乐趣。这段经历对我而言意义非凡，让我深刻感受到了设计之路的魅力和挑战。

张茜子

于我而言，这次毕业设计宛如一场绚烂的烟火盛宴，照亮了我本科阶段的历程，也铭刻了我与团队成员携手奋斗的足迹。我们倾注热情，历经风雨，终于绘制出一幅令人满意的画卷，为我的大学生涯画上了完美的句点。然而，在创作的道路上，我也窥见了自己的不足，这让我更加明白前路的责任与挑战。我深知，未来的征途仍需不懈努力，持续提升，方能迈向更高的山峰。我坚信，只有不断前行，才能超越自我，书写更加辉煌的篇章。

单湘湘

在此次联合毕业设计中，对遗址的保护和城市更新的探索，让我深刻体会了历史文化对城市空间的塑造，以及城市更新进程中面临的城市更新与历史文化遗存空间保护复兴、本土居民情感空间诉求之间的矛盾与冲突。设计基地拥有世界级海洋文化、闽侯文化、本地乡土文化三重丰富的文化，却缺乏有力的文化展示，历史文化与城市空间脱节，城中村的繁杂风貌、落后的文旅设施等都昭示着场地内在吸引力的缺失。在对场地现状的深入分析和探索中，我们逐渐发现将历史文脉与人文风情融入城市更新进程中，并以此为推动更新的强力引擎是将保护与更新融合发展的优解。此次毕业设计最终在团队的层层推进下完美落幕，最后衷心感谢所有给予毕业设计意见和建议的老师及同学们！

倪淑琳

习近平总书记强调：“一个城市的历史遗迹、文化古迹、人文底蕴，是城市生命的一部分。”历史文化以各种方式留存在城市肌体里，沉淀为独特的记忆和标识。在这次的毕业设计中，我们对昙石山文化公园及其周边片区进行了详细的现场调研，深入挖掘昙石山文化公园的历史渊源。这些经历让我们对这座城市的历史有了更深的理解和感悟。在老师们的细致指导之下，我们的团队成员经历了无数次深入的讨论与不懈的努力，成功地攻克了毕业设计的难关。当这个项目画上句号的时候，我的心中充满了感激之情，在此，我对所有帮助过我的老师、同学们致以深深的谢意，谢谢你们！

王璐

在此次毕业设计中，我切实感受到福州闽侯地区深沉厚重的历史文化与鲜活生动的市井生活，对于城市可持续发展与历史文化遗产保护之间的关系也有了更深入的思考，两者之间既面临现实矛盾，又有更深层次的紧密联系。场地内的昙石山遗址虽为国家级文物保护单位，周边却是城村混杂的混乱风貌，强烈的冲突和矛盾赋予场地独特的魅力，也为城市设计带来巨大挑战。在五位老师的悉心指导下，在小组成员的多次探讨和团结合作下，我们顺利完成了此次毕业设计，为本科阶段的学习生涯画下难忘的句号。最后，向所有给予我帮助的老师和同学表达由衷感谢！

赵家骐

参与这个项目让我深感荣幸，它不仅是对昙石山文化传承的一次重要尝试，也是对闽侯县现代化进程的有力推动。在这一过程中，我深刻体会到了城市设计的重要性，它不仅关乎城市的外在形象，更关乎居民的生活质量和城市的可持续发展。通过团队合作，我们共同探讨了如何将传统文化与现代生活完美融合，如何在保护与发展之间找到平衡点。这不仅是一个设计任务，更是一次对文化与创新的探索之旅。我期待看到昙石山的发展在未来能够为闽侯县乃至整个福州市带来积极的变化。

福建理工大学

黄梦珺

很荣幸能参加本届联合毕业设计，特别是承办单位轮到我们学校，总会有种要做好的压力。这是一次非常有意义的经历，也是我人生中难忘的一段记忆。在这次活动中，我深刻体验到了团队协作的重要性和思维碰撞的价值。在这次设计中，我采用了和以往课程设计不同的规划思路和设计方法，大胆创新。这是一次刺激的尝试，也是一种前所未有的挑战。联合毕业设计的经历、经验将成为我未来学习和工作的宝贵财富。

林泽烜

作为一名城乡规划专业的学生，我有幸参加了第十四届全国城乡规划专业七校联合毕业设计。同时，此次活动从调研到最后设计部分让我体会到不同区域之间的规划差异，让我深刻认识到城市变革对城市发展的巨大影响，并发现了一些常规思维之外的创新思路与技术，拓展了我的思路和视野。因此，这次参加联合毕业设计活动的经验不仅让我感受到了城市规划专业领域的责任感，也让我更加有动力继续深入研究城乡规划这门学科。

王金洛

很荣幸能参与本次联合毕业设计。本次联合毕业设计的选题新颖，给了我们小组多方面的挑战。在城市更新的大浪潮之下，旧城如何融新？闽侯县荆甘竹组团发展如何衔接上位规划？这些都是我们作为规划学子应该思考的问题。同时，我想感谢本次联合毕业设计，其给了我与外校同学交流的机会，让我见识到了北京建筑大学的校园环境，认识了许许多多建筑学院的小伙伴，我们互相交流学习心得，分享学习经验，拓展了视野，收获了真知。

黄艺杰

通过本次联合毕业设计活动，我更深刻地认识到城乡规划师的重要性和责任感。城乡规划不仅仅是一项技术工作，更是一项关系到人民生活质量和幸福感的工程。面对日益复杂的城市问题和多元化的城市居民需求，我们必须拥有敏锐的思维和高度的专业素养来解决这些问题，为城市的美好未来奠定坚实的基础。

在这段时间里，我深刻体会到城乡规划的复杂性和其对社会发展的重要性。这项荣誉不仅是对我个人努力的肯定，更是团队合作、老师指导和学院教育的集大成。在整个设计过程中，我学会了如何通过理论与实践相结合，找到创新的解决方案，以应对现实中的挑战和需求。

陈耀华

作为一名城乡规划专业的毕业生，我有幸参与了此次联合毕业设计，并荣获了二等奖。我深感荣幸与喜悦，同时也对未来充满了期待。

参与此次联合毕业设计，我深刻体会到了城乡规划师的责任与使命。昙石山遗址是一处承载着丰富历史文化底蕴的圣地，对其进行更新设计不仅是对历史的尊重，更是对未来的展望。我们团队在设计中努力平衡了历史文化保护与城市现代化发展，力求在保护遗址的同时，为当地居民和游客创造一个宜居、宜游的环境。

授予我们的设计方案二等奖，是对我们团队努力的肯定，也是对我们创新思维的认可。在整个设计过程中，我们不断探讨、尝试，力求尊重历史。

展望未来，我将继续深耕城乡规划领域，不断学习新知识、新技能，提高自己的专业素养。同时，我也将持续关注社会发展动态，紧跟时代步伐，为城乡规划的可持续发展贡献自己的力量。

福建理工大学

吴震

随着昙石山文化公园及其周边片区城市更新设计的完成，我感到无比的自豪和满足。这不仅是我作为城乡规划专业学生的毕业作品，更是我对城市发展和人文关怀的一次深刻思考。在设计过程中，我深入研究了昙石山的历史文脉、自然环境和社区需求，力求在尊重传统的同时，为这片土地注入新的活力。

每一次的调研、每一张图纸的绘制、每一个方案的讨论，都是我成长的见证。我学会了如何将理论知识与实践相结合，如何在复杂多变的城市规划中寻求平衡。感谢我的指导老师和同学们，他们的帮助和支持是我完成这项工作不可或缺的力量。

现在，当我回望这一段旅程，我更加坚信，城乡规划师不仅仅是一份职业，更是一种责任和使命。未来，我将继续以这份热情和专业精神，为创造更加宜居、和谐、可持续的城市环境贡献自己的力量。

陈欣然

参加联合毕业设计的这段时间过得并不轻松，但也收获满满。在这个过程中，我们充分体会到了探索的艰难和完成时的喜悦，这于我是一段非常宝贵的回忆。

联合毕业设计不仅是对所学知识的一种检验和对自己能力的一种提高，更是一次与其他学校的同学进行学术交流的机会。联合毕业设计的小组形式也让我们的同学关系更进一步，非常感谢同组的同学，在我遇到困难时，他们帮了我很多。在此还要感谢林兆武老师的悉心指导，他为我们的设计提供了很多帮助。通过这次联合毕业设计，我发现了自己有很多不足之处，在以后的工作和生活中，我会保持学习热情，努力提高自己的综合素质。

林雨欣

此次完成联合毕业设计的过程，让我深刻体会到这个设计任务充满挑战。在这个过程中，我学到了很多专业知识和技能。我了解了城乡规划的理论框架和实践方法，学会了运用相关工具和技术进行空间分析和规划模拟。我也意识到了城乡发展的现实挑战和问题，比如，如何将城市与山水结合，如何打造城市特色、留下城市记忆等。

此外，这次联合毕业设计也加强了我的团队合作和沟通能力。在与团队成员和指导老师的合作中，我学会了倾听和尊重他人的意见，同时也能够表达自己的观点和想法。我意识到城乡规划是一个充满挑战和机遇的领域，我希望能够将所学应用于实践，为推动城乡发展作出贡献。

连琼慧

在此次联合毕业设计过程中，我深刻体会到了规划不仅仅是对空间的塑造，更是对生活方式的引领。我的毕业设计，是对文化框架的一次探索，也是对文化赋魂的一次实践。在设计过程中，我学习到了如何平衡城市质量提升与人们生活质量提升，如何在尊重历史文脉的同时，迎接现代化的挑战。每一次的调研，每一张图纸的绘制，都让我更加坚信：好的规划能够提升人们的生活质量，促进社会的可持续发展。感谢我的指导老师和我的同伴，他们的帮助和支持是我不断前进的动力。

林思熠

五年的时间说起来很长，但站在时光轴上回望却发现，其实很短。我非常荣幸能够参加此次联合毕业设计，以此作为我大学生涯的结尾。在关于昙石山遗址的设计中，我感受到了当地文化的魅力，并深刻认识到城市设计是一项富有社会责任感的工作，在与各校同学交流当中也受益匪浅。

在设计中，很有幸受到邱永谦老师的悉心指导，邱老师学识渊博，给予我们无限的帮助，祝邱老师工作顺利、桃李满园；同样非常感谢我的队友也是我的好朋友——连琼慧，我们从大一便一起组队做设计，我们一起熬夜、一起面对困难、一起获奖，互相鼓励，希望我们都有广阔的未来！

通过这次毕业设计，我明白了自己存在的不足，希望未来我能够再接再厉，勇敢面对学习上和生活中的一切困难，成为更好的自己！

傅怡楠

紧张的三个多月过去了，此次联合毕业设计也已经进入尾声。在这三个多月里，我学到了很多东西，受益匪浅。

在做毕业设计的同时，我把从前学过的知识又重新温习了一遍，对基础知识的掌握有了更感性的认识。同时我也学到了很多新知识，特别是一些道路专业的知识。通过此次毕业设计，我将五年里所学的东西串起来了，并且有了一个整体的认识。毕业设计还引导我用新的思维方式去学习，独立地思考问题，并且给了我一次锻炼自己的机会，这对我以后的学习和工作都是非常有好处的。

在本次毕业设计中，我得到了各位老师的大力帮助和指导，以及很多同学的帮助，如此我的毕业设计才能顺利完成，我的大学生涯才画上了圆满的句号。在此我要向帮助过我的各位老师及同学道声衷心的感谢，并特别感谢杨芙蓉老师在设计中给予我们的极大帮助和指导！

许梦雪

此次毕业设计历时三个多月，在杨芙蓉老师的悉心指导下，我顺利地完成了毕业设计任务书中所要求的各项任务，同时也受益匪浅。

本次毕业设计，不仅有助于我培养设计思维，把以前所学的理论知识与实际结合在一起，进一步巩固过去所学的知识，而且为我以后的工作、学习打下了坚实的基础。

在做设计的过程中，我养成了一个看论文、查资料的好习惯，对于自己不懂的问题，首先去找相关的资料来看，这样不但能够弄明白自己不了解的问题，而且对相关的知识有所了解，扩大了自己的知识面。但是，这次设计也有很多不足的地方，因为时间有限，还有很多地方没有进行细致的分析与设计。

这次设计让我的综合能力提高了，也为我的大学学习生涯画上了圆满的句号。再次感谢各位老师对我们的指导。

黄彬洁

作为城乡规划专业的学生，我有幸参与了此次联合毕业设计。这次经历不仅让我将课堂上学到的理论知识与实际操作相结合，更让我对城乡规划这一领域有了更为深刻的理解和认识。昙石山片区为福州历史文化的重要载体，其独特的建筑风貌和深厚的文化底蕴深深吸引了我。参与这次城市更新设计项目，我深感责任重大。我们不仅要尊重历史、传承文化，还要注重历史文化与现代生活的融合，为这片区域注入新的活力。

在设计过程中，我们认真听取了片区居民的意见和建议，努力将他们的需求融入设计方案中。我们注重细节，从建筑风貌、公共空间、交通组织等多个方面进行了综合考虑，力求打造出一个既具有历史韵味又充满现代气息的城市空间。

这次设计之旅让我深刻体会到了城乡规划工作的复杂性和挑战性。我们需要综合考虑经济、社会、文化等多个方面的因素，平衡各方利益，确保设计的合理性和可行性。同时，我也认识到了团队合作的重要性。在设计过程中，我们团队成员之间互相支持、互相鼓励，共同克服了各种困难和挑战。这种团队精神让我深感自豪，也让我更加珍惜与同学之间的友谊。通过这次经历，我深刻认识到城乡规划工作的价值和意义。它不仅关乎城市的面貌和发展，更关乎居民的生活质量和幸福感。我希望在未来的学习和工作中，能够继续深入学习城乡规划的理论知识，积累实践经验，不断提高自己的专业素养和综合能力，为成为一名优秀的城乡规划师而努力奋斗。

姚智丽

作为城乡规划专业的学生，当我得知有机会参与此次联合毕业设计时，感觉这不仅仅是一次学习的机会，更是一次将所学知识与实践紧密结合的难得体验。

一进入昙石山这片历史底蕴深厚的区域，我就被这里的历史文化气息所吸引。然而，随着时代的变迁，这片区域也面临着城市发展的挑战。如何在保留历史文化的同时，为片区注入新的活力，成为摆在我们面前的重要课题。

在设计过程中，我们团队深入调研，与当地居民交流，了解他们的需求和期望。我们试图在设计中融入当地的文化元素，让这片区域在焕发新生的同时，依然能够保留其独特的韵味。这次经历让我深刻体会到设计的魅力。它不仅仅是画几张图纸那么简单，更多的是对文化、历史和人文的深刻理解与尊重。每一个设计决策都需要考虑到它的影响和意义，这需要我们具备敏锐的洞察力和深厚的专业素养。

这次联合毕业设计之旅，不仅让我学到了许多专业知识和技能，更让我对于生活和文化有了更加深刻的理解与感悟。我相信，在未来的学习和工作中，我会将这些宝贵的经验运用到实践中，为城市的发展和文化的传承贡献自己的力量。

林青峰

通过这次联合毕业设计，我结识了来自不同学校、不同地区的同学及老师。这样的交流让我深刻理解到，每个人都有其独特的思维方式和解决问题的方法。因此，我的视野得到了极大的拓展，我学会了从多角度审视问题，这对于我未来的职业发展无疑是一笔宝贵的财富。同时，这次联合毕业设计让我们真正参与到解决实际问题的过程中去。从策划、调研到方案设计，每一步都充满了实践的挑战。这种亲身体验让我对未来职场中可能遇到的问题有了更直观的认识，也提前积累了宝贵的实战经验。

王烨

联合毕业设计的高强度工作和紧凑的时间安排，让我学会了如何高效地管理时间，如何平衡学习、工作和生活。面对截止日期的压力，我学会了调整心态，寻找有效的方式释放压力，这对我个人的心理韧性和适应能力是一次极大的提升。同时，面对复杂的设计需求，我们不得不探索新的解决方案。在这种环境下，创新思维被极大地激发出来。每一次头脑风暴和每一次尝试，都是对创新能力的一次锻炼。我开始意识到，创新并不总是颠覆性的，有时候，微小的改进也能带来巨大的影响。

总之，参加联合毕业设计是一段难忘的经历，它不仅让我在专业技能上有所精进，更重要的是，在软技能、创新思维、团队协作等方面实现了全面的成长。这段经历无疑为我踏入社会、迎接更多挑战打下了坚实的基础。

后记 / POSTSCRIPT

第十四届全国城乡规划专业“7+1”联合毕业设计教学活动在福建理工大学圆满完成。这场活动不仅凝聚了各校学生和教师的智慧与努力，也展示了当前城乡规划专业对历史文化保护、城市更新和生态建设的深入探索。参与的每位师生都在这次合作中收获颇丰，学术交流与城市规划实践的结合让大家对专业内涵有了更深刻的理解。

感谢福州市规划设计研究院集团有限公司、福州市政府及各支持单位的鼎力协助。特别感谢北京建筑大学、山东建筑大学、苏州科技大学、安徽建筑大学、浙江工业大学、福建农林大学及我校的师生们共同参与了本次项目，为本次活动的顺利开展和圆满结束作出了重要贡献。

特别感谢在开题报告和调研过程中为我们提供数据、场地支持和专业指导的所有专家及教师，尤其是福州市规划设计研究院集团有限公司的各位领导和技术专家，他们从前期选题、任务书编制到调研过程提供了详细的技术指导和深厚的知识支持，确保了整个联合毕业设计活动的严谨性与科学性。同时，福建理工大学城乡规划系的师生们承担了从组织到协调工作的重任，为答辩会、成果展览的顺利进行提供了无私的支持与保障。

对于华中科技大学出版社的所有工作人员，特别是简晓思编辑在本书出版过程中的专业支持深表感谢，他们严谨细致的编辑工作确保了联合毕业设计作品集的顺利出版，记录了学生们的智慧结晶和努力成果。

至此，参与本次设计活动的每一位学生已踏上新的征程。对于 2024 届的同学们来说，这次设计经历不仅仅是毕业前的实训，更是专业成长和个人探索的重要历程。相信大家在这次难得的城市设计实践中，已深刻体会到城乡规划中需要面临的现实挑战与思维碰撞。无论未来何去何从，愿大家在各自的职业生涯中秉持初心，不断开拓进取，将本次设计经历带入新的实践当中，为城乡建设事业作出自己的贡献。

期待下一届“7+1”联合毕业设计教学活动在新的城市见证更多创意的诞生与精彩的延续！

福建理工大学建筑与城乡规划学院

第十四届全国城乡规划专业“7+1”联合毕业设计指导教师组

2024 年 7 月